高等职业教育室内设计技术专业系列教材

室内装饰材料与应用

李　栋　编

东南大学出版社
·南京·

内 容 提 要

室内装饰材料是室内装饰工程的物质基础，是实现使用功能和装饰效果的必要条件。本书根据室内装饰工程的特点和性质，全面介绍了常用室内装饰材料的性能特点、规格尺寸、质量标准和使用范围。本书共分为三部分：第一部分阐述了室内材料的作用、发展趋势和分类，详细介绍了饰面石材、木材、装饰板材、陶瓷装饰材料、装饰壁纸及墙布、玻璃装饰材料、装饰涂料、铺地材料、金属装饰材料、常用胶粘剂、装饰五金配件和卫生洁具系列等品种的性能和特点；第二部分运用室内装饰工程实例讲述了室内装饰材料的应用方法；第三部分通过常用装饰材料和装饰材料应用效果图录真实反映室内装饰材料的应用效果。本书图文并茂，内容丰富、详实，可操作性强，适用面广。

本书主要作为大中专院校室内装饰设计、建筑装饰设计专业的教材，同时也可供室内装饰设计、装饰工程管理人员和技术人员参考使用。

图书在版编目(CIP)数据

室内装饰材料与应用 / 李栋编. — 南京：东南大学出版社，2005.8（2016.8 重印）

（高等职业教育室内设计技术专业系列教材 / 李栋主编）

ISBN 978-7-5641-0142-8

Ⅰ.室… Ⅱ.李… Ⅲ.室内装饰－建筑材料：装饰材料－高等学校：技术学校－教材 Ⅳ. TU56

中国版本图书馆CIP数据核字（2005）第053879号

东南大学出版社出版发行
（南京四牌楼2号 邮编210096）
出版人：江建中
新华书店经销 江苏兴化印刷厂印刷
开本：B5 印张：15 字数：294千字
2005年9月第1版 2016年8月第10次印刷
ISBN 978-7-5641-0142-8/TU · 27
印数：21501-23500册 定价：38.00元

本社图书若有印装质量问题，可直接与读者服务部联系调换。电话（传真）：025-83792328

前　言

随着我国室内装饰业的迅速发展和人民生活水平的不断提高，人们对生活、工作和娱乐等空间环境的要求也愈来愈高。目前，室内装饰工程量每年都在迅速递增，从而有力地促进了装饰材料的迅猛发展。室内装饰材料是室内装饰工程的物质基础，是实现使用功能和装饰效果的必要条件。室内空间环境的装饰效果及功能都是通过装饰材料的质感、色彩及性能等方面的因素来实现的。因此，从事建筑装饰工程的设计人员和工程技术管理人员都必须熟悉各类装饰材料的品种、性能、特点和技术要求。

本书根据室内装饰工程的特点和性质，全面介绍了常用室内装饰材料的性能、特点、规格尺寸、质量标准和使用范围。本书共分三部分：第一部分，阐述了室内材料的作用、发展趋势和分类，详细介绍了饰面石材、木材、装饰板材、陶瓷装饰材料、装饰壁纸、墙布、玻璃装饰材料、装饰涂料、铺地材料、金属装饰材料、常用胶粘剂、装饰五金配件和卫生洁具系列等品种的性能和特点；第二部分，运用室内装饰工程实例讲述了室内装饰材料的应用方法；第三部分，通过常用装饰材料和装饰材料应用效果图录真实反映室内装饰材料的应用效果。此外，书中还列出了常用室内装饰材料的彩色图片和实际装饰工程案例的图纸图片，具有较强的实用性。

本书既可作大中专院校室内设计、建筑装饰设计等专业的教材，也可供从事室内装饰设计、装饰工程管理人员和技术人员查阅参考。

本书在编写的过程中参考和借鉴了有关专家的资料成果，得到了有关专家、同行的大力支持和帮助，在此表示感谢。

由于编写时间仓促，加之编者水平所限，而室内装饰材料的发展、更新速度又异常迅猛，本书难免存在疏漏与不妥之处，敬请广大师生和读者批评指正。

编　者

2005 年 3 月

目　录

1 绪 论

室内装饰材料是指在室内装饰工程中起装饰作用的材料，它是装饰工程的物质基础，室内装饰的总体效果和室内功能的实现，都是通过室内装饰材料的应用和室内配套产品的质感、色彩、形体、图案等因素来体现的。能否正确应用室内装饰材料，将会影响到室内装饰的使用功能、表现形式、装饰效果和耐久性等方面，同时还会直接关系到室内装饰设计方案的实施效果和施工的成败。另外，由于新型建筑室内装饰材料的发展，材料的品种日益增多，有自然材料、无机材料、有机材料，各种复合材料更是日新月异层出不穷，这一切都使得室内装饰材料的应用变得越来越复杂，越来越难以把握。

因此，室内装饰工程的设计人员，技术人员，必须熟悉各种室内装饰材料的性能、品质、特点、规格和用途，掌握各类材料的变化规律，善于灵活运用，更好地、合理地、完善地表达设计意图。同时，要尽可能地节省材料，降低造价。

1.1 室内装饰材料的作用和发展趋势

1.1.1 室内装饰材料的作用

建筑装饰的目的是为了美化建筑空间环境，创造合理的使用功能和优美的艺术风格，提高建筑物的耐久性，这些都必须通过建筑装饰材料来实现。

1）装饰建筑方面

建筑是一种造型艺术，其外观效果主要是通过材料的色彩、质感及整体建筑的形体比例、建筑的技术性、建筑艺术风格来体现。外墙装饰材料的质感、线型、色彩会不同程度地影响建筑的外观效果，如材料表面的粗糙度、光泽度、对光线的吸收和反射程度不同，给人不同的感觉，产生不同的艺术效果，不同的装饰材料有不同的质感，即使是相同的装饰材料，由于表面处理的工艺不同，也会有不同的装饰效果，如镜面石材和毛面石材、镜面瓷砖和吸光瓷砖等。

2）满足使用功能的需要

室内的空间环境，不但要美观，装饰效果好，还要满足使用功能的需要。不同的空间环境有不同的要求，如卧室地面铺设的材料应具有一定的弹性，使人行走舒适；浴室、卫生间地面铺设的材料应具有防滑、防水的作用；舞厅的墙面使用的材料必须具备防火、隔音的功能。所以，室内装饰材料还必须具备相应的使用功能。

3）改善和美化室内空间环境

建筑不仅是一种造型艺术，也是一种空间艺术，它是通过室内装饰对室内空间进行美化而体现出来的。室内装饰可以表现出朴素、庄重、高贵、华丽等气氛，同时还可以满足不同的使用功能要求，内墙的装饰应根据房间的使用功能来决定，一般选用质感细腻真实的装饰材料。

4）保护建筑物，提高建筑物的耐久性

室内装饰材料大多数是用在建筑物的表面，常常会受到阳光、风、雨等自然条件的作用和各种不利因素的侵蚀。所以装饰材料还能保护建筑物本身不受到或少受到这些不利因素的影响，从而起到保护建筑物的作用，延长其使用寿命。

1.1.2 室内装饰材料的发展趋势

建筑装饰材料的发展是随着社会生产能力的发展而发展的。随着社会的快速进步，人们对城市的面貌、工作的环境、生活的环境的要求愈来愈高，新的装饰材料不断地被开发和应用。

1）从天然材料向人造材料发展

自古以来，人们使用的装饰材料绝大多数是天然材料，如天然石材、木材、动物的皮制品和棉麻织物等。随着科学技术的发展，以高分子材料为主要原料制造的各种新型建筑装饰材料，如人造大理石、塑胶地板、复合强化地板、化纤地毯、人造皮革等，为人们选择不同层次、不同功能的装饰材料提供了更大的可能。

2）从单功能材料向多功能材料发展

对装饰材料来说，首要的功能是装饰效果。就目前的新型装饰材料看，除达到装饰效果之外，还兼有其他的功能，如内墙装饰材料兼备绝热、杀菌功能，地面材料兼备隔音效果，天花材料兼备吸音效果。

3）从现场制作向成品安装发展

过去，装饰工程大多现场作业，劳动强度大，施工时间长，施工成本高。现在室内墙面可采用壁纸，地面可以采用地毯或拼装地板，吊顶用装饰板，门、门套、踢脚板都可以采用预制成品，施工时只要按规范要求安装即可。

4）从低档次向高档次发展

随着人们生活水平的提高，对空间环境提出了新要求，因此推动了装饰材料由低档次向高档次的发展。目前，居住室内装饰颇为讲究，追求更合理的功能空间和精神空间成为时尚。那些星级宾馆、文化娱乐场所、大型商业环境采用的装饰材料，则要求向更高级的方向发展。

5）向无毒、无味、防火、环保健康的方向发展

目前，全世界都在兴起和追求“环保建筑”和“安全建筑”。室内空间环境不仅要宽敞、明亮、实用、美观，还要洁净、新鲜、无污染和能防火。所以在施工过程中，

要采用无毒、无味、无粉尘、无放射性、防火、阻燃的“环保材料”，使装饰材料向着既有装饰艺术效果，又有健康环保功能的方向发展。

1.2 室内装饰材料的分类

建筑装饰材料的品种非常繁多，而且现代装饰材料的发展又十分迅速，新型的装饰材料不断涌现，装饰材料的更新换代速度异常迅猛。装饰材料的分类方法较多，以下列举几种方法：

1.2.1 按化学性质分

可分为无机材料（如天然石材、玻璃、金属等）和有机材料（如塑料、粘合剂、高分子涂料等）。

1.2.2 按物理形态分

可分为金属、木材、石材、塑料等。

1.2.3 按装饰部位分

可分成墙面、地面、吊顶等几个方面。下面我们按照装饰部位分类的方法，详细介绍一下材料分类：

1）室外装饰材料

室外装饰材料有天然大理石、天然花岗石、人造大理石、人造花岗石、建筑陶瓷、玻璃马赛克、镀膜玻璃、水泥、装饰混凝土、铝合金、轻质钢板、外墙涂料等。

2）室内墙面装饰材料

（1）壁纸、墙布，包括塑料壁纸、纺织纤维壁纸、复合纸质壁纸，化纤墙布、无纺墙布、锦缎墙布、塑料墙布等。

（2）石材，包括天然花岗石、天然大理石、人造花岗石、人造大理石等。

（3）涂料，包括各种乳胶漆、油漆、多彩涂料、幻彩涂料、仿瓷涂料、防火涂料等。

（4）装饰墙板，包括各种木质装饰板、塑料装饰板、复合材料装饰板、金属装饰板等。

（5）玻璃，包括平板玻璃、镜面玻璃、磨砂玻璃、彩绘玻璃、中空玻璃、夹层玻璃等。

（6）金属装饰材料，包括各种铜雕、铁艺、铝合金等。

（7）陶瓷砖，包括各种釉面砖、彩色釉面砖等。

3）室内地面装饰材料

（1）地毯，包括各种纯毛地毯、化纤地毯、尼龙地毯等。

（2）石材，包括各种天然花岗石、天然大理石、人造花岗石、人造大理石等。

（3）陶瓷砖，包括各种彩色釉面砖、通体砖、陶瓷锦砖（马赛克）等。

（4）木地板，包括各种实木地板、实木复合地板、复合木地板、竹地板等。

（5）塑料地板，包括石英塑料地板、塑料印花卷材地板、塑胶地板等。

（6）涂料，包括过氯乙烯地面涂料、环氧树脂地面涂料、聚氨酯地面涂料、地面涂料等。

（7）其他特殊功能地板，包括防静电地板、网络地板等。

4）室内吊顶装饰材料

（1）壁纸、墙布，包括塑料壁纸、纺织纤维壁纸、复合纸质壁纸，化纤墙布、无纺墙布、锦缎墙布、塑料墙布等。

（2）涂料，包括各种乳胶漆、油漆、多彩涂料、幻彩涂料、仿瓷涂料等。

（3）塑料，包括各种聚氯乙烯装饰板、聚苯乙烯塑料装饰板、聚苯乙烯泡沫装饰板等。

（4）石膏板，包括各种纸面石膏板、石膏板装饰板等。

（5）铝合金，包括铝合金穿孔吸声板、铝合金条形扣板、铝合金压花板、铝合金格栅等。

（6）其他吊顶材料，包括矿棉吸音板、石棉水泥板、玻璃棉装饰吸声板等。

复习思考题

1. 装饰材料有哪些作用？

2. 按照装饰部位分类的方法，室内装饰材料有哪些？

2 饰面石材

天然石材是天然岩石经过荒料开采、锯切、磨光等加工过程制成的装饰面材。天然石材在装修工程中应用十分广泛，在建筑物中，不论是墙面、柱面还是窗台、楼梯，只要是使用了石材装点，都为建筑增添了动人的魅力和光彩，在世界上众多的优良建筑物中，几乎都使用了石材的装点，在世界建筑史上，石材既是建筑物千古不朽的基础材料，又是锦上添花的饰面装饰材料。古往今来，石材均是人类历史上应用最早、最广的建筑材料。石材以其坚硬的强度，优良的性能和极其丰富的资源蕴藏量，被各个时期的人们所青睐。天然石材以它特有的色泽和优美的纹理在室内外装饰环境中得到广泛的应用。

天然石材板材具有构造致密、强度大的特点，因此具有较强的耐潮湿、耐候性。它的图案花纹绚丽、自然、色彩多样。装饰效果质朴、舒畅，且具有抗污染、耐擦洗、好养护等特点。

建筑装饰石材包括天然大理石、天然花岗岩、人造装饰石材，每一类又有几百个花色品种，它们色彩丰富，质地各异，构成了五彩缤纷的石材天地。

2.1 天然石材的分类及质量鉴定

2.1.1 天然石材的分类

天然石材按其组成成分可分为两大类。一类是大理石，主要成分为氧化钙，大理石表面图案流畅，但表面硬度不高，耐腐蚀性能较差，一般多用于墙面的装修。另一类是花岗岩，主要矿物成分为长石、石英，表面硬度高，抗风化、抗腐蚀能力强，使用期长，因此在地面装饰和室外装饰中，主要使用花岗岩石材。

天然石材板材按形状可分为普通形板材和异形板材两种。普通形板材有正方形及长方形两种，地面装修一般使用正方形的。异形板材是根据不同需要加工成的各种形状的板材，多为圆柱形。

2.1.2 天然石材的质量鉴定

天然石材板材的外观质量主要通过目测来检查，优等品的石材板材不允许有缺棱、缺角、裂纹、色斑、色线及坑窝等质量缺陷，其他级别石材板材允许有少量缺陷存在，级别越低，允许值就越高。

用于装修工程中的石材板材，重点是检测其规格尺寸、平面度和角度的误差，误差大了将影响工程质量。优等品的板材，长、宽偏差小于 1 mm、厚度误差小于 0.5 mm、平面极限公差小于 0.2 mm、角度误差小于 0.4 mm。

2.2 天然大理石

2.2.1 天然大理石的特点

大理石是石灰岩经过地壳内高温高压作用形成的一种变质岩，由碳酸盐岩经区域变质作用或接触变质作用形成，主要由方解石和白云石组成，此外还含有硅灰石、滑石、透闪石、透辉石、斜长石、石英、方镁石等。大理岩分布广泛，如中国的山东、云南、北京房山等地均产大理岩。许多有色金属、稀有金属、贵重金属和非金属矿产，在成因上都与大理岩有关。本身也是优良的建筑材料和美术工艺品原料。大理岩硬度不大，属于中硬度石材，易于开采加工，板材磨光后呈现出装饰性图案或色彩纹理，非常美观，可作室内外装饰材料，开采和加工中的废料，可制成工艺品或经轧碎做生产水磨石、水刷石等建筑材料，少数组织密实、坚实、花纹丰富、色泽鲜艳的可供艺术雕刻和装饰用。

天然大理石板装饰效果庄重而清雅、华丽而高贵，在建筑装修和雕刻中是较为理想的材料。我国大理石矿产资源极为丰富，遍布全国各地，储量大、品种多，居世界前列。

2.2.2 天然大理石的用途

天然大理石具有丰富的颜色与花纹，给人以光滑、柔和的感觉，可制成高级装饰工程的饰面板，有花色数百种，主要用于宾馆、商场、机场、车站、图书馆等室内装饰的地面、墙面、柱面、栏杆、服务台、窗台等饰面工程和各种雕塑及工艺制品。

2.2.3 天然大理石板材的规格及品种

天然大理石板材分为定型与非定型两类，定型板材为正方形或矩形。

1）常用天然大理石材料的规格（见表 2.1）

2）常用天然大理石材料的品种（见表 2.2）

表 2.1 常用天然大理石材料的规格(mm)

长	宽	厚	长	宽	厚	长	宽	厚
300	150	20	600	300	20	1 067	762	20
300	300	20	600	600	20	1 070	750	20
305	152	20	610	305	20	1 200	600	20
305	305	20	610	610	20	1 200	900	20
400	200	20	900	600	20	1 220	915	20
400	400	20	915	610	20			

表 2.2 常用天然大理石材料的品种

名称	花色特征	名称	花色特征
汉白玉	玉白色,微有杂点和脉纹	啡网纹	咖啡色间有深浅不一的网状不规则纹脉
雪花白	白色间有淡灰色,有规则晶石,有较多的黄翳杂点	大花绿	墨绿色间有深浅各异的云彩状脉纹
大花白	白色间淡灰色,无规则脉纹	印度绿	深墨绿色间有深浅各异的云彩状脉纹
爵士白	白色带有灰、浅蓝色不规则纹脉	万寿红	土红色,带有不规则纹脉
米黄	暗米黄色,有深浅不规则的杂点	珊瑚红	浅土红色,有深色或晶石纹脉和杂点
旧米黄	暗米黄色,有深浅不规则的纹脉和斑纹	西施红	浅土红色,有深浅各异的木纹式纹脉
金花米黄	暗米黄色,有深浅不规则的斑纹和杂点	滨州沙石	土黄色,带有深色纹脉和深色密布的杂点
银线米黄	米黄色,带有深浅不规则的纹脉	澳洲砂岩	浅土黄色,带有深色纹脉和深色密布的杂点
西班牙米黄	米黄色,略有不规则纹脉和深浅不一的杂点	玫瑰红	米黄色,带有深浅各异的血红色不规则纹脉
红线米黄	米黄色,有深浅各异的红色不规则纹脉	香槟红	浅橘黄,带有不规则纹脉
挪威红	浅红间白,有云彩般的纹脉	木纹石	土黄色,有深浅各异晶石纹脉和斑纹
黑白根	黑色中有树根般的纹脉	紫罗红	深红间有白色不规则纹脉
凯悦红	黄色,带有深浅各异的不规则纹脉	瑞典红	深血色,带有浅色不规则纹脉和深斑纹
玛莎红	黄色,带有血红色不规则纹脉	黄花玉	米黄色,深浅黄色不规则纹脉

续表

名　称	花色特征	名　称	花色特征
风　雪	灰白间深灰色不规则纹脉	云　灰	灰色或白色底，深浅各异的云彩状深灰纹脉
鸵　灰	土灰色底，深浅各异的云彩状深黄色纹脉	艾叶青	青色底，深灰云彩状纹脉
秋　枫	灰红色底，有深血色云彩状纹脉	墨　叶	黑色，有少量白色斑纹和纹脉

2.3　天然花岗石

2.3.1　天然花岗石的特点

天然花岗石是一种深层酸性火成岩，属于硬质石材，二氧化碳含量多在70%以上，颜色较浅，以灰白色、肉红色者较常见，主要由石英、长石和少量黑云母等暗色矿物组成。天然花岗岩是一种分布广泛的岩石，各个地质时代都有产出。

天然花岗石结构均匀，质地坚硬，构造致密，耐磨、耐酸、耐腐蚀、耐高度、耐阳光、耐冰冻。抗压强度很大，吸水率很少，耐风化不宜变质，经磨光处理的花岗石板，光亮如镜质感丰厚，颜色美观华丽庄重，装饰性能好。

2.3.2　天然花岗石的用途

天然花岗石不易风化变质，颜色美观，外观色泽可保持百年以上，由于其硬度高、耐磨损，除了用作高级建筑装饰工程、大厅地面外，还是露天雕刻的首选之材。虽然在色彩与花纹上变化较少但在质感方面有着较灵活的表现，经过加工可获得更多的工艺表面，在整体上给人庄严、古典的感觉，主要用于宾馆、饭店、纪念性建筑物的室内外地面，室内外墙面和柱面的饰面等。

2.3.3　天然花岗石板材的规格及品种

天然花岗石板材规格分定型与非定型两类，定型板材为正方形或矩形。

1）常用天然花岗石材料的规格(见表2.3)

2）常用天然花岗石材料的品种(见表2.4)

表2.3　常用天然花岗石材料的规格(mm)

长	宽	厚	长	宽	厚	长	宽	厚
300	300	20	900	600	20	610	610	20
400	400	20	1 070	750	20	915	610	20
600	300	20	305	305	20	1 067	762	20
600	600	20	610	305	20			

表 2.4 常用天然花岗石材料的品种

名 称	花色特征	名 称	花色特征
黑金沙	黑色，带有大小不同的金点	金丝麻	淡绿色间有不规则深色小杂点
蒙古黑	纯黑色	古典金麻	金黄色间有深浅各异的不规则杂点
珍珠黑	黑色，带有水印状脉纹	香槟金麻	黄绿色间有深色斑纹或杂点
济南青	黑色，带有不规则白色杂点	金山麻	黄绿色间有深色纹脉
红铝麻	红色间有咖啡色或黑色斑点	莎利士红	土红色间有深色斑点
啡 钻	土黄色间有咖啡色或黑色斑点	美丽坚红麻	粉红色间有深色斑点和纹脉
幻彩红	粉红色间有浅红纹脉	加州金麻	黄色间有深色条纹斑点和纹脉
珊瑚麻	土红色间有浅红纹脉	娱乐金麻	黄色间有大小不规则斑块
绿 星	深绿色间有浅色斑纹和浅绿色星点	粉红麻	粉红色间有深浅各异的斑块
幻彩绿	粉绿色间有深绿或绿纹脉或斑纹	桃花红	粉红色间有浅红色、白色纹斑块
天山红	红色间有深浅各异的斑块	英国棕	黑色，深黄绿纹脉和斑块
紫彩麻	淡红色间有紫色或红色杂点形成水纹状	金钻麻	金黄色间有深浅各异的斑块
蓝珍珠	深蓝色斑纹间有浅蓝色不规则亮块	树挂冰花	咖啡色间有冰花状浅绿色花纹
紫点白麻	白色间有深色纹脉和深紫色斑点	瑞典紫晶	棕色调中有多种颜色组成的斑块
美丽坚沙麻	白色间有深色斑点	绿蝴蝶	黑绿色，深绿色蝴蝶壮斑纹和斑块
蓝麻石	黑蓝色，深蓝色斑纹和斑块	印度蓝	灰白色间有深红色纹脉和深紫色斑点
紫 晶	紫色，带有大小不同深浅各异的斑点	天山白麻	灰白色间有深浅各异的斑块麻点
巴西红	粉红色间有白黑色斑点	德州红	灰红色间有白黑色斑点
虎皮麻	中黄色间有深咖啡色纹脉	白珠白麻	灰白色间有深浅各异的斑块麻点
将军红	黑红色，有深色晶石和杂点	橙皮红	红色，有深色晶石和杂点

3）天然花岗石按加工程度的不同可分三种

（1）细面板材：它表面平整，光滑。

（2）镜面板材：它表面平整，具有镜面般的光泽。

（3）粗面板材：它表面平整粗糙，具有较规格加工条纹的机刨板、剁斧板、锤击板、烧毛板等。

2.4 饰面石材表面处理方式及拼接应用效果

2.4.1 饰面石材表面处理方式

天然石材板材是由采石场进来的荒料，按设计图要求锯切、加工制成板材并进行表面处理，如研磨、火焰烧毛和凿毛等。

研磨工序一般分为，粗磨、细磨、半细磨、精磨、抛光等五道工序。抛光是石材研磨加工最后一道工序，这道工序结束后，石材表面具有最大反射光线的能力以及良好的光滑度，并使石材固有的花纹色泽最大限度的显示出来。使天然石材不仅具有硬度感，而且显示了天然石材细腻的内涵。通常白色板材比黑色板材容易抛光。

烧毛加工是将锯切后的天然花岗板材，利用火焰喷射器进行表面烧毛，使其恢复天然表面，火烧后的石板先用钢丝刷刷掉岩石碎片，再用玻璃碴和水的混合液高压喷吹或者研磨机研磨。使表面色彩和触感都满足要求，几种饰面石材表面处理效果见图 2.1。

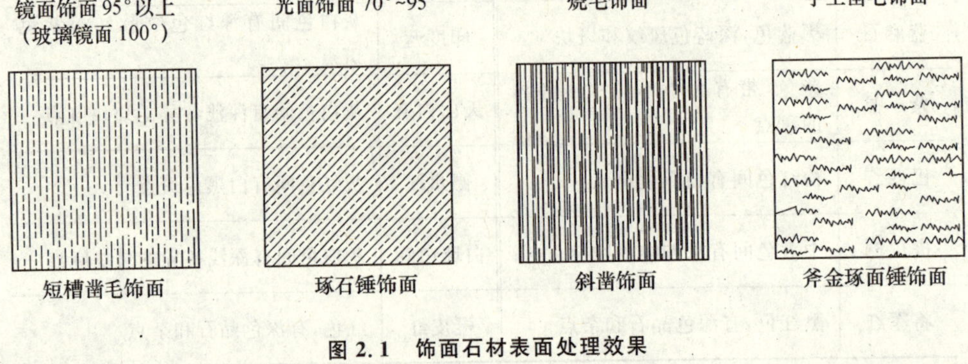

图 2.1 饰面石材表面处理效果

2.4.2 饰面石材拼接应用效果及应用实例

1）石材墙地面拼接效果（见图 2.2）

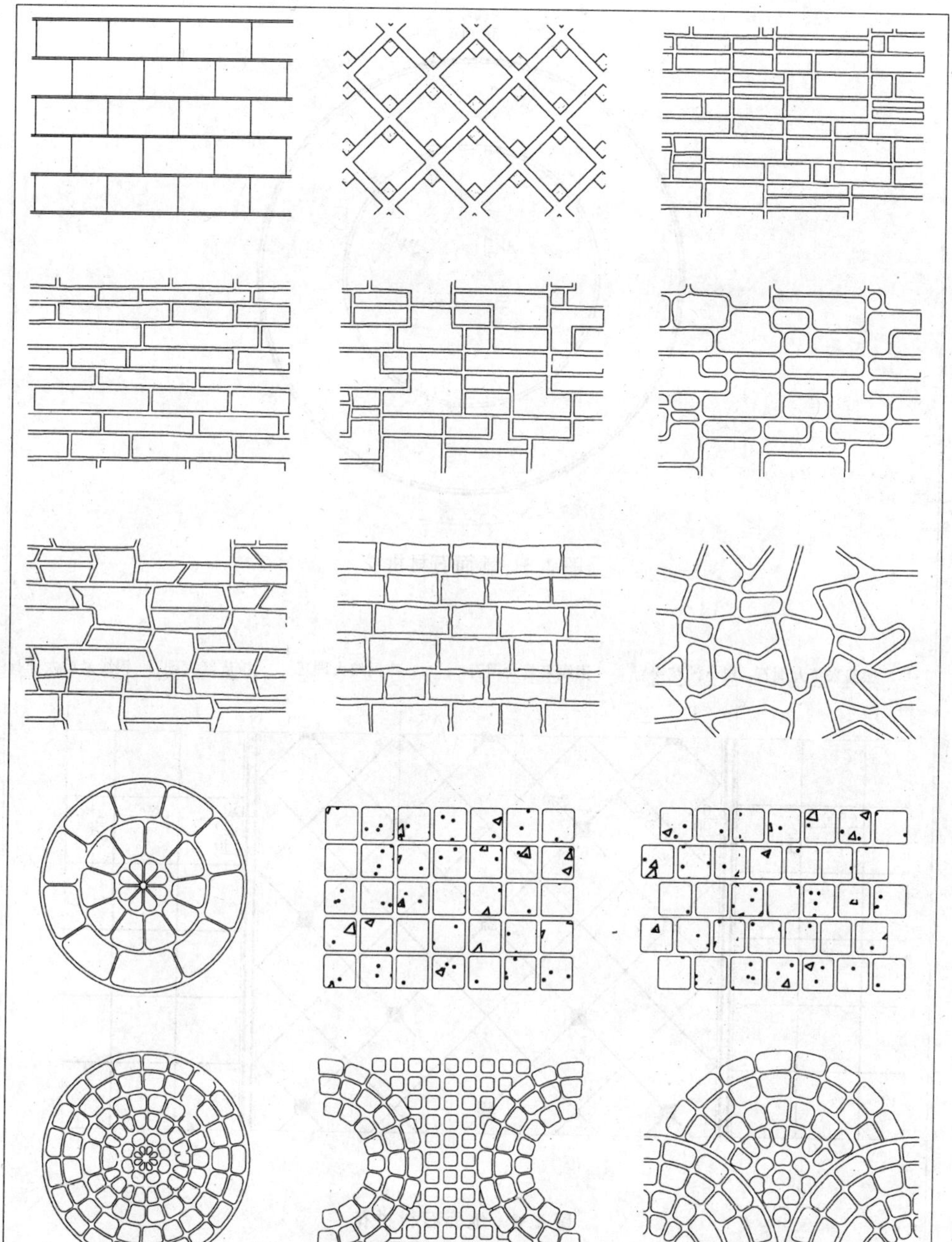

图 2.2 石材墙地面拼接效果

2）地面石材拼花（见图 2.3、图 2.4）

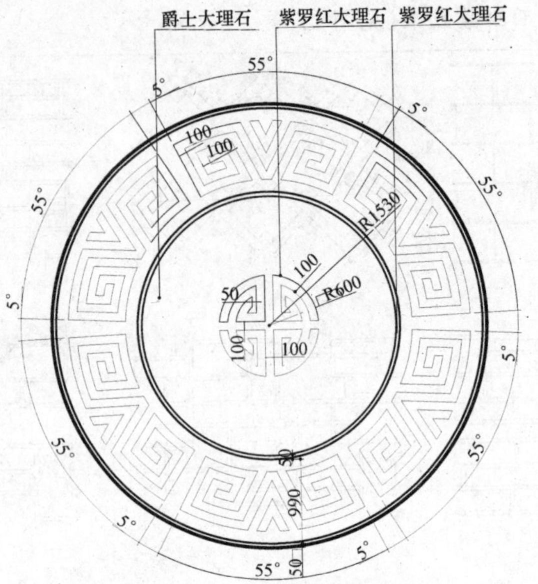

图 2.3　地面石材拼花

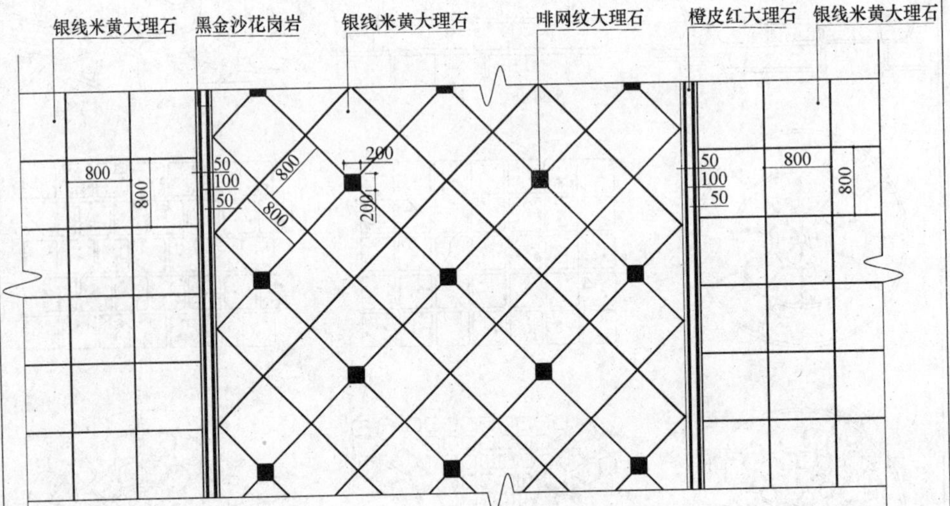

图 2.4　地面石材拼花

3) 天然石材饰线(见图 2.5)

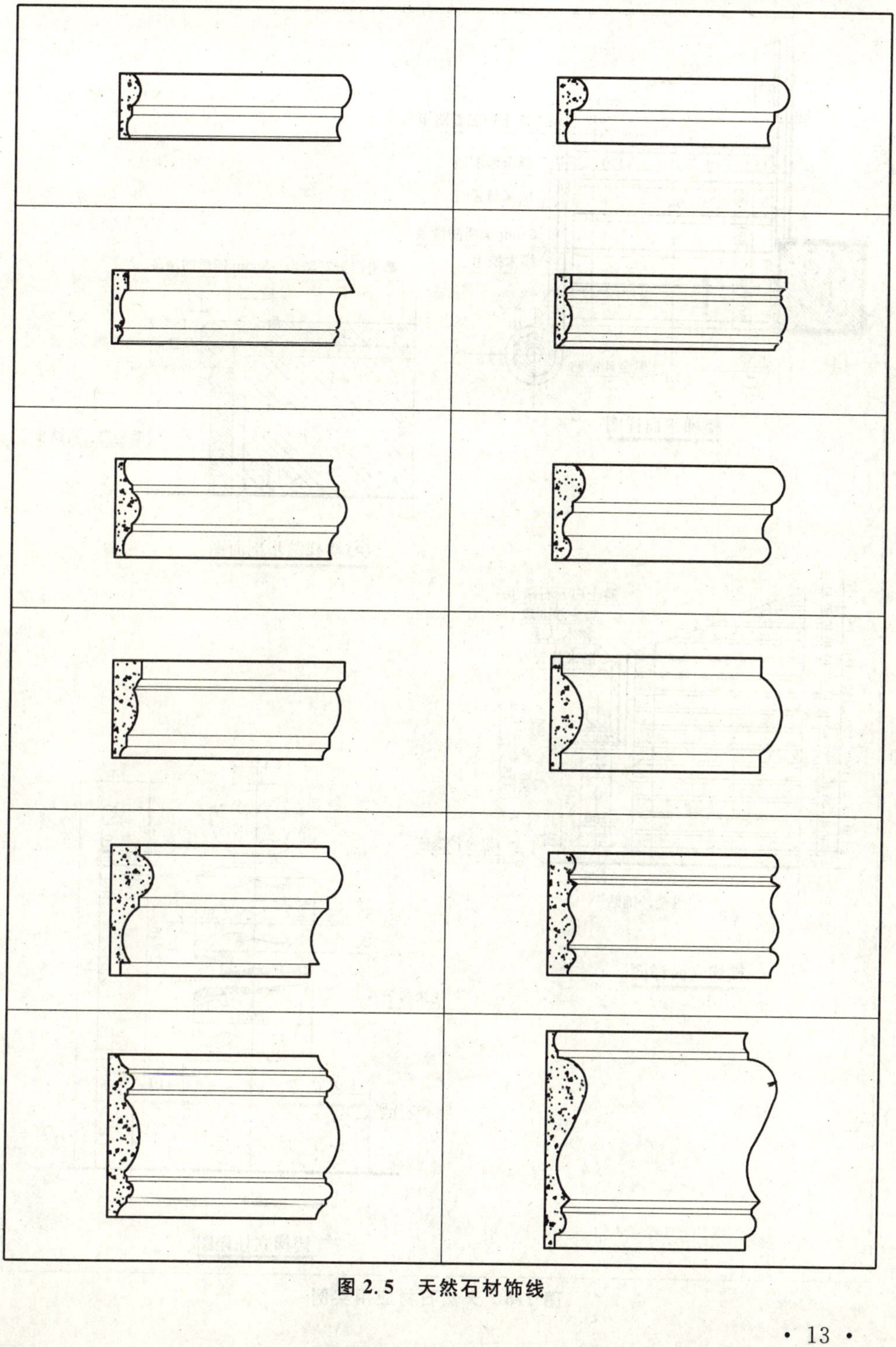

图 2.5 天然石材饰线

4）天然石材应用实例（见图 2.6、图 2.7）

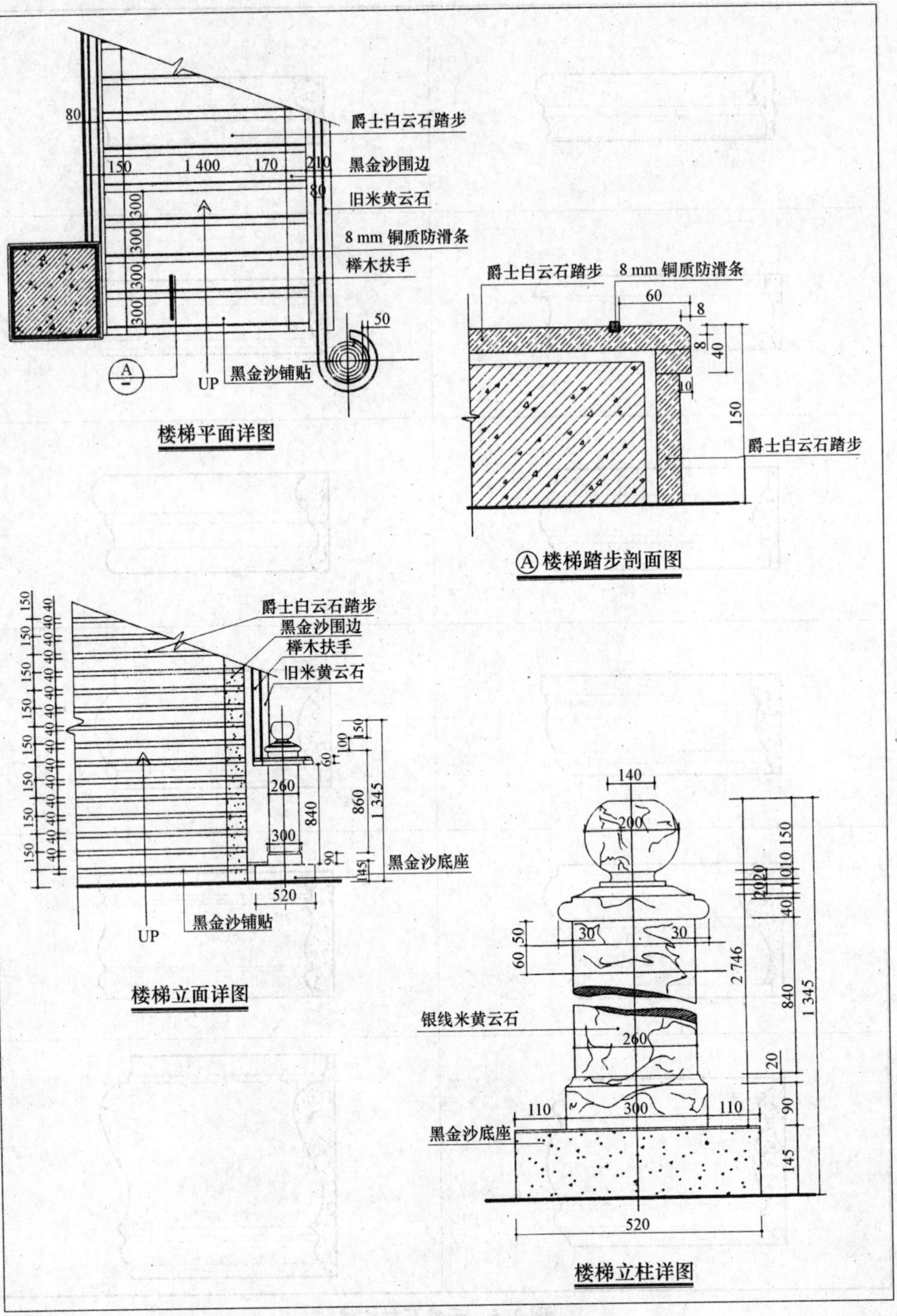

图 2.6　天然石材应用实例

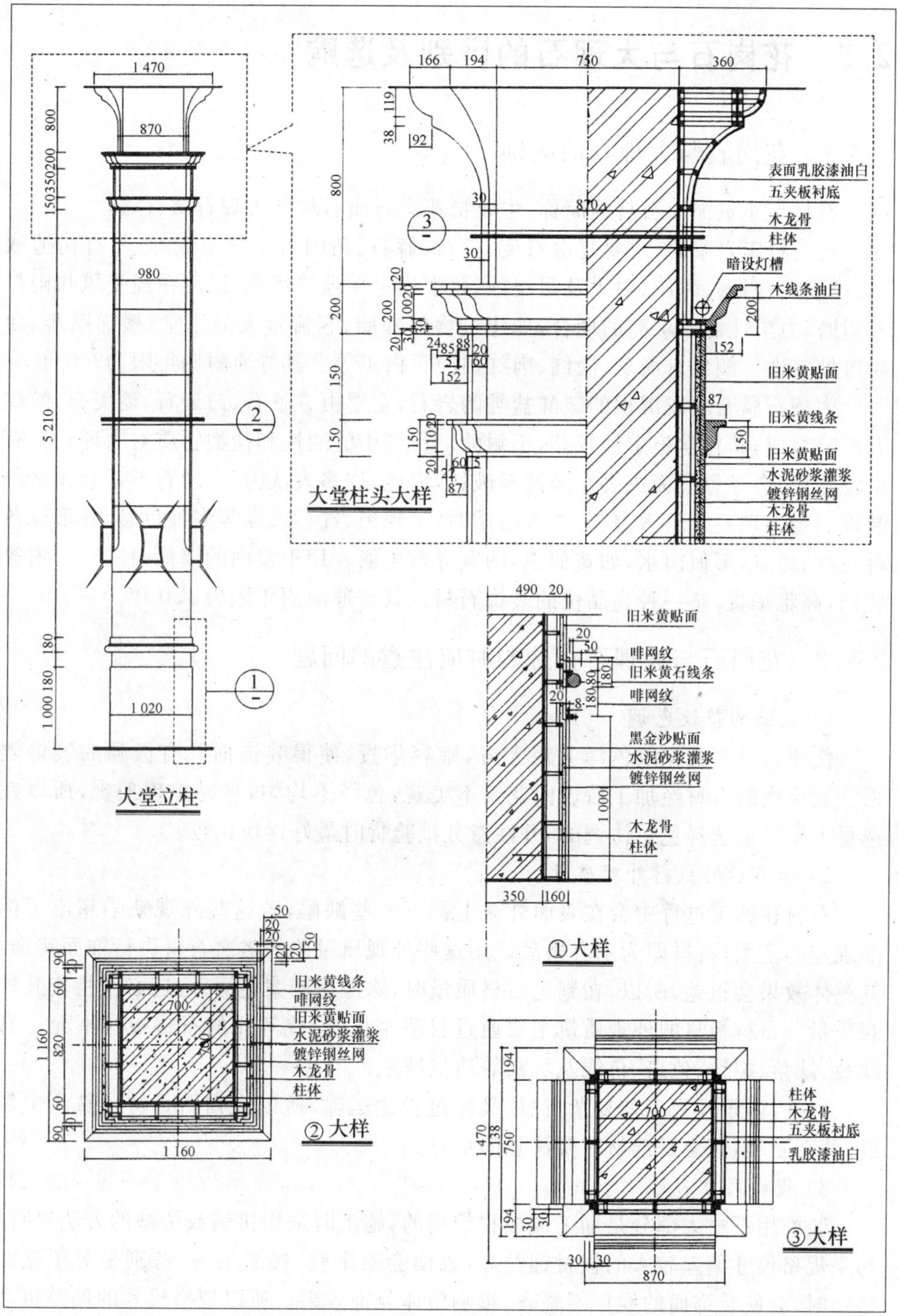

图 2.7 天然石材应用实例

2.5 花岗石与大理石的区别及选购

2.5.1 花岗石与大理石的区别

石材是建筑饰面石材的简称，主要指花岗石质石材和大理石质石材。

花岗石属岩浆岩，主要是由石英、长石、辉石、角闪石矿物组成的，具有构造致密、硬度大、耐磨、耐压、耐火及耐侵蚀、化学稳定性强等优点，适用在经受风吹雨打及耐磨、力学性能要求高的场合，如建筑物的外墙、客流量大的厅堂、楼梯踏步、台阶等处装饰。颜色有淡灰、淡红、肉红、青灰、白黑等。其普通耐用年限为200 年。

大理石属变质或沉积的碳酸盐类的岩石，主要由方解石、白云石、菱美石、蛇纹石矿物组成，其化学稳定性较差，不耐酸。空气中的酸性和盐类物质对大理石都有腐蚀作用，会导致表面失去光泽甚至破坏，因此，许多人认为，大理石不适合作室外装饰。纯大理石常呈雪白色，含有杂质时，呈现黑、红、黄、绿等多种色彩，并形成各种花纹、斑点，形似山水，如花似玉，图案异常美丽。用于室内的墙面、柱身、门窗等装饰，高雅华贵，是一种高品位的装饰石材。其普通耐用年限为 150 年。

2.5.2 花岗石与大理石在选购时应注意的问题

1）表面的花纹色调

优质石材表面花纹色泽美观大方，雍容华贵，使得装饰面具有极强的装饰效果。而质次的石材经加工后表面花纹不美观，色泽不均匀，且易出现瑕疵，所以在选材上要尽量选择色彩协调的，并注意分批验货时最好逐块比较。

2）加工后的板材外观质量

石材在加工过程中会在表面外观上留下一些缺陷，若这些外观缺陷超出了标准规定的范围，石材即为不合格品。用这些外观质量差的劣次石材进行饰面装饰，其整体效果会很差，所以，在判定石材质量时，除考虑图案色泽外，还必须检查其外观质量。石材板材的外观质量主要通过目测来检查，优等品的石材板材不允许有缺棱、缺角、裂纹、色斑、色线及坑窝等质量缺陷。

另外，由于开采工艺复杂，往往又经过长途运输，所以大幅面石材最易产生裂缝，甚至断裂，这也是选材时要注意的重点。

3）规格尺寸

装饰用石材大部分是加工成板材使用的，施工时采用拼铺或拼贴的方法进行。如果规格尺寸偏差较大的板材铺贴后，表面会不平整，接缝不齐，特别是对于立面装饰时，会使装饰面的线形不整齐，影响整体装饰效果。所以规格尺寸的偏差也会直接影响着石材的装饰效果。因此，选购中可以用手感觉石材表面光洁度，掌握几何尺寸是否标准,检查纹理是否清楚。

4) 理化性能指标

劣质石材的硬度、抗压强度、抗折强度、耐磨性等性能均差,不能保证石材的使用耐久性。

在选购石材板材时,还应检查一批次板材的花纹、色彩是否一致,一批板材不能有很大的色差,否则将会影响铺装后的效果。

2.6 人造石材

人造石材,顾名思义即并非百分之百天然石材原料加工而成的石材,按其制作方式的不同可分为二种,一种称为是将原料磨成石粉后,再加入化学药剂等,以高压制成板材,并于外观色泽上添加人工色素以仿原石纹路,增加了变化性,提高了选择性;另一种则称为人造花岗石是将原石打碎后,加入胶质与石料真空搅拌,并采用高压震动方式使之成型,制成一块块的岩块,再经过切割成为建材石板,除保留了天然纹理外还可以经过事先的挑选统一花色,加入喜爱的色彩或嵌入如玻璃、亚克力等,丰富其色泽的多样性。

2.6.1 人造石材的特点

人造石材大都属树脂型,按表面图案的不同,可分为人造大理石、人造花岗石、人造玛瑙石和人造玉石等几种,人造石材纹理细腻、自然、绚丽、典雅、质感淳厚,效果自然华美,其特点是:

(1) 质感紧密:表面无毛细孔,无渗透性、污渍无法进入,清洁简易,常保美观。

(2) 强度高:既具有天然石材的强度,又具有天然石材无法比拟的韧性。

(3) 性能好:无毒、无害、无放射性,防水、防潮,耐酸碱腐蚀、耐高低温。此外,人造石还具有可翻新性,产品如有破损可以进行粘结、打磨、抛光等工艺处理,令产品重现光洁、明亮、历久常新。

(4) 可塑性高:与天然石材相比,人造石材具有很高的可塑性,几乎没有任何设计上的限制,对人造石材来说创意无限,表现无限。

2.6.2 人造石材的分类

目前市场上见到的人造石材按用途大体可以分为以下三类。

1) 台面类

厨房用整体橱柜的台面、餐桌的桌面,甚至于家具都可用这种人造石材来制作。市面上现在这种用于台面的人造石材有很多,其成分为天然矿物、甲基丙烯酸甲酯及颜料。

天然石材有着自然的花纹和色彩,但却有不能弯曲的缺陷,人造石则克服了这个缺点,可以加热弯曲,塑造各种造型。对于台面而言,无拼缝整体效果更佳。

2）墙、地面类

在建材市场上,天然石材和人造石材摆放于一处,普通人难以认清是天然的还是人造的,人造石材完全可以仿效天然石材的花纹和色彩。虽然比不上天然石材的自然美,但其所具有的重量轻、厚度薄、耐腐蚀、抗污染、有较好的加工性等优点,人造石材因其色差小,整体装饰效果好,易切割,石材拼接方便,装饰性很强。使其逐渐成为石材消费新宠。

人造石材的主要原料为天然石粉,完全是废物利用,节省资源。另外,石粉经过加工处理后,对空气没有污染。

3）地砖类

石塑防滑地砖是人造地面材料的一种,是 PVC 合成的复合地面饰材。其表层为树脂耐磨层,依次为印刷膜、天然石粉,最底下为防水层。最薄可制成 3 mm 厚。其特点是,防滑、铺装简便。

2.6.3 人造石材的用途

人造石材可根据施工需要用于室外墙面柱面装饰,用于室内地面、墙面、楼梯面板、窗台板、服务台面、厨房、浴室等装饰工程。

2.6.4 人造石材的规格及品种

1）人造石材的常用规格(见表 2.5)

表 2.5 人造石材的常用规格(mm)

长	宽	厚	长	宽	厚	长	宽	厚
450	450	8～10	700	700	12～15	1 780	890	12
500	500	8～10	800	800	15～20			
600	600	10～12	1 000	1 000	20			

2）人造石材的品种

人造石材与天然石材一样,具有多种花色品种,它不但具有天然石材的花色和纹理,而且由于在加工过程中石块粉碎的程度不同再配以不同的色彩,又可分为多种不同的系列如纯点系列、纯彩系列、彩石系列、钻石系列、石英系列、净色系列、晶岩系列、麻石系列、山峰系列、暗纹系列等,每个系列又有许多种颜色可供选择。

2.6.5 人造石材与天然石材的区别

天然石材优美的自然花纹驱使人们去仿造它,尤其是在缺少矿山资源的地区。

人造石材产品看上去很逼真，但仔细观察，较易区别：

(1) 人造石材花纹无层次感，因层次感是仿造不出来的。天然石材花纹层次丰富、自然。

(2) 人造石材花纹、颜色是一样的，无变化。天然石材色彩丰富，花纹优美自然。

(3) 人造石材板背面有模衬的痕迹。天然石材背面有切割的痕迹。

2.7 石材的铺贴

2.7.1 墙面石材的铺贴

(1) 石材铺贴前应进行挑选，并应按设计要求进行对色、拼花并试拼、编号。

(2) 强度较低或较薄的石材应在背面粘贴玻璃纤维网布。

(3) 当采用湿作业法施工时，固定石材的钢筋网应与预埋件连接牢固。每块石材与钢筋网拉接点不得少于 4 个。拉接用金属丝应具有防锈性能。灌注砂浆前应将石材背面及基层湿润，并应用填缝材料临时封闭石材板缝，避免漏浆。灌注砂浆宜用 1∶2.5 水泥砂浆，灌注时应分层进行，每层灌注高度宜为 150～200 mm，且不超过板高的 1/3，插捣应密实，待其初凝后方可灌注上层水泥砂浆。

(4) 当采用粘贴法施工时，基层处理应平整但不应压光。胶粘剂的配合比应符合产品说明书的要求。胶液应均匀、饱满地刷抹在基层和石材背面，石材就位时应准确，并应立即挤紧、找平、找正，进行顶、卡固定。溢出胶液应随时清除。

2.7.2 地面石材的铺贴

(1) 石材铺贴前应进行挑选，并应按设计要求进行对色、拼花并试拼、编号。

(2) 铺贴前应根据设计要求确定结合层砂浆厚度，拉十字线控制其厚度和石材表面平整度。

(3) 结合层砂浆宜采用体积比为 1∶3 的干硬性水泥砂浆，厚度宜高出实铺厚度 2～3 mm，铺贴前应将基底湿润，并在基底上刷一道素水泥浆或界面结合剂，随刷随铺设搅拌均匀的干硬性水泥砂浆。

(4) 石材铺贴时应保持水平就位，用橡皮锤轻击使其与砂浆粘结紧密，同时调整其表面平整度及缝宽。

(5) 铺贴后应及时清理表面，24 h 后应用 1∶1 水泥浆灌缝，选择与地面颜色一致的颜料与白水泥拌和均匀后嵌缝。

复习思考题

1. 天然大理石的特点和用途有哪些？
2. 天然花岗石的特点和用途有哪些？
3. 什么是人造石？它的用途有哪些？
4. 如何选择和鉴定天然石材？

实训练习题

1. 电梯厅地面石材拼花设计(见图 2.8)。
2. 宾馆大堂地面石材设计(见图 2.9)。

实训练习题

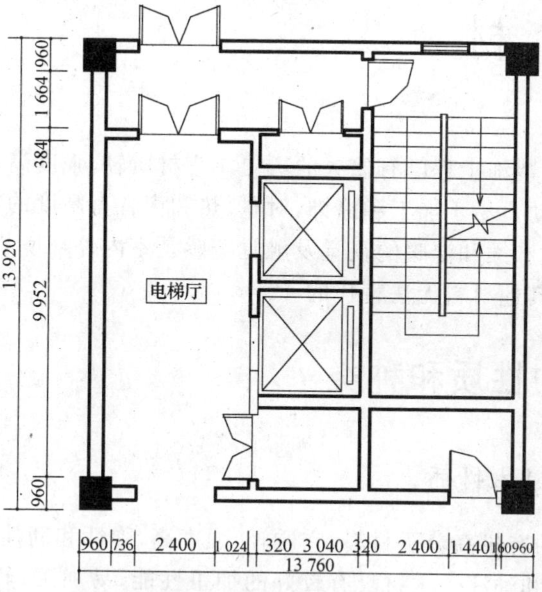

图 2.8 电梯厅平面图

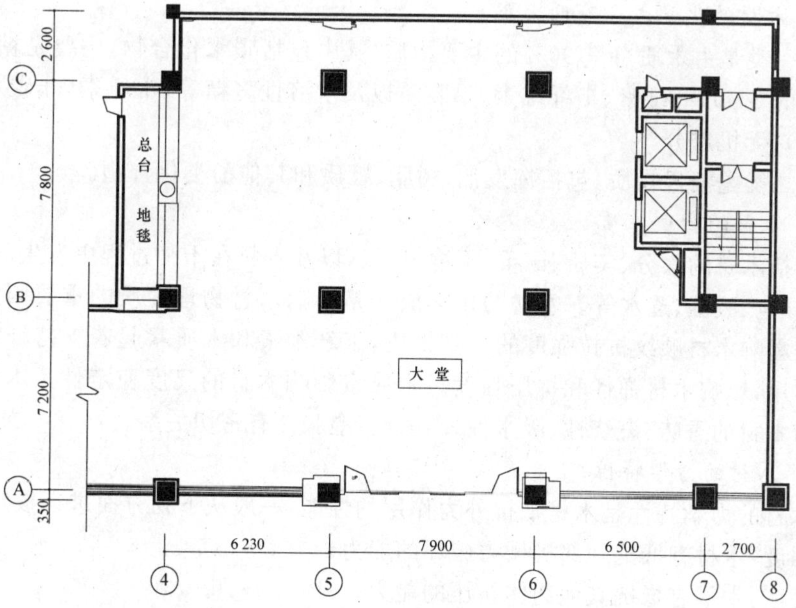

图 2.9 宾馆大堂平面图

3 木 材

木材用于室内装饰工程已有悠久的历史。它材质轻、强度高，有较佳的弹性和韧性，耐冲击和振动。易于加工和涂饰，对电、热和声音有高度的绝缘性，特别是木材美丽的自然纹理和柔和温暖的视觉及触觉美感是室内外环境装饰、家具、工艺品等难得的用材，是其他材料无法替代的。

3.1 木材的性质和种类

3.1.1 木材的基本性质

木材属天然的有机高分子材料，它质轻，强度高，弹性和韧性好，有美丽的纹理及色泽，易于着色和油漆。木材具有较好的加工性能，易加工，其连接构造简单合理。可用于制作家具和装饰木制品等。

1）木材的化学成分有两大类

第一类是占木质总量90%的主要物质，其中包括碳水化合物，主要是糖类（约占木质的3/4）、纤维素、半纤维素、果胶质以及水溶性多糖等，木质素（非碳水化合物部分），无机成分。

第二类是浸提物质，包括挥发油、树脂、鞣质和其他酚类化合物。

2）木材的物理性质

包括木材的水分、实质、比重、干缩、湿胀，以及木料在干缩过程中发生的缺陷、导热、导电、吸湿、透水等。木材的化学成分是影响木材物理性质的重要因素。纤维素是影响木材顺纹抗拉强度的主要物质，半纤维素和木质素起着支持纤维素骨架的作用，影响木材弹性和抗压强度。木质素影响木材的尺度稳定性。木材的浸提物与木材的香味、燃烧性、吸水性、干缩性、湿胀性有密切关系。

3）木材的力学特性

木材的力学特性是木材抵抗外力作用的性能，一般从下列方面进行核定。

强度：木材有抵抗外部机械力破坏的能力。

硬度：木材有抵抗其他物体挤压的能力。

弹性：外力停止后，木材具有恢复原来的形状和尺寸的能力。

刚性：木材有抵抗形状变化的能力。

塑性：木材有保持形变的能力。

韧性:木材有易发生最大变形而不致被破坏的能力。

3.1.2 木材的种类

木材分针叶树材和阔叶树材两大类:

(1) 针叶树材。针叶树干通直而高大,易得大材,纹理平顺,材质均匀,木质较软而易于加工,故又称软木材。表观密度和胀缩变形较小,耐腐蚀强,适用于装饰工程中隐蔽部分的承重构造。常见树种有松、柏、杉。

(2) 阔叶树材。阔叶树干通直部分一般较短,材质硬且重,强度较大,纹理自然美观,常用于室内装饰工程、家具制造等。常见的有水曲柳、榉木、樱桃木、榆木、桦木、楠木等。

3.2 木材的构造

3.2.1 木材的宏观构造

木材的构造是决定木材性质的主要因素,研究它的构造通常分宏观和微观两个层次。木材的宏观构造是指用肉眼或放大镜所能看到的木材组织(如图 3.1 所示)。从木材的三个切面(横切面——垂直于树轴的面;弦切面——平行于树轴的面;径切面——通过树轴的面)来看,木材由树皮、木质部和髓心等组成。木材的树皮及髓心的利用率不高。在工程上主要用木材的木质部。从木材的横切面看,木质部表面上有深浅不同的同心圆环,即年轮。在同一年轮内,春天生长的木质称春材,春材的色泽较浅,材质较软;夏秋季节生长的木质称为夏材,夏材的色泽较深,材质较密。树种相同时,年轮稠密均匀的材质较好;夏材部分多,木材的强度就高。

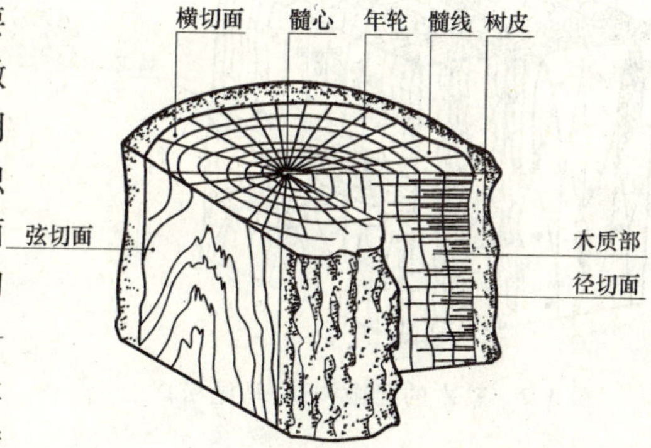

图 3.1 木材的三个切面

从髓心呈放射状向外辐射的线条称为髓线。髓线与周围的联结较弱,木材干燥时易沿此线开裂。从图 3.1 中还可看出,木材的纹理除了与其自身的宏观构造有关外,还与加工时的剖切方式有关。

3.2.2 木材的显微构造

木材的显微构造,是指用显微镜所能观察到的木材组织。在显微镜下,可以看到木材是由无数管状细胞结合而成的。每个细胞都有细胞壁和细胞腔两个部分。细胞壁由若干层细纤维组成，纤维之间有微小的空隙能渗透和吸附水分。细胞本身的组织构造在很大程度上决定了木材的性质。夏材组织均匀、细胞壁厚、腔小，故材质坚实、表观密度大、强度高，但湿胀干缩率大。春材细胞壁薄、腔大，故质松软、强度低，但湿胀干缩率小。

木材细胞因功能不同可分为管胞、导管、木纤维、髓线等多种。针叶树的显微结构简单而规则，主要是由管胞和髓线组成，其髓线较细小，不很明显，如图 3.2。某些树种在管胞间尚有树脂道，如松树。阔叶树的显微结构较复杂，主要由导管、木纤维及髓线等组成，其髓线很发达，粗大而明显。导管是壁薄而腔大的细胞，大的管孔肉眼可见，如图 3.3。阔叶树因导管分布不同又分为环孔材和散孔材两种，春材中导管很大并成环状排列，称环孔材；导管大小差不多，且散乱分布的称散孔材。所以髓线和导管是鉴别阔叶树材的显著特征。

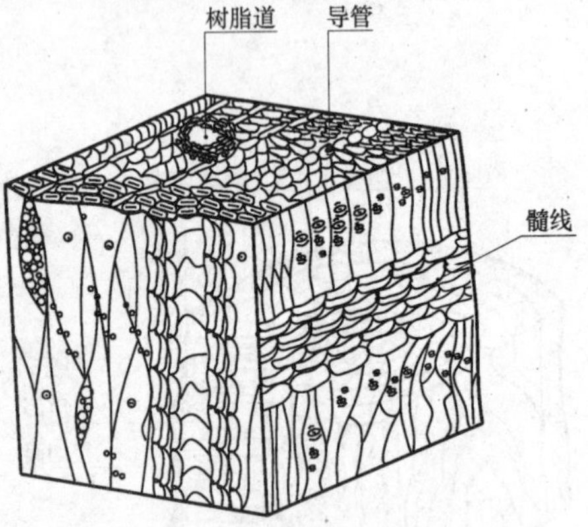

图 3.2　软木的显微构造(马尾松)

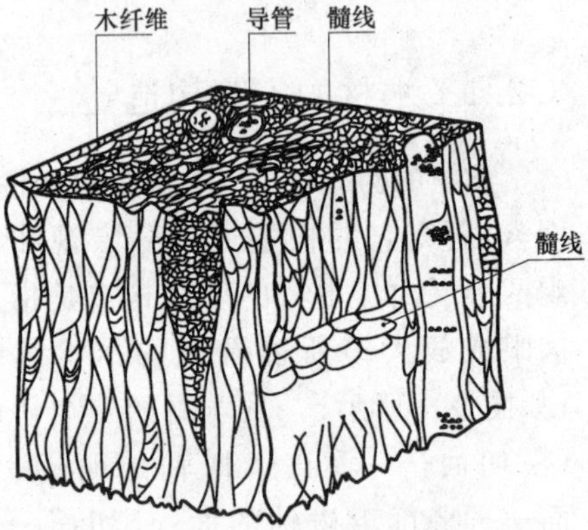

图 3.3　硬木的显微构造(柞木)

3.3　室内装饰工程常用树种及性能

3.3.1　针叶树材类

树种	硬度	性能	树种	硬度	性能
红松	软	材质轻软，纹理直，结构中等；干燥性能良好；易加工，切削面光滑；油漆和胶结性好	白松	软	材质轻软，纹理直，结构细而匀，富有弹性，共振性良好；易干燥、胶合油漆、着色等

续表

树 种	硬 度	性 能	树 种	硬 度	性 能
马尾松	略硬	材质硬度中，纹理直或斜，不匀，结构中到粗；不耐腐蚀，松脂气味显著，钉着力强	落叶松	硬	材质坚硬，不易干燥和防腐处理，干燥时易开裂，不易加工，耐磨损，磨损后材面凹凸不平
柏 木	略硬	材质致密，纹理直或斜，结构细；易加工，切削面光滑；干燥易开裂	杉 木	软	材质轻软、纹理直、结构细、质轻、易加工、耐腐朽
泡 杉	软	纹理直、结构细、质轻	油 杉	略软	纹理粗而不匀
铁坚杉	略软	纹理粗而不匀	樟子松	软	纹理直、结构细、易加工
杉 木	软	纹理直、韧而耐久、易加工	银 杏	软	纹理直、结构细、易加工

3.3.2 阔叶树材类

树 种	硬 度	性 能	树 种	硬 度	性 能
水曲柳	略硬	材质光滑，纹理直，结构中等；易加工、不易干燥；油漆和胶合均易；韧性大	黄波罗	略软	珍贵用材树种，黄色至黄褐色，纹理美观，材质坚韧，有弹性，耐水湿及耐腐性强，易加工
柞 木	硬	珍贵用材树种、材质硬、纹理斜、结构粗、光泽美	色 木	硬	纹理直、结构细密、材质坚硬
桦 木	硬	纹理斜、有花纹、易变形	椴 木	软	纹理直、质坚耐磨、易裂
樟 木	略软	纹理交叉，结构细；易加工，切削后光滑；干燥后不易变形，耐久性强	山 杨	甚软	纹理直、质轻、易加工
木 荷	硬	纹理直或斜、结构细、易加工	楠 木	略软	淡黄色、褐色，有香气，纹理直，结构细密，不易变形和开裂，耐腐朽。
榉 木	硬	心材红色，坚韧，刨削后光泽、纹理美丽	泡 桐	硬	纹理直、质轻、易加工
黄杨木	硬	心、边材区别不明显，材淡黄褐色，美丽悦目，有光泽，纹理直或斜，结构极细致，材质光滑，易切削，干燥状况良好，但干燥困难	麻 栎	硬	纹理直、质坚耐磨、易裂

3.3.3 国外木材及性能

树种	产地	性能	树种	产地	性能
洋木	美国	纹理直、结构致密、易干燥	柚木	南亚	纹理直、含油脂、花纹美、耐久
柳桉	东南亚	纹理直、有带状花纹、易加工	红檀木	东南亚	纹理斜、质坚有光泽、不易加工
紫檀	南亚	纹理斜、极细密、不易加工	花梨木	南亚	纹理粗、质细密、花纹美
乌木	南亚	纹理细密、质坚硬、耐磨损	桃花心木	中美洲	纹理斜、花纹美、易加工

3.4 木材的干燥方法

树木在生长过程中，不断吸收水分而生长。砍伐的成材树木的水分含量较大，经过运输、堆存，水分会有所减少，但由于原木体积较大，水分不易排出。使用潮湿的木材去施工会由于干缩产生开裂、翘曲等变形。另外潮湿的木材也容易被虫蛀或腐朽。所以原木经改制成板、方材后，必须经干燥处理，将含水率降至允许范围内再加工使用。

3.4.1 天然干燥法

木材天然干燥是利用自然条件：阳光和空气流动。天然干燥不需要什么设备，只要将木材合理堆放在阳光充足和空气流通的地方，经一定的时间就可以使木材得到干燥，达到与使用环境相适应的含水率。天然干燥法成本低，但因受气候条件的影响，干燥时间较长，干燥后的含水率不可能低于各地各月的平均含水率（见表3.1），其木材收缩率比人工干燥的小。天然干燥的木材中的水分逐渐蒸发，与大气取得平衡，因而其内部应力较小，使用时不易翘曲和变形，比人工干燥的要优越。

图3.4 水平堆积法

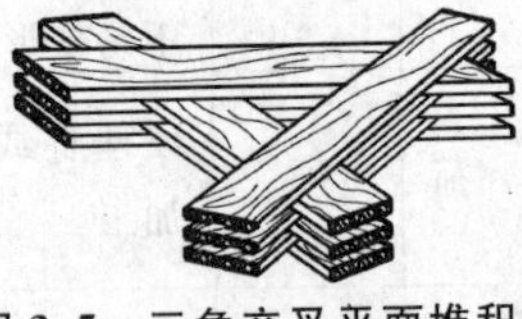

图3.5 三角交叉平面堆积法

天然干燥木材质量的好坏及速度的快慢与合理堆放有很大的关系。一般堆积方法有：水平堆积法、三角交叉平面堆积法、井字形堆积法等，如图3.4、3.5、3.6。干燥时间随气候条件、树种和规格不同而不一样。薄板和小规格木料采用天然干燥比较理想。

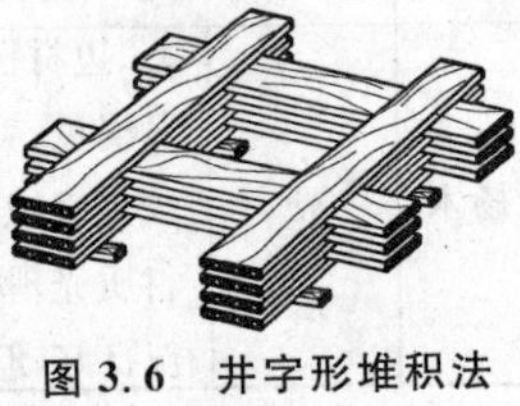

图3.6 井字形堆积法

在夏季一般20～30 mm厚的松木板，含水率从60%降至15%约需10～15天，而同规格水曲柳则需20天。较厚的硬杂木要半年甚至更长时间，在冬季时间要加长。

表3.1 全国22个城市木材平均含水率表(%)

月份 城市	1	2	3	4	5	6	7	8	9	10	11	12	年平均
哈尔滨	17.2	15.1	12.4	10.8	10.1	13.2	15.0	14.5	14.6	14.0	12.3	15.2	13.6
沈阳	14.1	13.1	12.0	10.9	11.4	13.8	15.5	15.6	13.9	4.3	14.2	14.5	13.6
大连	12.6	12.8	12.3	10.6	12.2	14.3	18.3	16.9	14.6	2.5	12.5	12.3	3.0
乌鲁木齐	16.0	18.8	15.5	14.6	8.5	8.8	8.4	8.0	8.7	11.2	15.9	18.7	12.1
西安	13.7	14.2	13.4	13.1	13.0	9.8	13.7	15.0	16.0	15.5	15.5	15.2	14.3
北京	10.3	10.7	10.6	8.5	9.8	11.1	14.7	15.6	12.8	12.2	12.0	10.8	11.4
天津	11.6	12.1	11.6	9.7	10.5	11.9	14.4	15.2	13.7	2.7	13.3	12.1	12.1
青岛	13.2	14.0	13.9	13.0	14.9	17.1	20.0	18.3	14.3	2.8	13.1	13.5	14.4
上海	15.8	16.8	16.5	15.5	16.3	17.9	17.5	16.6	15.8	4.7	15.8	15.9	16.0
杭州	16.3	18.0	16.9	16.0	16.0	16.4	15.4	15.7	16.3	16.3	16.7	17.0	16.5
温州	15.9	18.1	19.0	18.4	19.7	19.9	18.0	17.0	17.1	14.9	14.9	15.1	17.3
福州	15.1	16.8	17.5	16.5	18.0	17.1	15.5	14.8	15.1	13.5	14.4	14.8	15.6
厦门	14.5	15.5	16.6	16.4	17.9	18.0	16.5	15.0	14.6	12.6	13.1	13.8	15.2
郑州	13.2	14.0	14.1	11.2	10.6	10.2	14.0	14.6	13.2	12.4	13.4	13.0	12.4
武汉	16.4	16.7	16.0	16.0	15.5	15.2	15.3	15.0	14.5	14.5	14.8	15.3	15.4
南昌	16.1	19.3	18.2	17.4	17.0	16.3	14.7	12.7	15.0	14.4	14.7	15.2	16.0
广州	13.3	16.0	17.3	17.6	7.6.	17.5	16.6	16.1	14.7	13.0	12.4	12.9	15.1
海口	19.2	19.1	17.9	17.6	17.1	16.1	15.7	17.5	18.0	16.9	16.1	17.2	17.3
成都	15.9	16.1	14.4	15.0	14.2	15.2	16.8	16.8	17.5	18.3	17.6	17.4	16.0
重庆	17.4	15.4	14.9	14.7	14.8	14.7	15.4	14.8	15.7	18.1	18.0	18.2	15.9
昆明	12.7	11.0	10.7	9.8	12.4	15.2	16.2	16.3	15.7	16.6	15.3	14.9	13.5
拉萨	7.20	7.20	7.60	7.70	7.60	10.2	12.2	12.7	11.9	9.00	7.20	7.80	8.60

3.4.2 人工干燥法

窑干(室干、炉干)：即将木材放在保暖性和气密性都很完好的特制容器或建筑物内,利用加温、加热设备以人工控制介质的温湿度以及气流循环速度,使木材在一定的时间内干燥到指定含水率的一种干燥方法。

(1) 烟熏干燥法。利用锯木、刨屑、碎木料燃烧产生的热烟来干燥木材。此法只要湿度控制得好,含水率即可达到要求,干燥变形也小。但此法容易使木材表面发黑,影响美观。

(2) 热风干燥法。用鼓风机将空气通过被烧热的管道,热风从炉底风道均匀吹进炉内,经过木材堆又从上部吸风道回到鼓风机。这样往复循环把木材中的水分蒸发出去。此法干燥迅速。

(3) 蒸汽加热干燥法。以蒸汽加热窑内空气,再通过强制循环把热量传给木材,使木材中的水分不断向外扩散,这种蒸汽加热干燥法,窑内温湿度容易控制,干燥时间也较短。

(4) 过热蒸汽干燥法。以常压过热蒸汽为介质,采用强制循环气流,对木材进行高温快速处理。这种干燥方法,要求有很好的密闭条件,窑内设有蒸汽加热器,使木材迅速干燥,质量较好。

3.4.3 其他干燥法

(1) 远红外线干燥法。利用远红外线使物体升温,加速干燥。

(2) 高频电解质干燥法。以木材为电解质,使木材内部加热,蒸发水分。

(3) 微波干燥法。利用微波使木材内部水分子极化,并产生热量,使木材干燥。

(4) 太阳能干燥法。将空气晒热后传导至窑内,吸收木材水分使之干燥。

3.5 科技木

科技木是以普通木材(速生材)为原料,利用仿生学原理,通过对普通木材、速生材进行各种改性物化处理生产的一种性能更加优越的全木质的新型装饰材料。科技木可仿真天然珍贵树种的纹理,并保留了木材隔热、绝缘、调湿、调温的自然属性。和天然木相比较,科技木具有以下特点:

1) 色彩丰富,纹理多样

科技木产品经电脑设计,可产生天然木材不具备的颜色及纹理,色泽更鲜明,纹理立体感更强,图案更具动感及活力,充分满足人们需求多样化的选择和个性化消费的心理。

2) 产品性能优越

科技木的密度及静曲强度等物理性能均优于其原材料天然木材,且防腐、防蛀、耐潮又易于加工。同时,还可以根据不同的需求加工成不同的幅面尺寸,克服了天然木径级的局限性。

3）成品利用率高

科技木没有虫孔、节疤、色差等天然木材固有的自然缺陷，是一种几乎没有任何缺憾的装饰材料，同时其纹理与色泽均具有一定的规律性，因而在装饰过程中很好地避免了天然木质产品因纹理、色泽差异而产生的难以拼接的烦恼，可使消费者充分利用所购买的每一寸材料。

4）绿色环保产品

科技木产品的诞生，是对日渐稀少的天然林资源的最佳代替。既满足了人们对不同树种、装饰效果及用量的需求，又使珍贵的森林资源得以延续。同时，科技木生产过程中使用环保胶粘剂，是目前较理想的室内装饰材料。

3.6 木质装饰线

木质装饰线是室内造型设计时使用的重要材料，同时也是非常实用的功能性材料。一般用于天花、墙面装饰及家具制作等装饰工程的平面相接处、相交面、分界面、层次面、对接面的衔接、收边、造型等。同时在室内起到色彩过渡和协调的作用，可利用角线将两个相邻面的颜色差别和谐地搭配起来。并能通过角线的安装弥补室内界面土建施工的质量缺陷等。其品种和质量对装饰效果有着举足轻重的作用。

3.6.1 木质装饰线的品种、规格

木质装饰线品种、规格较多。从材质上分有硬质杂木线、水曲柳线、山樟木线、胡桃木线、柚木线等；从功能上分有压边线、柱角线、压角线、墙角线、墙腰线、覆盖线、封边线、镜框线等；从外形上分有半圆线、直角线、斜角线等；从款式上分有外凸式、内凹式、凸凹结合式、嵌槽式等。

木质装饰线条造型各异，断面形状丰富。常用木线条外形示例见图3.7、3.8、3.9。

3.6.2 木质装饰线的质量要求及检验方法

（1）木装饰线宜选用木质硬、木质细、材质好的木材，并光洁、手感顺滑，无毛刺。

（2）木线色泽一致，无节子、开裂、腐蚀、虫眼等缺陷。

（3）木线图案应清晰，加工深度一致。

（4）检查背面，木线背面质量要求也要好，已经上漆的木线，既要检查正面油漆光洁度、色差，又要从背面查看木质。

3.6.3 木质装饰线的安装

(1) 木质装饰线安装的基层必须平整、坚实,装饰线不得随基层起伏。

(2) 木质装饰线的安装应根据不同基层,采用相应的连接方式。

(3) 木质装饰线的接口应拼对花纹,拐弯接口应齐整无缝,同一种房间的颜色应一致。

3.6.4 木质装饰线应用实例

木质装饰线应用实例见图 3.10。

复习思考题

1. 木材有哪些种类? 各有什么特点?
2. 室内装饰工程常用哪些树种? 它们的性能是什么?
3. 木质装饰线的质量要求及检验方法是什么?

实训练习题

根据下列所给尺寸设计线形。

20×20	30×20	40×40	35×15	40×25	50×20
60×40	90×30	100×30	100×40	120×40	150×40

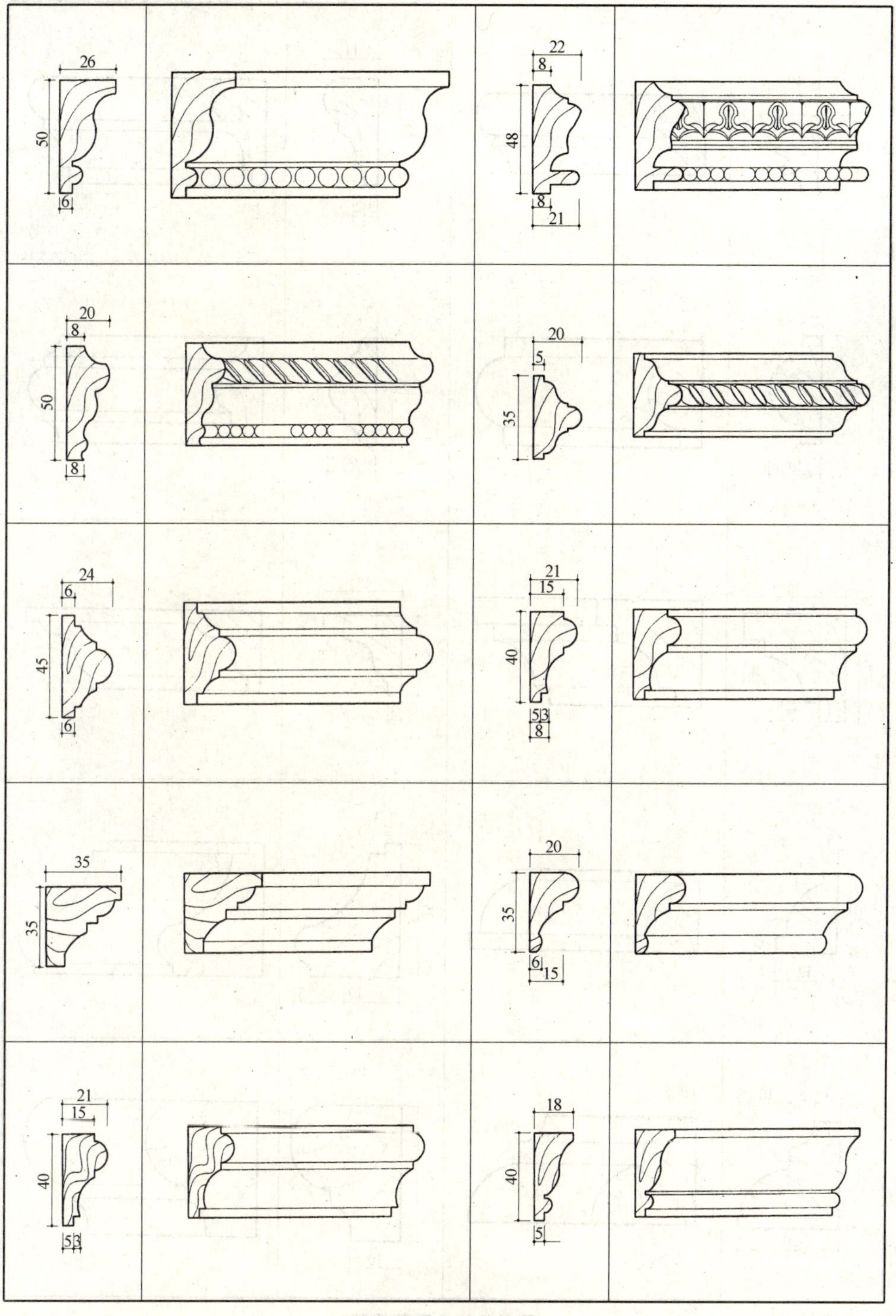
26
50
6
22
8
48
8
21
20
8
50
8
20
5
35
24
6
45
6
21
15
40
5 3
8
35
35
20
35
6
15
21
15
40
5 3
18
40
5

图 3.7 木质装饰线

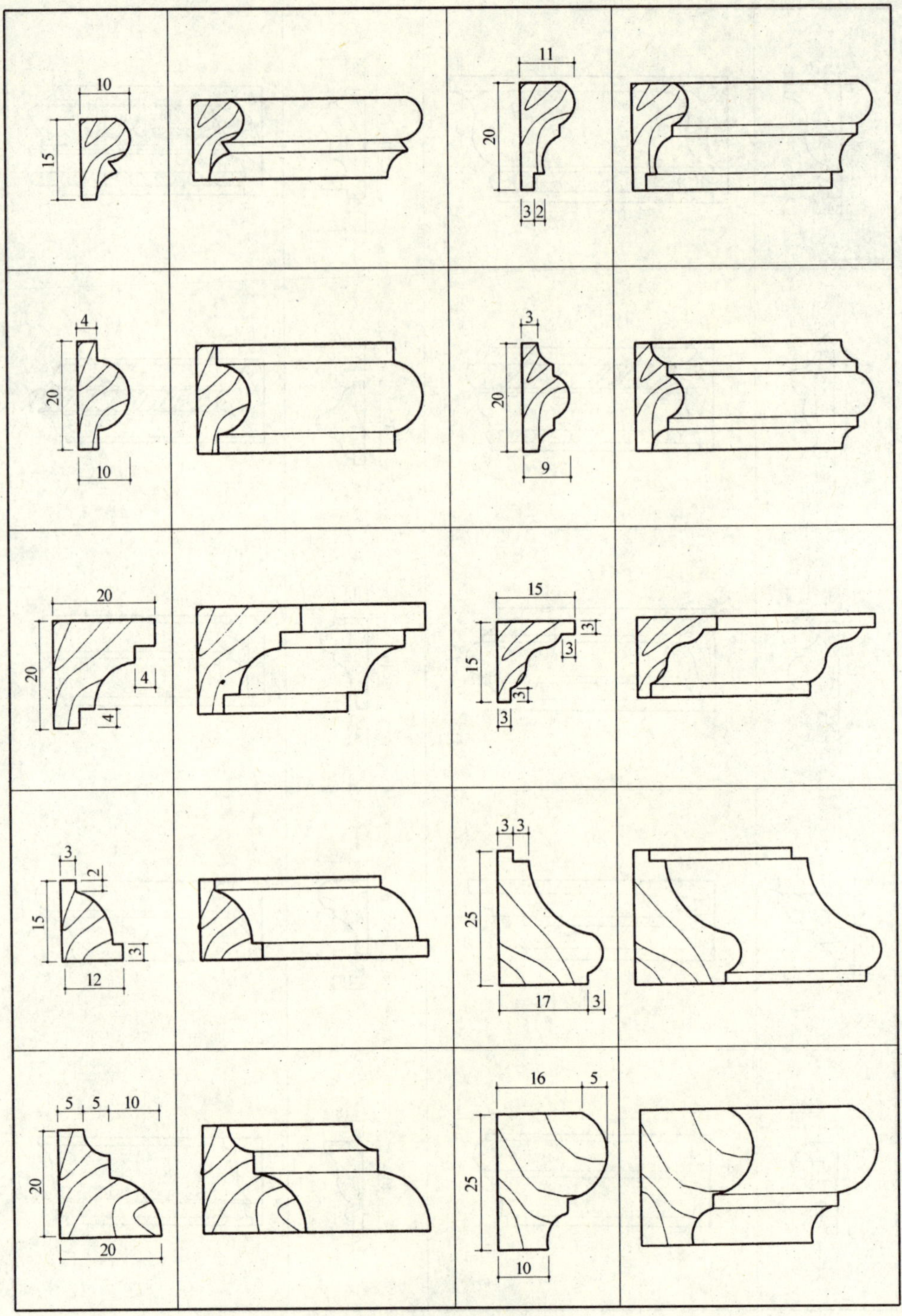
10
15
11
20
3
2
4
20
10
3
20
9
20
20
4
4
15
3
3
15
3
3
3
2
15
3
12
3
3
25
17
3
5
5
10
20
20
16
5
25
10

图 3.8　木质装饰线

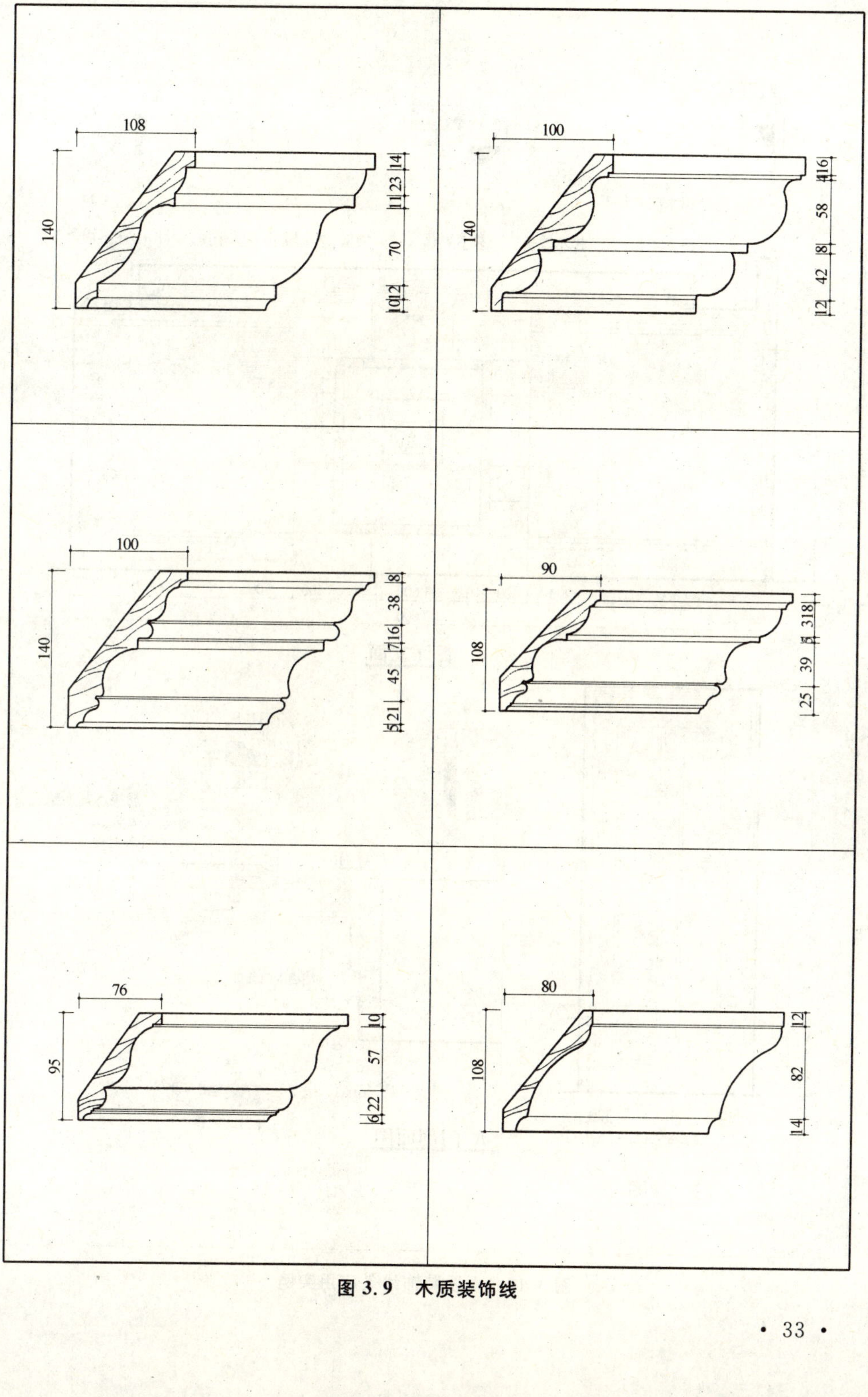
108
140
14
23
11
70
12
10
100
140
4
16
58
8
42
12
100
140
8
38
7
16
45
21
5
90
108
3
18
5
39
25
76
95
10
57
22
6
80
108
12
82
14

图 3.9 木质装饰线

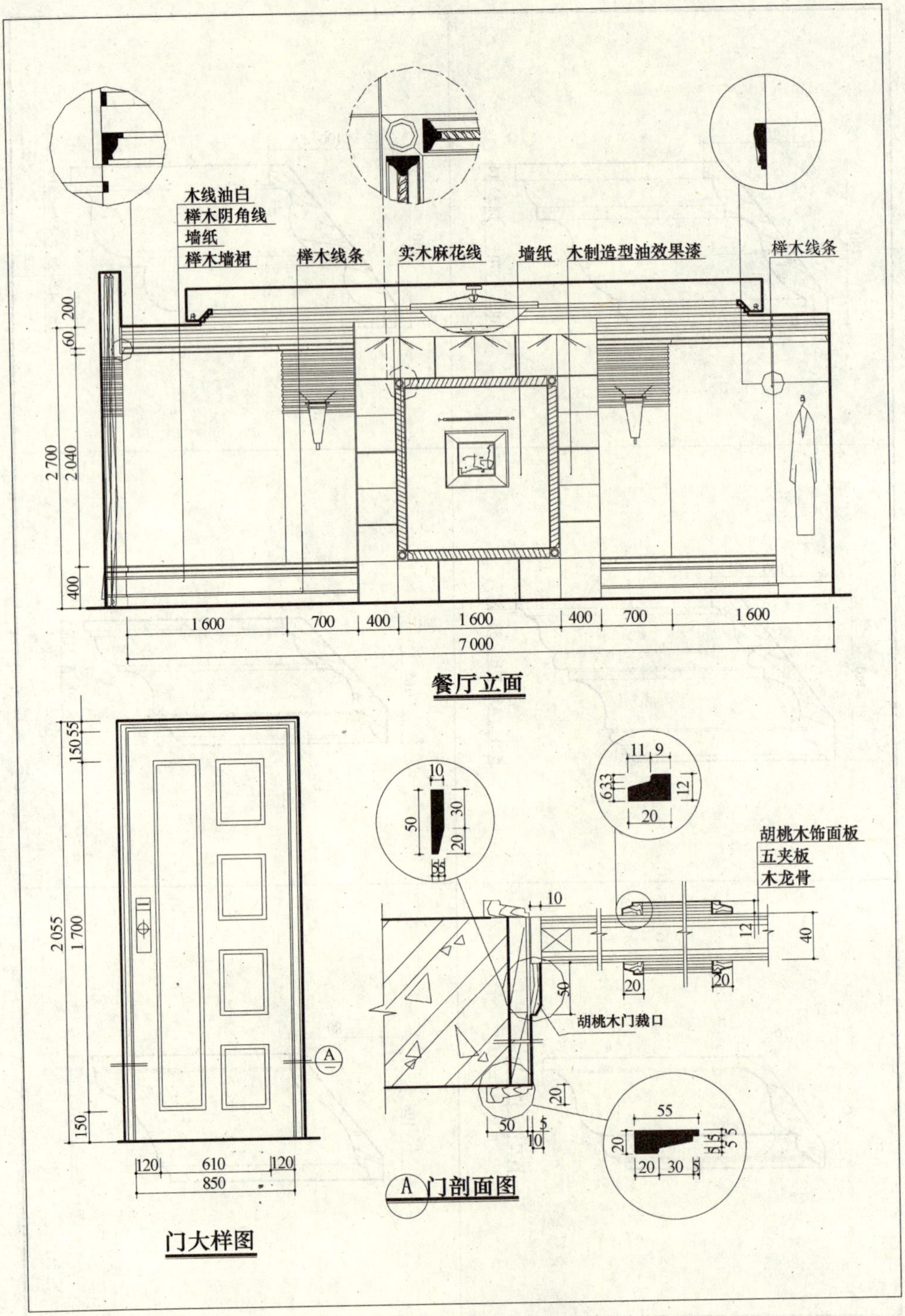

图 3.10　木质装饰线条应用实例

4 装饰板材

装饰板材的主要功能，表现在保护墙体，提供某些使用功能和美化空间环境。因使用的环境不同，而用不同的装饰板材。

4.1 木质板材

木质装饰板的种类很多，建筑工程中常用的有薄木贴面板、胶合板、纤维板、刨花板、细木工板等。

木质装饰板是利用木材或含有一定量纤维的其他植物作原料，采用一般物理和化学的方法加工而成的。这类板材与天然木材相比，板面宽，表面平整光洁，没有节子、虫眼和各项异性等缺点，不开裂、不翘曲，经加工处理还具有防水、防火、防腐、防酸等性能。

4.1.1 胶合板

胶合板是用原木旋切成木薄片，经干燥处理后用胶粘剂以各层纤维相垂直的方向黏合，热压制成。木片层数为奇数，一般为三合板到十五合板。装饰工程中常用三合板、五合板、七合板、九合板等(见图 4.1)。

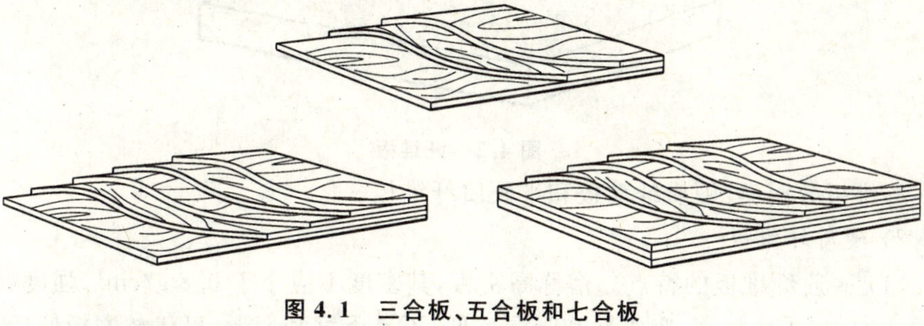

图 4.1 三合板、五合板和七合板

1) 胶合板的特点

(1) 板材幅面大，易于加工。

(2) 板材纵横向强度均匀，适用性强。

(3) 板面平整，收缩小，避免了木材开裂、翘曲等缺陷。

(4) 板材厚度按需要选择，木材利用率较高。

2）胶合板的用途

主要用于室内装饰的隐蔽工程以及家具等。

3）胶合板的规格

胶合板规格一般为1 220 mm×2 440 mm。

4）选购胶合板时应注意的问题

（1）夹板有正反两面的区别。挑选时，胶合板要木纹清晰，正面光洁平滑，不毛糙，不能有脱胶、开裂、腐朽、玷污、缺角等缺陷。

（2）看号印。检查每张胶合板是否符合该胶合板的类别、等级、生产日期、生产厂家、检验员代号等。

（3）有的胶合板是将两个不同纹路的单板粘在一起制成的，所以在选择上要注意夹板拼缝处应严密，没有高低不平现象。

（4）挑选夹板时，用手敲胶合板各部位时，声音发脆，则证明质量良好，若声音发闷，则表示夹板已出现散胶现象。

（5）挑选胶合饰面板时，还要注意颜色统一，纹理一致，并且木材色泽与家具油漆颜色相协调。

4.1.2 纤维板

1）纤维板的特点及分类

纤维板是将板皮、木块、树皮、刨花等废料或其他植物纤维（如稻草、芦苇、麦秸等）经过破碎、浸泡、研磨成木浆，热压成型的人造板材（见图4.2）。

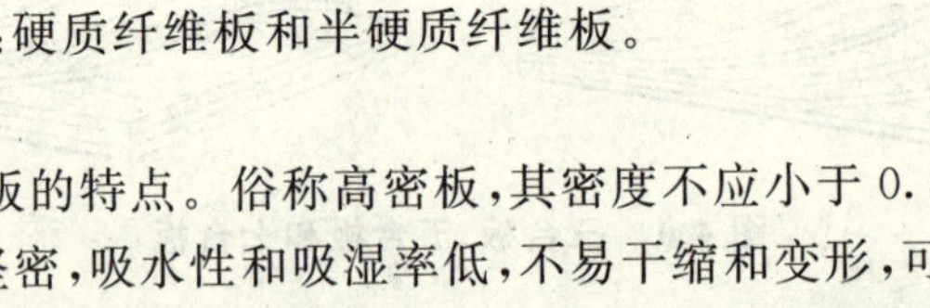

图4.2 纤维板

纤维板分两类：硬质纤维板和半硬质纤维板。

2）硬质纤维板

（1）硬质纤维板的特点。俗称高密板，其密度不应小于0.8 g/cm^3，强度高，物质构造均匀，质地坚密，吸水性和吸湿率低，不易干缩和变形，可代替木板使用。

（2）硬质纤维板的用途。硬质纤维板通常用作室内隔墙板、门芯板、踢脚板、制作家具和各种装饰线条等。

（3）硬质纤维板的规格。硬质纤维板的规格一般为1 220 mm×1830 mm、1 220 mm×2 440 mm，厚度为2.5、3、4.5 mm。

3）半硬质纤维板

（1）半硬质纤维板的特点。俗称中密板，密度为0.4～0.8 g/cm^3，按外观质量分为特级品、一、二级品三个等级。表面光滑，材质细密，性能稳定。

(2) 半硬质纤维板的用途。半硬质通常用作室内墙板、门芯板、隔断板、制作家具等。

(3) 半硬质纤维板的规格。半硬质纤维板的规格一般为：1 220 mm×1 830 mm、1 220 mm×2 440 mm，厚度为 10、15、18、21、24 mm。

4) 选购纤维板时应注意下列问题

(1) 板厚是否均匀，板面要平整、光滑，没有污渍、水渍、粘迹，板面四周密实、不起毛边。

(2) 含水率低，吸湿性越小越好。

(3) 用手敲击板面，检查是否均匀密实。

4.1.3 刨花板

1) 刨花板的特点

是将木材加工的剩余物，如刨花片，木屑或短小木料刨制的木丝为原料，经过加工处理，拌以胶料，加压而制成的人造板(见图 4.3)。

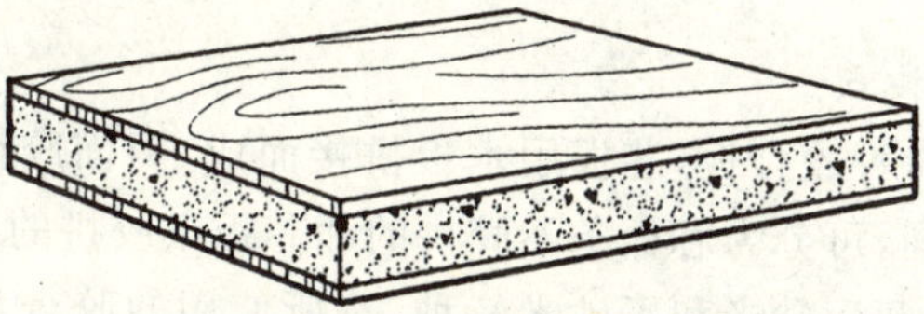

图 4.3 刨花板

2) 刨花板的用途

刨花板具有质量轻、强度低、隔声、保温、耐久、防虫等特点。适用于室内墙面、隔断、顶棚等处的装饰用基面板。其中热压树脂刨花板表面可粘贴塑料贴面或胶合板作饰面层，这样既增加了板材的强度，又使板材具有装饰性。

3) 刨花板的规格

刨花板的规格一般为：1 220 mm×1 830 mm、1 220 mm×2 440 mm，厚度为 16、19、22、25 mm。

4.1.4 薄木贴面装饰板

1) 薄木贴面装饰板的特点

薄木贴面装饰板采用柚木、水曲柳、榉木、黑胡桃木、花梨木等珍贵树种，精密旋切，制成厚度为 0.1～1 mm 之间的薄木切片，以胶合板、纤维板、刨花板为基材采用先进胶粘工艺和胶粘剂，经热压制成的一种装饰板材。俗称饰面板，此种板材表面保持了木材天然纹理，细腻优美，真实感和立体感强，具有自然美的特点。常见薄木贴面装饰板的拼接图案见图 4.4。

2）薄木贴面装饰板的用途

在室内装饰中可作为天花板、门窗套、家具饰面和酒吧台、酒柜、展台等的饰面材料。薄木贴面装饰板作为一种表面装饰材料，必须粘贴在一定厚度和具有一定强度的基层上，不宜单独使用。

3）薄木贴面装饰板的规格

薄木贴面装饰板规格一般为 1 220 mm×2 440 mm。

4）选购薄木贴面装饰板注意下列问题

(1) 人造贴面板纹理图案规则，无色差；天然贴面板纹理图案自然，变化较大，无规则，有色差。

(2) 拼缝严谨，材质细致均匀，颜色清晰，表面光洁，无明显瑕疵。

(3) 胶合结构稳定，无开胶现象，面板基材之间不出现鼓泡、分层现象。

(4) 要选择绿色环保板材。

(5) 要选择盖有产品标识，正规厂家的合格装饰板。

4.1.5 细木工板

1）细木工板的特点

细木工板属于特种胶合板，芯板用木板拼接而成，两面胶粘一层或三层单板。细木工板按结构不同，可分为芯板条不胶拼的和芯板条胶拼的两种；按表面加工状况可分为一面砂光、两面砂光和不砂光三种；按所使用的胶合剂不同，可分为Ⅰ类胶细木工板、Ⅱ类胶细木工板两种；按面板的材质和加工工艺质量不同，可分为一、二、三等三个等级(见图 4.5)。

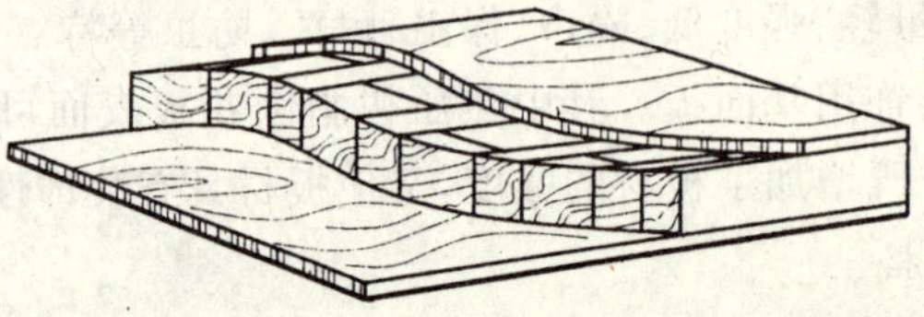

图 4.5 细木工板

2）细木工板的用途

细木工板具有质地坚硬、吸声、隔热等特点，适用于家具和室内装饰等。

3）细木工板的规格

一般规格 1 220 mm×2 440 mm，厚度为 16、18、22 mm 等。

4）选购细木工板应注意下列问题

(1) 胶层结构稳定，无开胶现象，表面平整。

(2) 板边平直、整齐、规范。

(3) 选择绿色环保材料和盖有产品标识的板材。

(4) 检查芯板条质量时，可锯开抽查，芯板条空隙要严谨，不允许软硬木材混拼，木材要干燥。

4.2 防火板

防火板面层为三聚氰胺甲醛树脂浸渍过的印有各种色彩、图案的纸，里面各层都是酚醛树脂牛皮纸，经干燥后叠合在一起，在热压机中通过高温高压制成。

4.2.1 防火板的特点

防火板具有色彩丰富、图案花色繁多(仿木纹、石纹、皮纹等)和耐湿、耐磨、耐烫、阻燃、耐侵蚀、易清洗等特点。表面有高光泽的、浮雕状的和麻纹低光泽的，在室内装饰中既能达到防火要求，又能达到装饰效果。

4.2.2 防火板的用途

防火板有国内生产的也有进口产品，种类较多。它主要用于医院、商场、宾馆、住宅等室内的门、墙、橱柜等装饰。

4.2.3 防火板的规格

防火板规格一般为 1 220 mm×2 440 mm，厚度为 1～2 mm。

4.2.4 防火板应用技术要求

(1) 由于防火板比较薄，必须粘贴在有一定强度的基板上，如胶合板、木板、纤维板、金属板等。

(2) 切割时注意不要出现裂口，可根据使用尺寸，每边多留几毫米，供修边用。

(3) 一般使用强力胶粘贴。强力胶粘贴后用滚轮压匀即可。

4.3 铝塑板

铝塑板又称铝塑复合板，主要由多层材料复合制成，上下两层为高强度铝合金板，中间层为无毒低密度聚乙烯塑料芯板，经高温、高压处理成型，色彩新颖、豪华气派，品种十分丰富(见图 4.6)。

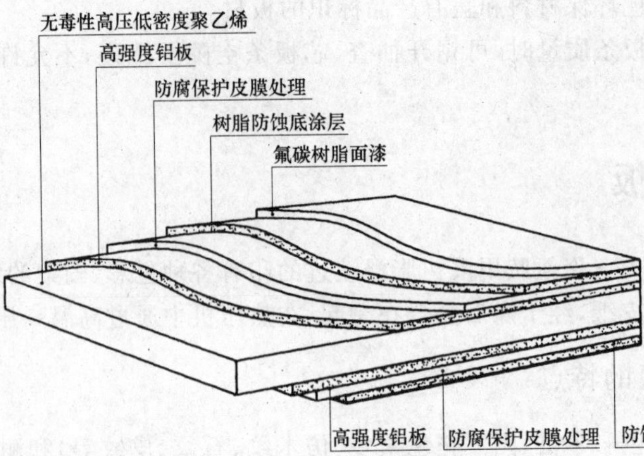

图 4.6 铝塑板

4.3.1 铝塑板的特点

(1) 耐腐蚀性:表面氟碳喷涂,能有效抵抗酸雨、空气污染及紫外线的侵蚀。

(2) 无光污染:由于氟碳涂层亚光表面(光泽度为 35%左右),所以无漫反射,不会造成污染。

(3) 自清洁性:由于氟碳涂层中特殊的分子结构使其表面灰尘不能依附,故有极强的清洁性。

(4) 颜色丰富:氟碳涂料颜色多达 100 多种。

(5) 高强度:采用优质防锈铝,强度高,确保室外幕墙的抗风、防震、防雨水渗透、防雷、抗冲击能力。

(6) 安装简便:施工快捷,铝材质轻,加上铝板幕墙在安装前已成型,故安装、施工及更换比较方便、快捷。

(7) 加工性能优良,易切割、裁剪、折边、弯曲,安装简便。

(8) 隔音和减震性能好;隔热效果和阻燃性能良好,火灾时无有毒烟雾生成。

4.3.2 铝塑板的用途

广泛用于宾馆、酒店、写字楼、商场、车站、机场、体育馆等室内外墙面、柱面、天花、家具及现代化建筑的幕墙、广告标识牌等。

4.3.3 铝塑板的规格

标准规格:1 220 mm×2 440 mm×(3～4)mm,表面为全光面。

4.3.4 铝塑板的颜色类型

银白、金黄、深蓝、粉红、海蓝、瓷白、银灰、咖啡、石纹、木纹等花色系列。

4.4 装饰波浪板

装饰波浪板，又称 3D 立体浪板，是源自欧洲的一种新型时尚的室内装饰材料，由中纤板经电脑雕刻并采用高超的喷涂、烤漆工艺精工制造而成。

4.4.1 装饰波浪板的特点

(1) 防潮、防水、防变形。装饰波浪板背面利用聚乙烯进行工艺处理，从而达到防潮、防水、防变形的功能。

(2) 工艺先进、经久耐用。装饰波浪板板面采用高超的紫外线固化油漆、烤漆工艺制成，使板面硬度强、耐磨、不脱落、使用寿命长。

(3) 吸音降噪，宁静致远。立体浪板基材纤维板是一种细胞造体，具有多孔质的吸音特性，有较强的消除噪声的功能。

4.4.2 装饰波浪板的用途

装饰波浪板广泛应用于各种高级住宅、别墅、夜总会、酒店、会所、商场、写字楼等室内装饰工程之中，是一种新型、时尚、高档的室内装饰材料。

4.4.3 装饰波浪板的品种及规格

装饰波浪板的品种主要有：小直纹、大直纹、斜波纹、横纹、水波纹、冲浪纹等造型和纯白板、彩色板、闪光板、梦幻板、裂纹板、仿古板、金箔、仿石等系列品种(见图 4.7)。

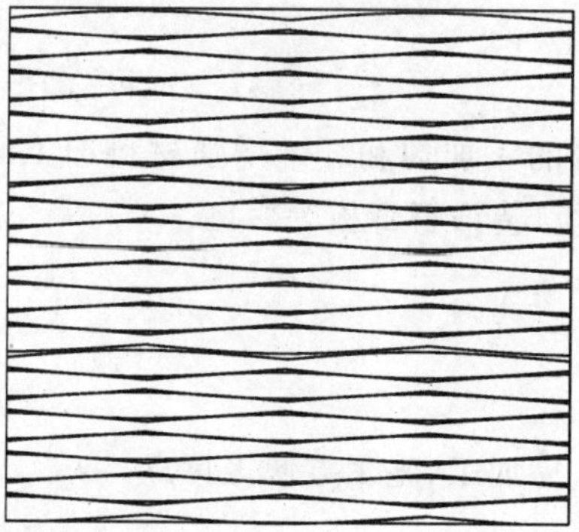

大直纹

冲浪纹

斜波纹

水波纹

图 4.7 装饰波浪板

装饰波浪板的规格为:1 220 mm×2 400 mm。

4.4.4 装饰波浪板的使用及保养

(1) 装饰波浪板在运输过程中应小心轻放,避免碰撞、摩擦、重压,损坏板面和板边。

(2) 装饰波浪板在拼接时,应将产品的纹路、造型对齐、对称,不宜用钉子锤打安装,应用不锈钢螺钉安装。

(3) 装饰波浪板板面不宜与天那水、松节水、强酸等化学液体接触,避免损坏板面光泽效果。

(4) 在使用过程中(如裁切产品)应做好产品板面保护措施,用一些松软的物品做好板面的防护,以免操作工具碰伤板面。

(5) 板面沾有灰尘时,应用柔软的抹布轻擦,不宜用太硬的抹布擦拭,以免擦坏板面。

4.5 石膏板及装饰板石膏

石膏板是以建筑石膏为主要原料,添入适量的添加剂和纤维增强材料加工而成。经不同的加工工艺可制成各种形状的石膏板,装饰石膏板等。

4.5.1 石膏板

1) 石膏板的特点

石膏板具有质轻、强度高、防火、隔热、吸声、易加工、施工方便等特点。

2) 石膏板的用途

石膏板可用作隔断、吊顶等部位的罩面材料,石膏板本身具有一定的防火防水性能，所以它是一种比较好的用途较广的板材。

3）石膏板的品种

常用石膏板的品种有：纸面石膏板、无纸石膏板（即纤维石膏板）和石膏空心条板等。

4）石膏板的规格

石膏板常用规格长度为800、2 400、3 000、3 300 mm，宽度为900、1 200 mm，厚度为9、12、15、18 mm 等。

4.5.2 纸面石膏板

1）纸面石膏板的特点

纸面石膏板是以建筑石膏为主要原料，掺入适量添加剂与纤维做板芯，以特制的板纸为护面，经加工制成的板材。纸面石膏板具有重量轻、隔声、隔热、加工性能强、施工方法简便的特点。我国的石膏资源丰富，价格低廉，使得石膏板成为取代木材的重要材料，特别适宜装修中使用。它的表面有较好的着色性，因此成为吊顶的主要材料。

2）纸面石膏板的分类

纸面石膏板从性能上可以分为普通型、防火型、防水型三种。从其棱边形状上可分为矩形边、45°倒角形边、楔形边、半圆形边、圆柱形边五种（见图 4.8）。

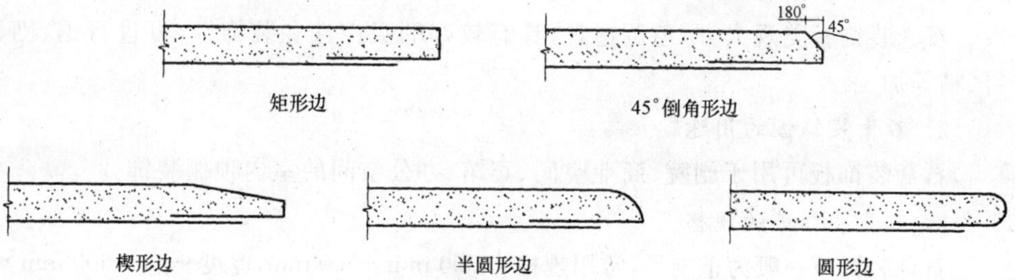

图 4.8 纸面石膏板的棱边形状

（1）普通纸面石膏板。普通纸面石膏板为象牙色面纸，无论是在其上涂刷底漆还是直接作为终饰表面均可获得理想的效果。

（2）防火纸面石膏板。防火纸面石膏板提供了优良的防火性能。采用经特殊防火处理的粉红色纸面作为护面纸，石膏板芯内含有耐火添加剂及耐火纤维，适合防火性能要求较高的吊顶、隔墙、电梯和楼梯通道以及柱、梁的外包防火使用。

（3）防水纸面石膏板。防水纸面石膏板为适用于室内高湿度环境而开发生产的耐水防潮类轻质板材，其石膏芯内加入的高效有机疏水剂，以及经过有机防水材料特殊处理过的进口护面纸，极大地改善和增强了石膏板的抗水性和防水效果。

3）纸面石膏板的用途

纸面石膏装饰板可用于剧院、商业空间、宾馆、办公空间的室内隔墙、隔断及顶棚装饰。

4）纸面石膏板的使用

纸面石膏板是吊顶工程最基本的中间材料，必须经过表面装饰后才能正式使用，所以石膏板的使用同木材板材的方法相同，可以通过锯、刨、钉等加工工艺，制成各种装饰作品的结构，再通过面饰乳胶漆、壁纸、陶瓷墙砖（要用防水型石膏板）做终饰，才能完成装饰工程。

5）纸面石膏板的质量鉴定

纸面石膏板目测外观质量：不得有波纹、沟槽、污痕和划伤等缺陷，护面纸与石膏芯连接不得有裸露部分。检测石膏板尺寸，长度偏差不得超过 5 mm，宽度偏差不得超过 4 mm，厚度偏差不得超过 0.5 mm，模型棱边深度偏差应在 0.6～2.5 mm之间，棱边宽度应在 40～80 mm 之间，含水率小于 2.5％，9 mm板每平方米重量在 9.5 kg 左右。购买时应向经销商索要检测报告进行审验。

4.5.3 石膏装饰板

1）石膏装饰板的特点

石膏装饰板具有轻质、强度高、不变形、防火、阻燃、施工方便、加工性能好等特点。石膏装饰板美观大方，色调适宜，具有较好的吸声性和装饰性，可进行锯、刨、钉、粘等加工。

2）石膏装饰板的用途

石膏装饰板可用于剧院、商业空间、宾馆、办公空间的室内顶棚装饰。

3）石膏装饰板的规格

石膏装饰板一般为正方形，常用规格为 500 mm×500 mm，厚度 9 mm，600 mm×600 mm，厚度 11 mm。棱边形状有直角和倒角两种。

4）石膏装饰板的品种

装饰石膏板按其性能的不同，可分为普通型和防潮型两种，按表面形态分为平板、穿孔板和浮雕板。

4.6 吸声板

室内装饰常用的吸声材料有矿棉装饰吸声板、珍珠岩装饰吸声板、玻璃棉装饰吸声板和钙塑泡沫装饰吸声板等。是一种以吊顶为主的装饰材料。

4.6.1 矿棉装饰吸声板

1）*矿棉装饰吸声板的特点*

矿棉装饰吸声板是以矿渣棉为主要原料，加入适量的粘结剂、防潮剂、防腐剂，经加压、烘干、饰面而成的一种高级顶棚装饰材料，具有吸声、防火、隔热、保湿、美观、质轻、施工简便等特点。

2）*矿棉装饰吸声板的用途*

矿棉装饰吸声板用于影剧院、会堂、音乐厅、播音室等，可以控制和调整室内的混响时间，消除回声，改善室内的音质，提高语音清晰度。用于旅馆空间、娱乐空间、医院、办公空间、商业空间以及吵闹场所，如工厂车间，仪表控制室等，可以降低室内噪声等级，改善生活环境和劳动条件。

3）*矿棉装饰板的规格及品种*

矿棉装饰板的一般常用规格为 300 mm×600 mm、595 mm×595 mm、1 195 mm×1 195 mm，厚度为 9、12、15、18 mm。常用花色品种有滚花、浮雕、立体等（见图4.9）。

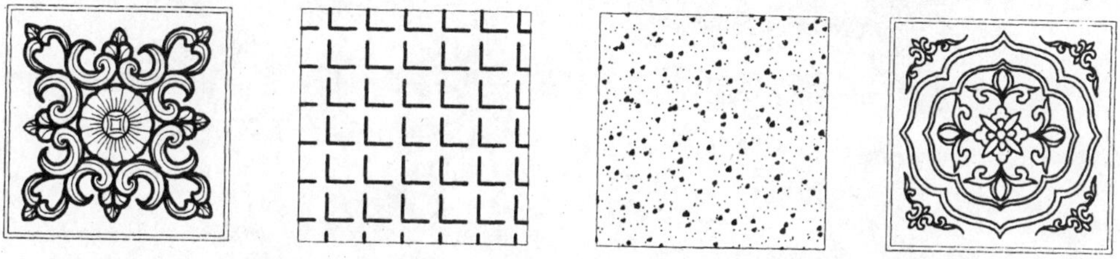

浮雕　　立体　　滚花　　印花

图 4.9　矿棉装饰吸声板的品种图案

4.6.2 珍珠岩装饰吸声板

珍珠岩是一种酸性火山玻璃质岩石，因它具有珍珠裂隙而得名，是由颗粒状膨胀珍珠岩用胶结剂黏合而成的多孔吸声材料。

1）*珍珠岩装饰吸声板的特点*

珍珠岩装饰吸声板具有保温、质轻、吸音、隔热、防火、防潮、防腐蚀、施工方便等特点，板面可以喷涂各种颜色的涂料，使其具有较好的装饰效果。

2）*珍珠岩装饰吸声板的用途*

珍珠岩适用于娱乐空间，播音室、会议厅、办公空间、宾馆空间和商业空间等，控制和调整室内混响时间，消除回声，提高语音的清晰度。

3）*珍珠岩装饰吸声板的规格及品种*

珍珠岩装饰吸声板的一般常用规格为 400 mm×500 mm，厚度为 15 mm 和 500 mm×500 mm，厚度为 16 mm。产品颜色有乳白色、浅绿色、米黄色等。

附：装饰饰面板应用实例(见图 4.10、4.11)。

复习思考题

1. 木质板材有哪些品种，它们各有什么特点？

2. 防火板、铝塑板、石膏板、吸声板各有哪些特点，适用于什么场合？

实训练习题

1. 利用木纹的特点设计平开门面饰造型。

2. 用防火板或铝塑板装饰材料设计某企业形象墙立面图。

图 4.4　常见薄木贴面板的拼接图案

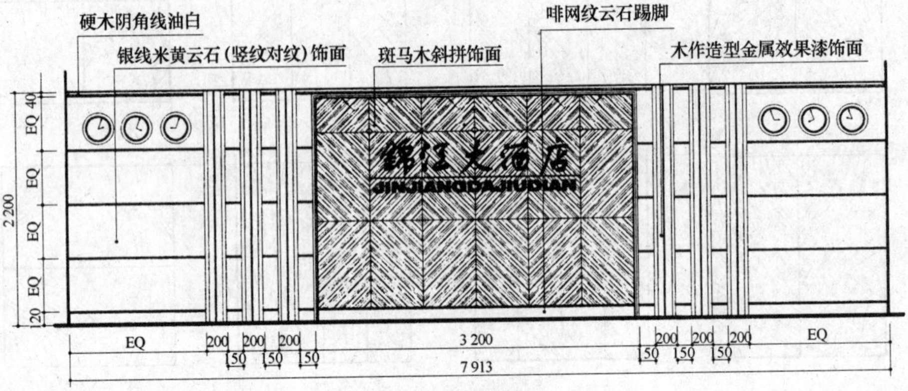

酒店墙立面图(薄皮木贴面应用)

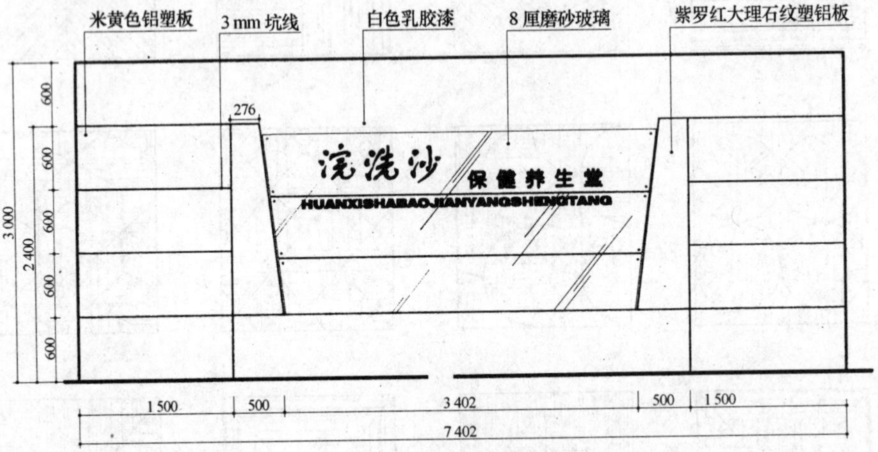

休闲中心墙立面图(铝塑板饰面应用)

图 4.10 饰面板应用实例

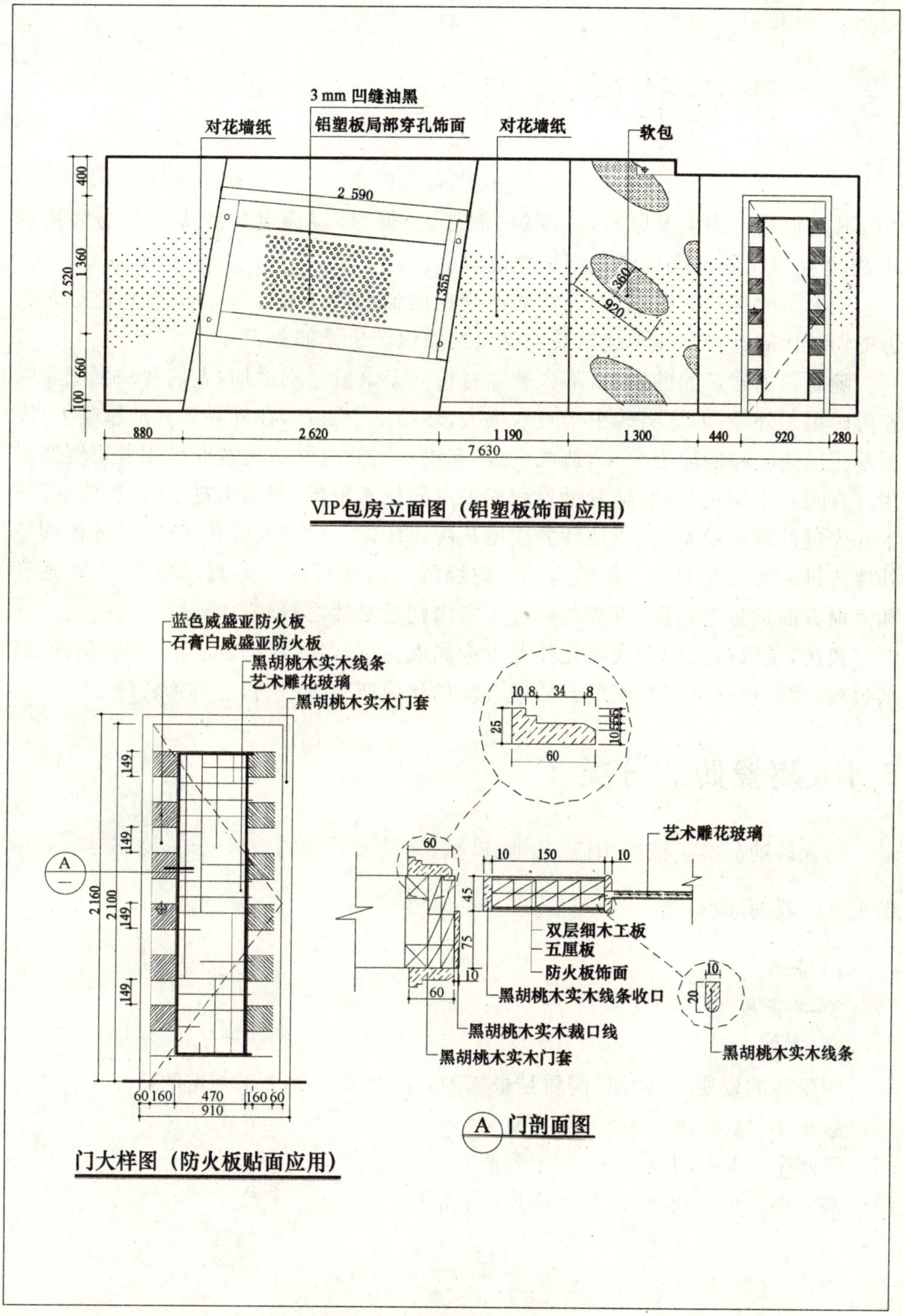

图 4.11 饰面板应用实例

5 陶瓷装饰材料

凡是以黏土为主要原料，经配料、制坯、干燥、熔烧而制成的成品称为陶瓷制品，用于建筑工程的陶瓷制品则称为建筑陶瓷。

中国是陶瓷的古国，然而瓷器的出现比陶器要晚了几千年。从陶到瓷是人类历史划时代的进步。作为建筑装饰材料的墙地砖也是如此。

随着我国建筑业的发展，陶瓷装饰材料的需求量急剧增加，人们曾一度把非陶瓷质砖用于外墙，但这类砖由于吸水率大、坯釉结合不良，在外界气候的影响下，经受不住湿热胀缩的应力变化，造成龟裂、起皮。因此这种砖建筑业已不敢再贸然采用。直到八十年代末期，随着世界陶瓷工业的技术进步，我国引进了“一次烧成”技术和先进的窑炉设备，把墙地砖的质地从陶质坯体一步跨入瓷化坯体，这才使陶瓷外墙砖进入柳暗花明又一村的境地。内墙的陶质砖目前虽然尚可维持，但在强度和寿命方面远劣于瓷质，以瓷代陶进入室内则是必然之趋势。

瓷砖，是以耐火的金属氧化物及半金属氧化物，经过研磨、混合、压制、施釉、烧结过程，而形成一种耐酸碱的瓷质或石质的建筑或装饰材料，总称为瓷砖。

5.1 陶瓷砖的分类

陶瓷砖的分类是按照用途、质地、有釉、无釉来划分的。

5.1.1 按质地分类

1）瓷质

2）半瓷质

3）陶质

陶瓷砖的瓷质、半陶质、陶质是根据陶瓷的吸水率大小来判定的。

吸水率　$E \leqslant 3\%$　为瓷质

吸水率　$3\% < E \leqslant 7\%$　为半瓷质

吸水率　$E > 7\%$　为陶质（未瓷化）

5.1.2 按用途分类

陶瓷砖按用途分类表：

用途(名称)	坯体质地
内墙砖	瓷质、半瓷质、陶质
外墙砖	瓷质、半瓷质、陶质
陶瓷壁画	瓷质、半瓷质、陶质
陶瓷饰品	瓷质、半瓷质、陶质
室内卫生陶瓷等	瓷质、半瓷质

5.2 室内墙地砖

5.2.1 釉面砖

1）釉面砖的特点

釉面砖又称内墙砖，顾名思义就是表面用釉料烧制而成的，主体又分陶土和瓷土两种，陶土烧制出来的背面为红色，瓷土烧制出来的背面为灰白色。釉面砖表面可以做各种图案和花纹，比抛光砖色彩和图案丰富，因为表面是釉料，所以耐磨性不如抛光砖。

2）釉面砖的分类

(1) 根据原材料的不同分类

① 陶制釉面砖。由陶土烧制而成，吸水率较高，强度相对较低。其主要特征是背面颜色为红色。

② 瓷制釉面砖。由瓷土烧制而成，吸水率较低，强度相对较低。其主要特征是背面颜色为灰白色。

要注意的是，上面所说的吸水率和强度的比较都是相对的，目前也有一些陶制釉面砖的吸水率和强度比瓷制釉面砖高的。

(2) 根据光泽的不同分类

① 釉面砖。适合于制造“干净”的效果。

② 亚光釉面砖。适合于制造“时尚”的效果。

3）釉面砖的用途

釉面砖是一种用于建筑物内墙有釉的陶质饰面砖，釉面砖是装修中最常见的砖种，由于色彩图案丰富，而且防污能力强，因此被广泛使用于卫生间、厨房以及各种室内空间的墙面和地面装修。釉面砖的花色品种极为丰富多彩。流银系列、仿云彩、仿木纹、仿竹席、仿竹帘等花色惟妙惟肖,令人叹服。还有很多趣味性、故事性很强的瓷砖,为了突出整幅图画,你可以拼出“一面故事墙”。

腰线和花片的立体化设计:装饰效果更明显,水果、海星、植物、抽象画等均立体地凸现在人们的面前,使人们不能不赞叹设计师丰富的想象,使腰线和花片的生产上了新台阶,装饰效果也达到了崭新的水平(见图 5.1)。

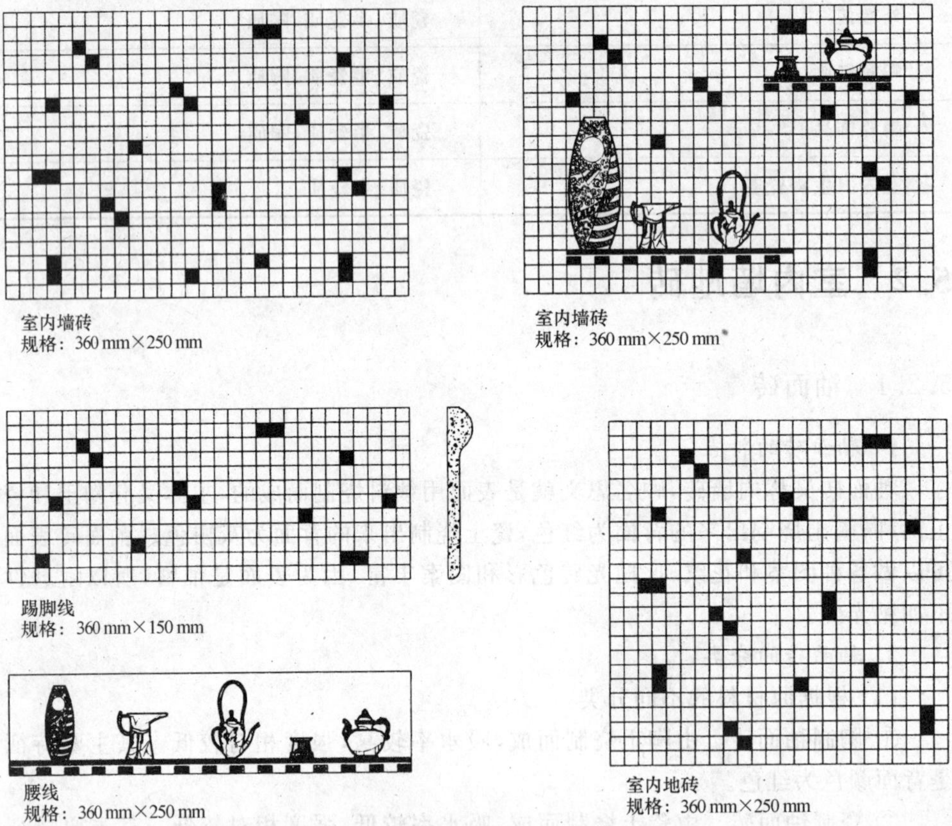

图 5.1 室内釉面砖

釉面砖装饰应用实例见图 5.2。

腰线瓷片整体化设计:过去的腰线和瓷片是分开的,现在有些厂家将腰线和瓷片连在一块砖上。由于完壁无缝,装饰效果更好。

4) 釉面砖的品种及规格

(1) 釉面砖的品种

釉面砖是用于室内墙体装饰的薄板精陶制品。常用的釉面砖品种有如下几种。

① 白色釉面砖:颜色纯白,釉面光亮,镶于室内墙上,清洁美观。多用于浴室、厕所和厨房的墙面。

② 有光彩色釉面砖:釉面光亮晶莹,色彩丰富雅致,用于建筑物内墙上,美观大方。

③ 石光彩色釉面砖:釉面半无光,不晃眼,色泽一致,色调柔和,镶于内墙之上,优美清新。

④ 花釉面砖:是在同一砖上,施以多种彩釉,经高温烧成使色釉互相渗透,花纹千姿百态,有良好的装饰效果。

⑤ 结晶釉面砖:釉面纹理多姿,镶于室内墙上,优雅别致。

⑥ 斑纹釉面砖:斑纹釉面美观大方,装饰效果特好。

⑦ 大理石釉面砖:具有天然大理石的花纹,颜色丰富,美观大方。

⑧ 白地图案釉面砖:是在白色釉面砖上,装饰各种彩色图案,经高温烧成,纹理清晰,色彩明朗,镶于室内墙上,清洁优美。

⑨ 彩色图案釉面砖:是在有光或无光彩色釉面砖上,装饰各种图案,经高温烧成,具有浮雕、缎光、绒毛、彩漆等效果,做内墙饰面,别具风格。

(2) 釉面砖的规格(mm)

长	宽	厚	长	宽	厚	长	宽	厚
600	300	12	200	200	5～6	108	108	5
500	300	9	200	152	5～6	100	100	5
450	300	9	152	152	5～6	65	65	5
333	250	8	130	260	5～6	50	50	5
300	200	5～6	130	130	5			

按边角形式,釉面砖有平边、平边一边圆、平边二边圆、平边四边圆、小圆边、小圆边一边圆、小圆边二边圆、阴三角砖、阳三角砖、阴角座砖、阳角座砖、腰线砖、踢脚线砖、压顶砖等(见图 5.3 和图 5.4)。

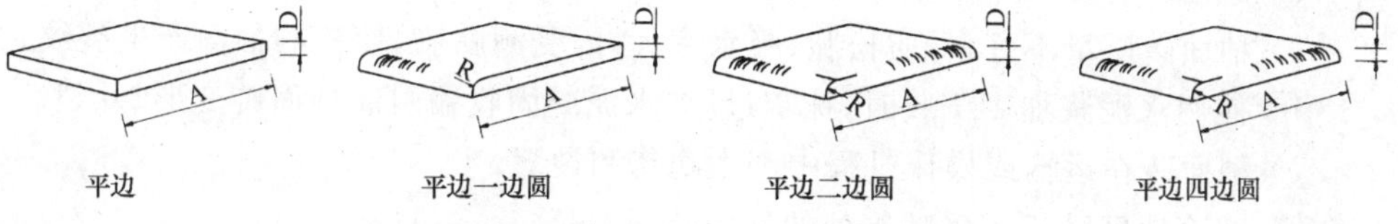

图 5.3 釉面砖边角形式

5) 釉面砖常见的质量问题

釉面砖是装修中最常见的砖种,由于色彩图案丰富,而且防污能力强,被广泛使用于墙面和地面之中,常见的质量问题主要有两方面:

(1) 龟裂。龟裂产生的根本原因是坯与釉层间的应力超出了坯釉间的热膨胀系数之差。当釉面比坯的热膨胀系数大,冷却时釉的收缩大于坯体,釉会受拉伸应力,当拉伸应力大于釉层所能承受的极限强度时,就会产生龟裂现象。

(2) 背渗。不管那一种砖，吸水都是自然的，但当坯体密度过于疏松时，就不仅是吸水的问题了，而是渗水泥的问题，即水泥的污水会渗透到表面。

6) 釉面砖装修施工中常见的问题

(1) 釉面砖墙起鼓、局部釉面砖脱落。

① 现象：敲击墙面有空鼓，有的甚至脱落。

② 原因

a) 基层干燥，浇水润湿不够，使得水泥砂浆失水太快，造成釉面砖与砂浆黏结力低；水泥砂浆或胶粘剂涂刷时间过长，泥浆风干，不起粘结作用。

b) 基层不平整，使镶贴时砂浆厚薄不匀，砂浆收缩应力不一致。

c) 釉面砖施工前未浸水湿润，干燥的砖将水泥砂浆中的水分很快吸走，造成砂浆脱水，影响了凝结硬化。或浸泡后未晾干，镶贴后产生浮动下坠。

d) 基层或釉面砖施工前未清除砖浮土，砖与粘合剂没有结合。

e) 施工时砂浆不饱满形成空鼓。或砂浆过厚，操作中敲打过重，使砂浆沉入，水分上浮，减弱了砂浆黏结力。

f) 砂浆凝固后进行移动釉面砖。

③ 措施

a) 按规定处理基层，浇水湿润墙面。

b) 釉面砖铺设前除去表面浮土，浸水湿润，放置阴干。

c) 镶贴时随时随地纠偏，严禁砂浆收水后再纠偏。

d) 镶贴时，每块釉面砖抹灰均匀、适量，粘贴后不宜多敲。

e) 镶贴后及时清理墙面。嵌缝必须密实。

(2) 釉面砖裂缝。

① 现象：镶贴于墙面的釉面砖出现裂缝。

② 原因

a) 釉面砖质量不好，材质松脆、吸水率大，因受潮膨胀，使砖的釉面产生裂纹。

b) 使用水泥浆加 107 胶时，抹灰过厚，水泥凝固收缩引起釉面砖变形、开裂。

c) 釉面砖在运输或操作过程中产生隐伤和裂缝。

d) 寒冷地区贴于无采暖等处的釉面砖。

③ 措施

a) 选择质量好的釉面砖背面看材质细密，且吸水率小于 18%。

b) 粘贴前用水浸泡釉面砖，将有隐伤的挑出。施工中不要用力敲击砖面，防止产生隐伤。

c) 水泥砂浆不可过厚或过薄。

(3) 表面不平，接缝不直。

① 现象：釉面砖墙面不平，接缝不直，缝不均。

② 原因

a）釉面砖质量不高，尺寸误差大，挑选釉面砖尺寸时把关不严。

b）施工时，没挂线贴灰饼、排砖不规则。

c）粘贴操作不当。

③ 措施

a）购买质量好的釉面砖。施工前按釉面砖标准制作木框进行选砖，按标准尺寸、大于标准尺寸、小于标准尺寸三类分开，同一类砖用在同一面墙上。

b）认真做好贴灰饼，找标准的工作，并进行釉面砖预排。

c）每贴好一行釉面砖，及时用靠尺板校正、找平，避免在砂浆收水后再纠偏移动。

5.2.2 通体砖

1）通体砖的特点

通体砖的表面不上釉，而且正面和反面的材质和色泽一致，因此得名。

2）通体砖的用途

通体砖是一种耐磨砖，虽然现在还有渗花通体砖等品种，但相对来说，其花色比不上釉面砖。由于目前的室内设计越来越倾向于素色设计，所以通体砖也越来越成为一种时尚，被广泛使用于厅堂、过道和室外走道等地面装修，一般较少会使用于墙面，而多数的防滑砖都属于通体砖。

3）通体砖的规格

通体砖常有的规格有 300 mm×300 mm、400 mm×400 mm、500 mm×500 mm、600 mm×600 mm、800 mm×800 mm 等等。

5.2.3 抛光砖

1）抛光砖的特点

抛光砖是用黏土和石材的粉末经压机压制，然后烧制而成，正面和反面色泽一致，不上釉料，烧好后，表面再经过抛光处理，这样正面就很光滑，很漂亮，背面是砖的本来面目。抛光砖质地坚硬耐磨，其特点如下：

(1) 天然石材的地面和墙面，就是经过抛光的，石材本身并不是亮的，但是抛光后，看起来就很亮了。既然是抛光，问题也就随之而来，因为光滑了，亮了，所以也就不耐脏了，用墩布拖过之后，会留有水的印迹。

(2) 抛光砖因为光滑了，所以也就不防滑了，也就是说一旦地上有水了，就非常滑，这也就是为什么大家看到大厦里面一般楼梯等处铺的石材都没有抛成亮光，而是亚光，只有这样才能防滑。

(3) 有色液体容易渗入，最简单的测试就是拿钢笔在砖的表面写几个字，差的抛光砖，字写完后立刻去擦，都不一定能擦干净，而好的品牌，因为压机好，加上烧制的温度高，密度非常高，所以颜色也就不容易渗入，但是这不是绝对的，再好的抛光砖，如果写完字 10 min 后再擦，也必然会留有永远都擦不去的痕迹，因为墨汁已经渗入到砖里面了。

2）抛光砖的用途

抛光砖适合在除洗手间、厨房以外的室内空间中使用。在运用渗花技术的基础上，抛光砖可以做出各种仿石、仿木效果，应用范围不断扩大。也许是业内的大意，也许是业内的故意，抛光砖却留下了一个致命的缺点：易脏。这是抛光砖在抛光时留下的凹凸气孔造成的，这些气孔会藏污纳垢，以致抛光砖谈污色变，甚至一些茶水倒在抛光砖上都回天无力。也许大家意识到这点，在后来质量好的抛光砖在出厂时都加了一层防污层，装修界也有在施工前打上水蜡以防玷污的做法。

3）抛光砖的规格

抛光砖的常用规格是 400 mm×400 mm、500 mm×500 mm、600 mm×600 mm、800 mm×800 mm、900 mm×900 mm、1 000 mm×1 000 mm 等等。

5.2.4 玻化砖

1）玻化砖的特点

为了解决抛光砖出现的易脏问题，出现了一种叫玻化砖的品种。玻化砖其实就是全瓷砖。其表面光洁但又不需要抛光，所以不存在抛光气孔的问题。玻化砖是坯料在 1 230℃以上的高温下，使砖中的熔融成分呈玻璃态，具有玻璃般的亮丽质感的一种新型高级铺地砖，也有人称为瓷质玻化砖。质地比抛光砖更硬更耐磨。

2）玻化砖的用途

玻化砖因为表面光亮，漂亮，同时耐磨性高，但是存在易脏，不防滑和容易渗入有颜色液体等缺点，这种砖一般都比较大，主要用于宾馆大堂、商场、办公环境、客厅等室内空间的地面墙面的装饰。

3）玻化砖的规格

玻化砖常用规格有：400 mm×400 mm、500 mm×500 mm、600 mm×600 mm、800 mm×800 mm、900 mm×900 mm、1 000 mm×1 000 mm 等。

玻化砖的拼花图案见图 5.5。

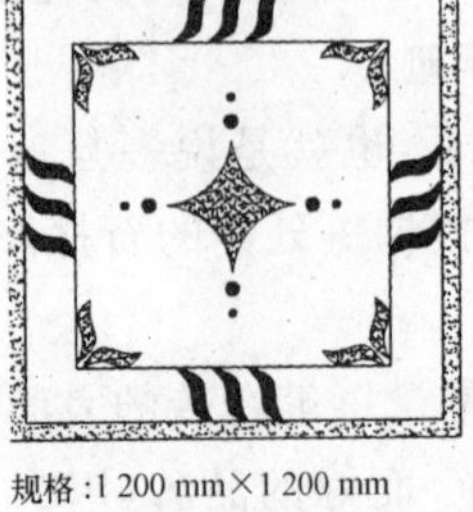

规格：1 200 mm×1 200 mm

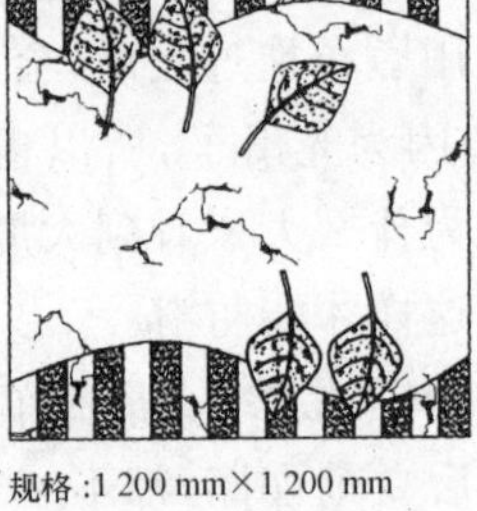

规格：1 200 mm×1 200 mm

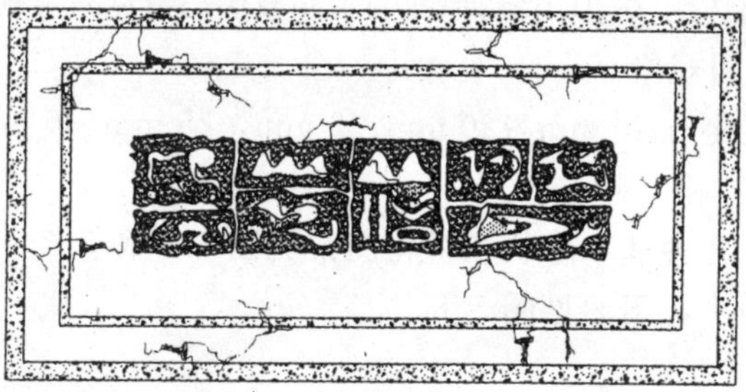

规格:900 mm×900 mm

图 5.5 玻化砖砖花图案

5.2.5 马赛克

1）马赛克的特点

马赛克是一种特殊存在方式的砖，它一般由数十块小块的砖组成一个相对的大砖。

2）马赛克的用途

马赛克小巧玲珑，色彩斑斓，被广泛使用于室内外地面和墙面的装饰。

3）马赛克的品种及规格

（1）马赛克的品种

① 陶瓷马赛克。是最传统的一种马赛克，以小巧玲珑著称，但较为单调，档次较低。

② 大理石马赛克。是中期发展的一种马赛克品种，丰富多彩，但其耐酸碱性差、防水性能不好，所以市场反应并不是很好。

③ 玻璃马赛克。玻璃的色彩斑斓给马赛克带来蓬勃生机。玻璃马赛克有红、兰、黄、白、绿、褐、青、肉等十几种颜色，具有色彩丰富、均匀一致、耐酸碱、耐寒、耐热、耐脏、天雨自洁、历久常新等特点，施工中不脱落、不变色、高强度、不损坏，且造价低廉，施工方便，对墙体具有保湿隔热的作用。它依据玻璃的品种不同，又分为多种小品种：

a）熔融玻璃马赛克。以硅酸盐等为主要原料，在高温下熔化成型并呈乳浊或半乳浊状，内含少量气泡和未熔颗粒的玻璃马赛克。

b）烧结玻璃马赛克。以玻璃粉为主要原料，加入适量粘结剂等压制成一定规格尺寸的生坯；在一定温度下烧结而成的玻璃马赛克。

c）金星玻璃马赛克。内含少量气泡和一定量的金属结晶颗粒，具有明显遇光闪烁的玻璃马赛克。

d）水晶玻璃马赛克以优质水晶玻璃为主要原料，在一定温度下烧结而成，具有透明、高光、亚光、镭射等系列，分为红、兰、黄、白、绿、褐、茶、肉等十几种颜色，具有艺术可塑性，且材质环保，已被大幅面应用于室内外装修装饰。

室内装修中,整体厨房,卫浴墙,地面的水晶玻璃马赛克晶莹剔透,让人心旷神怡。

(2) 马赛克常用规格

马赛克常用规格有 20 mm×20 mm、25 mm×25 mm、30 mm×30 mm,厚度在 4～4.3 mm 之间。

陶瓷马赛克的几种基本形状和拼花图案见图 5.6 和 5.7。

玻璃马赛克的拼花图案见图 5.8。

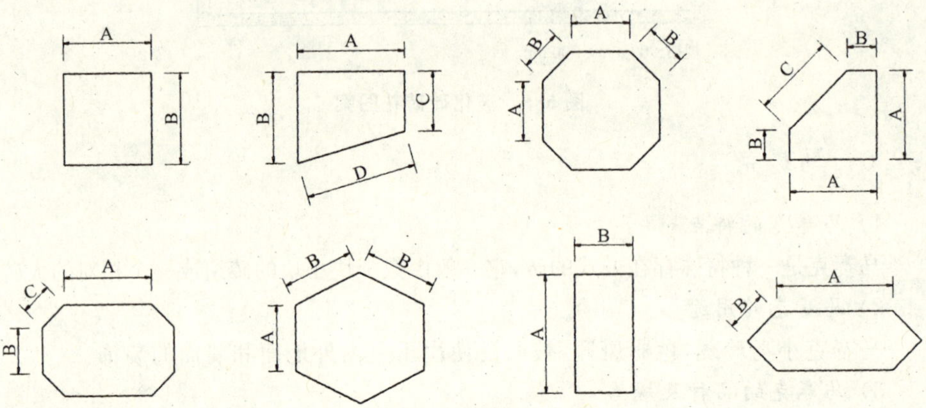

图 5.6 陶瓷马赛克主要形状

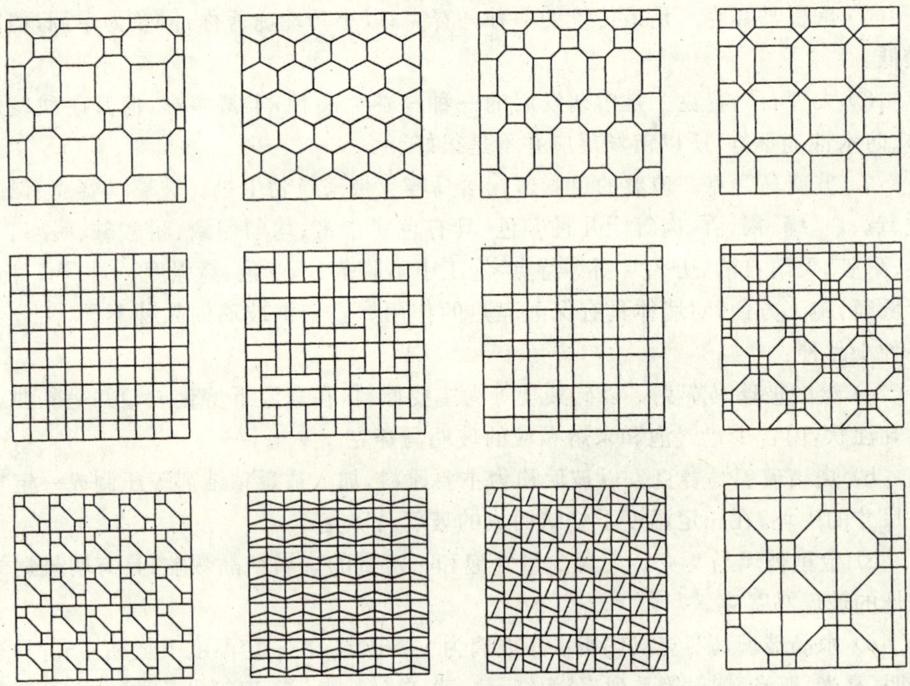

图 5.7 陶瓷马赛克拼花图案

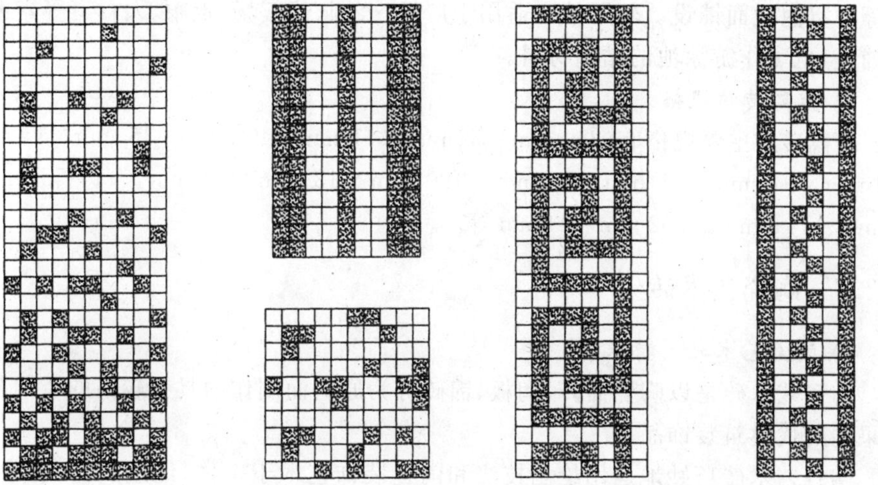

图 5.8 玻璃马赛克拼花图案

5.2.6 仿古砖

1）仿古砖的特点

在装饰日益崇尚自然的风格中，古朴典雅的仿古地砖日益受到人们的喜爱。仿古地砖多为橘红、陶红等色，表面不像其他地砖光滑平整，视觉效果有凹凸不平感，有很好的防滑性。

2）仿古砖的用途

多用在咖啡厅、酒吧中，古朴的风格与幽雅的环境相结合，独特的装饰效果深受年轻人喜爱。在铺设仿古地砖时，最好使用两种不同的色系，将地砖铺成对称的菱形块，色彩对比性强，装饰效果明显。

3）仿古砖的规格

仿古地砖的规格大多是 305 mm×305 mm。

5.2.7 劈离砖

1）劈离砖的特点

劈离砖又称劈裂砖，是将一定配比的原料，经粉碎、炼泥、真空挤压成型、干燥、高温煅烧而成。由于成型时为双砖背连坯体，烧成后再劈裂成两块砖，故称劈离砖。

劈离砖强度高、吸水率低、抗冻性强、防潮防腐、耐磨耐压、耐酸碱、防滑；色彩丰富，自然柔和，表面质感变幻多样，或清秀细腻，或浑厚粗犷；表面施釉者光泽晶莹，富丽堂皇；表面无釉者质朴典雅、大方，无反射眩光。

2）劈离砖的用途

劈离砖适用于各类建筑物的外墙装饰，也适合用作楼堂馆所、车站、候车室、餐厅等处室内地面铺设。较厚的砖适用于广场、公园、停车场、走廊、人行道等露天地面铺设，也可作游泳池的贴面材料。

3）劈离砖的规格

劈离砖的主要规格有：240 mm×52 mm×11 mm、240 mm×115 mm×11 mm、194 mm×94 mm×11 mm、190 mm×190 mm×13 mm、240 mm×115/52 mm×13 mm、194 mm×94/52 mm×13 mm 等。

5.2.8 陶瓷艺术砖

1）陶瓷艺术砖的特点

陶瓷艺术砖是以陶瓷面砖、陶板、锦砖等为原料而制作的具有较高的装饰艺术效果的现代建筑装饰品。

陶瓷艺术砖巧妙地运用绘画技法和陶瓷装饰艺术于一体，经过放样、制版、刻画、配釉、施釉、高温焙烧等一系列工序，采用浸、点、涂、喷、填等多种施釉技法及丰富多彩的窑变技术而产生出神形兼备、巧夺天工的艺术效果。

2）陶瓷艺术砖的用途

陶瓷艺术砖主要用作建筑内外墙面艺术表现力丰富，充分利用砖面的色彩、图案组合、砖面的高低大小、质感的粗细变化，构成各种题材，具有强烈的艺术效果。艺术陶瓷砖的生产制作与普通陶瓷面砖的生产方法相似，不同的是由于一幅完整的立面图案一般是由若干不同类型（包括图案、大小、色彩、表面肌理与厚薄尺寸等）的单块瓷砖组成，因此必须有专门的设计图案，按设计的图案要求来压制不同类型的单块瓷砖。

陶瓷艺术砖适用于宾馆大厦、酒楼、大型会议厅、机场及车站候车室、地铁隧道等公共场所的装饰，给来往游客以美的享受。

5.3 优、劣瓷砖鉴别方法及选购

5.3.1 优质瓷砖的鉴别方法

（1）外包装牢固，有规格、色号、代码、生产日期、厂址等信息。

（2）内部砖与砖之间整齐排列并有保护膜，防止破裂。

（3）随机抽查瓷砖，釉表面均匀，纹理、图案一致。

（4）将两块瓷砖背面相合，接触严密、均匀。

（5）抽出一块瓷砖，放置在一平整台面上，四角无翘起。

（6）用硬物轻敲瓷砖，声音清脆。

（7）用手掰瓷砖，不易折断。

5.3.2 劣质瓷砖的鉴别方法

(1) 外包装不牢固,内部砖与砖之间无保护膜,甚至有的无规格、色号、代码、生产日期、厂址等信息。

(2) 瓷砖釉面不均匀,纹理、图案不一致。

(3) 瓷砖平整度差,四角不在同一平面上。

(4) 受力后,容易出现断裂。

5.3.3 瓷砖的选购

(1) 瓷砖的好坏并不在于它的厚薄,而在于其本身的质地。目前,建筑陶瓷产品发展方向是轻、薄、结实、耐用、个性化。

(2) 瓷砖表面是否平整完好、釉面是否光亮,是否有斑点和气泡、针孔和缺釉现象,釉面的质感,有无色差。

(3) 瓷砖表面是否光滑、无污点、无麻面、色彩鲜明、均匀、有光泽、边角无缺陷、90°直角。

(4) 瓷砖是否变形,花纹图案是否清晰,抗压性能如何。

(5) 看瓷砖吸水率,用水滴在砖背面,扩散面积越小,吸干时间越长,吸水率越低,质量越好。

(6) 听声音,用手敲瓷砖,声音越尖脆,质量越好。

(7) 掂重量,重量越重,质地越好。

(8) 开箱检验,看有无破损,将不同箱产品各抽一片,平铺后看有无色差,尺寸是否一致。

5.4 墙、地面砖的铺贴

5.4.1 墙面砖的铺贴

(1) 墙面砖铺贴前应进行挑选,并应浸水 2 h 以上,晾干表面水分。

(2) 铺贴前应进行放线定位和排砖,非整砖应排放在次要部位或阴角处。每面墙不宜有两列非整砖,非整砖宽度不宜小于整砖的 1/3。

(3) 铺贴前应确定水平及竖向标志,垫好底尺,挂线铺贴。墙面砖表面应平整、接缝应平直、缝宽应均匀一致。阴角砖应压向正确,阳角线宜做成 45°角对接,在墙面突出物处,应整砖套割吻合,不得用非整砖拼凑铺贴。

(4) 结合砂浆宜采用 1∶2 水泥砂浆,砂浆厚度宜为 6～10 mm。水泥砂浆应满铺在墙砖背面,一面墙不宜一次铺贴到顶,以防塌落。

5.4.2 地面砖的铺贴

(1) 地面砖铺贴前应浸水湿润。

(2) 铺贴前应根据设计要求确定结合层砂浆厚度,拉十字线控制其厚度和地面砖表面平整度。

(3) 结合层砂浆宜采用体积比为1∶3的干硬性水泥砂浆,厚度宜高出实铺厚度2～3 mm。铺贴前应将基底湿润,并在基底上刷一道素水泥浆或界面结合剂,随刷随铺设搅拌均匀的干硬性水泥砂浆。

(4) 地面砖铺贴时应保持水平就位,用橡皮锤轻击使其与砂浆粘结紧密,同时调整其表面平整度及缝宽。

(5) 铺贴后应及时清理表面,24 h后应用1∶1水泥浆灌缝,选择与地面颜色一致的颜料与白水泥拌和均匀后嵌缝。

复习思考题

1. 玻化砖、抛光砖的特点、用途和规格有哪些?
2. 全瓷釉面砖的特点、用途和规格有哪些?
3. 马赛克品种、用途和规格有哪些?
4. 怎样鉴别瓷砖的优劣?

实习课题

参观陶瓷装饰材料市场,了解陶瓷装饰材料的品种、特点和规格。

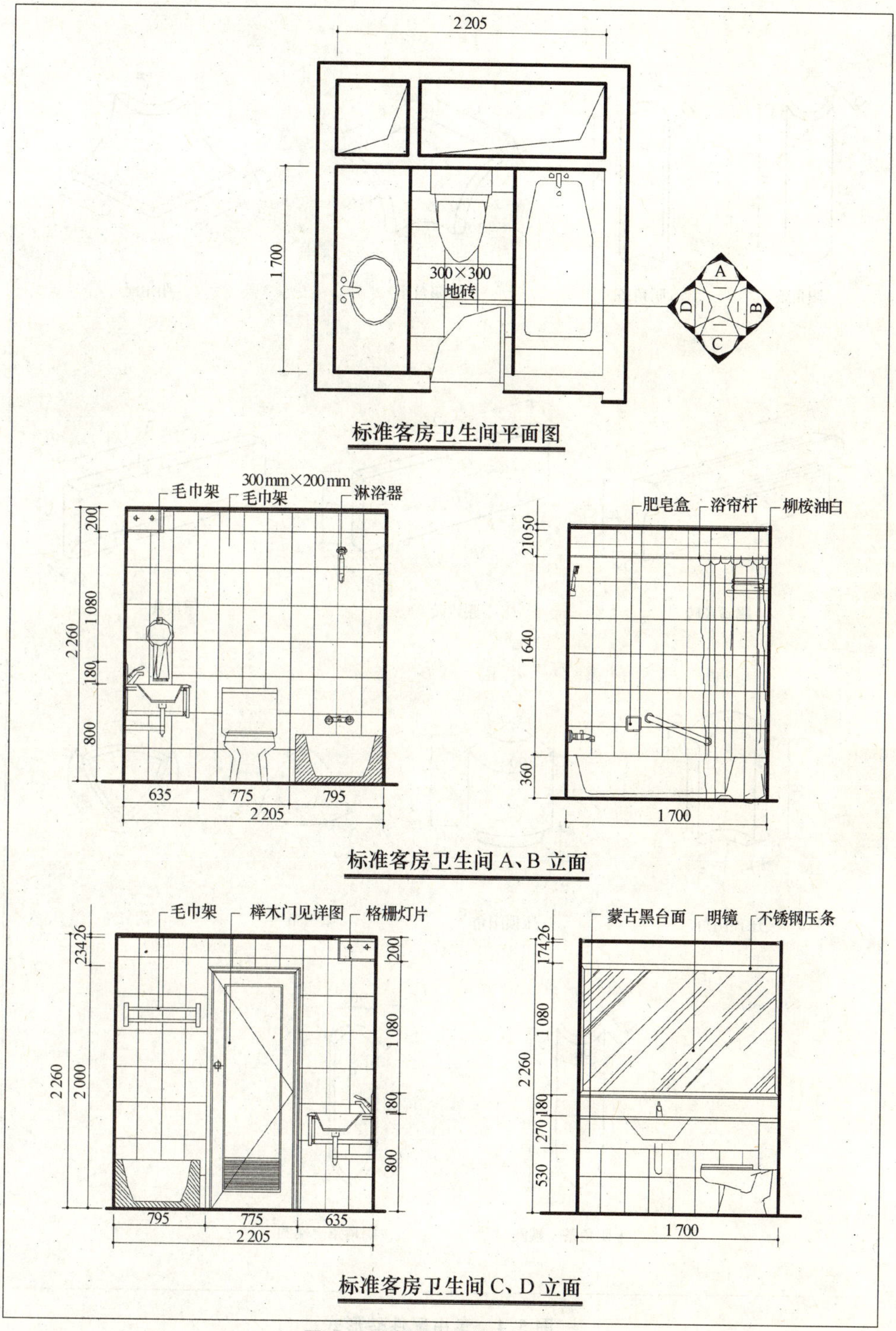

图 5.2 釉面砖装饰应用实例

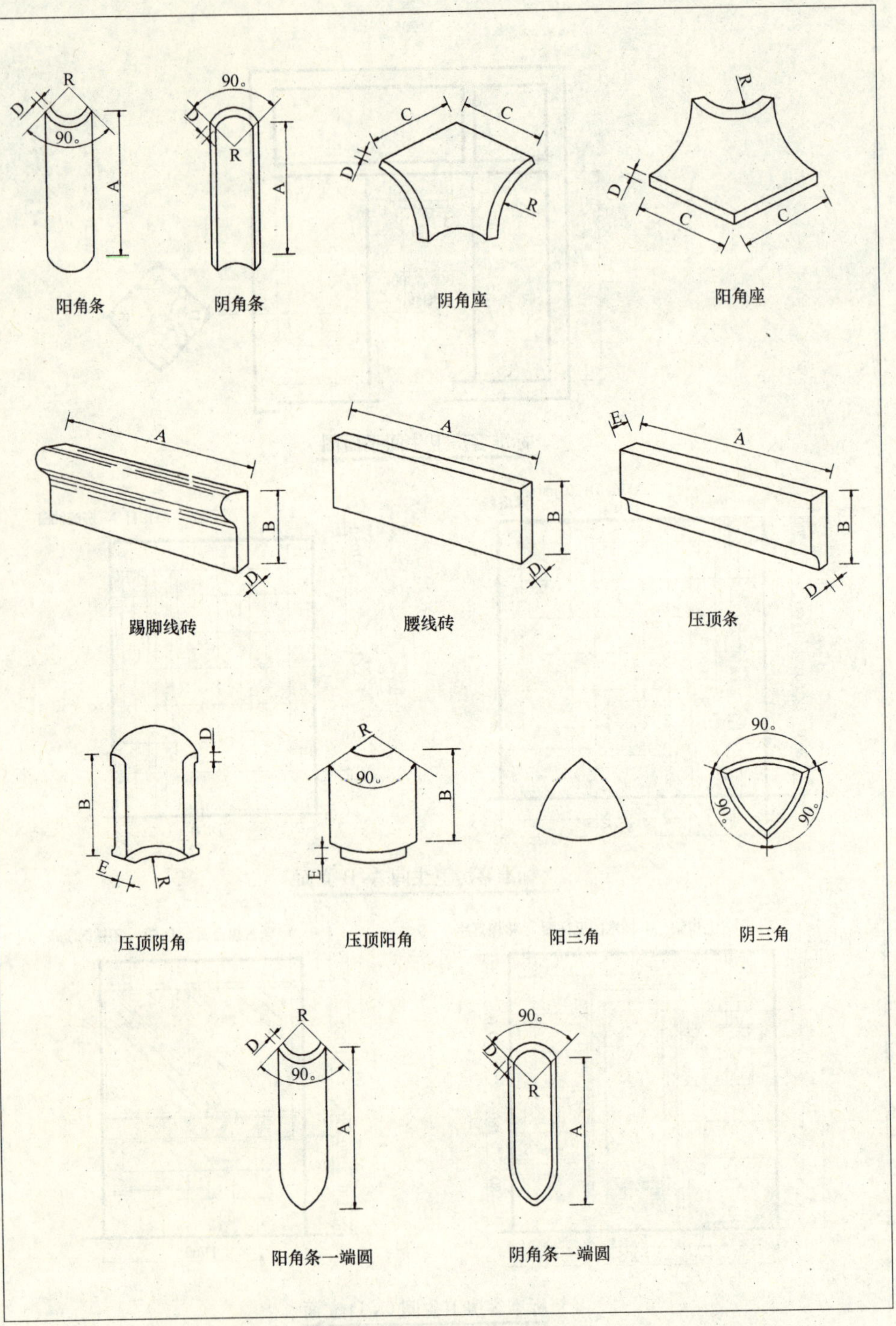

图 5.4　专用配件砖形式

6 装饰壁纸、墙布

壁纸、墙布是一种应用相当广泛的室内装饰材料，具有色彩多样、图案丰富、豪华气派、安全环保、施工方便、价格适宜等多种其他室内装饰材料所无法比拟的优点，在室内设计中应用十分普遍。壁纸、墙布的花色品种非常丰富，为了适应不同的空间和场所、不同的兴趣和爱好，不同的价格和层次具有多种类型可供选择。

6.1 壁纸

壁纸有很多种类，目前国际上比较流行的主要有：胶面纸基壁纸、纺织物壁纸、天然材料壁纸、塑料壁纸、玻璃纤维壁纸、金属壁纸、特殊功能壁纸等。其中塑料壁纸所用塑料绝大部分为聚氯乙烯，简称 PVC 塑料壁纸，它具有花色品种丰富、现时擦洗、防霉、抗老化、不易褪色等优点，在市场上较受推崇。

6.1.1 纸基壁纸

1）纸基壁纸的特点

纸基壁纸（见图 6.1）是以纸为基层，面层有纸经过套色印刷，压花再与纸基裱贴复合制成，它是最早的壁纸。基底透气性好，能使墙体基层中的水分向外散发，不致引起变色、鼓泡等现象。这种壁纸价格便宜，缺点是性能差、不耐水、不便于清洗、不便于施工，目前较少生产。

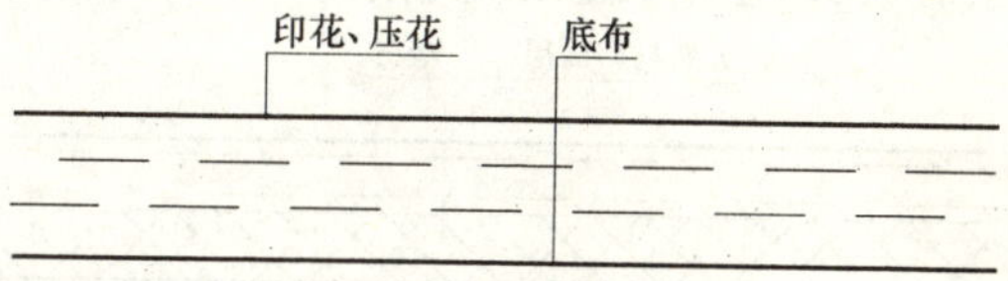

图 6.1 纸基壁纸构造

2）纸基壁纸的用途

纸基壁纸可制成各种色彩图案，仿木纹、竹纹、石纹、瓷砖、布纹、仿丝绸、织锦缎等艺术装饰壁纸。适用于饭店、宾馆、公共建筑室内及民用住宅的内墙、天棚等饰面装饰。

3）纸基壁纸的规格

一般的壁纸长 10 m，宽 0.52 m，面积约为 5.2 m^2。

6.1.2 纺织物壁纸

1）纺织物壁纸的特点

纺织物壁纸是壁纸（见图 6.2）中较高级的品种。主要是用丝、羊毛、棉、麻等纤维织成，包括有丝绸壁纸、真丝壁纸、弹性壁纸、超豪华弹性壁纸等。质感佳、透气性好，具有防潮、吸音、保温、柔软、易清洗等特点。用它装饰居室，给人以高雅、柔和、舒适的感觉。

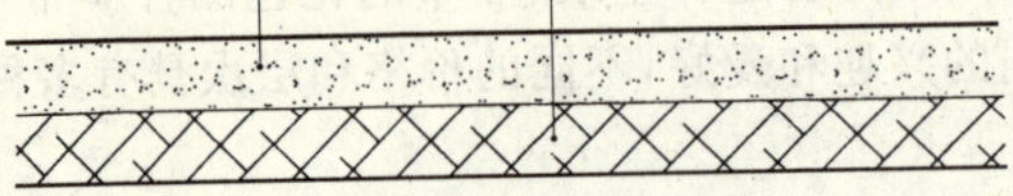

图 6.2 纺织物壁纸构造

2）纺织物壁纸的用途

适用于宾馆、饭店、办公大楼、会议室、接待室、疗养所、计算机房、广播室及家庭卧室等墙面装饰。

3）纺织物壁纸的规格

纺织物壁纸长度 10 m，宽度 0.52 m，面积约为 5.2 m^2。

6.1.3 天然材料壁纸

1）天然材料壁纸的特点

天然材料壁纸（见图 6.3）是一种用草、麻、木材、树叶等自然植物制成的壁纸，包括草席壁纸、麻织壁纸、薄木壁纸，也有用珍贵树种木材切成薄片制成的。天然材料壁纸具有墙面立体感强、吸音效果好、耐日晒不褪色、无静电、透气性好等特点，风格淳朴自然，素雅大方，生活气息浓厚，给人以返朴归真的感受。

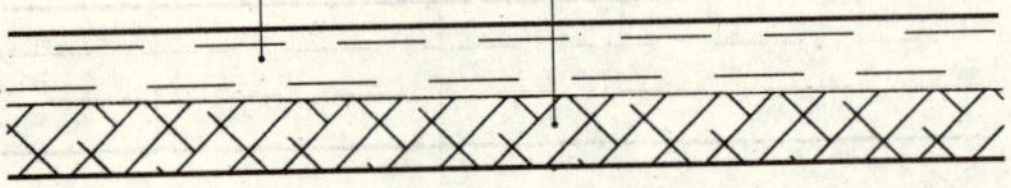

图 6.3 天然材料壁纸构造

2）天然材料壁纸的用途

适用于会议室、接待室、影剧院、酒吧、舞厅、茶楼、餐厅、商店橱窗等特殊环境的饰面装饰。

3）天然材料壁纸的规格

天然材料壁纸的规格一般幅宽为 0.5～1 m，长度可按要求订购。

6.1.4 塑料壁纸

1）塑料壁纸的特点

这是目前生产最多也是销售得最快的一种壁纸。所用塑料绝大部分为聚氯乙烯，简称 PVC 塑料壁纸。

塑料壁纸通常分为普通壁纸、发泡壁纸等。每一类又分若干品种，每一品种再分为各式各样的花色。

普通壁纸用 80 g/m^2 的纸作基材，涂塑 100 g/m^2 左右的 PVC 糊状树脂，再经印花、压花而成。这种壁纸常分作平光印花、有光印花、单色压花、印花压花几种类型(见图 6.4、6.5、6.6)。

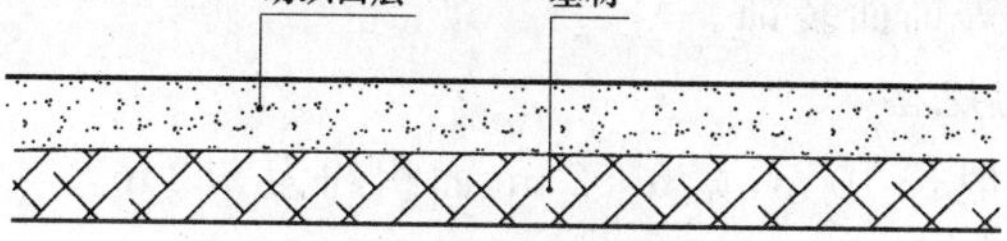

图 6.4 塑料印花壁纸构造

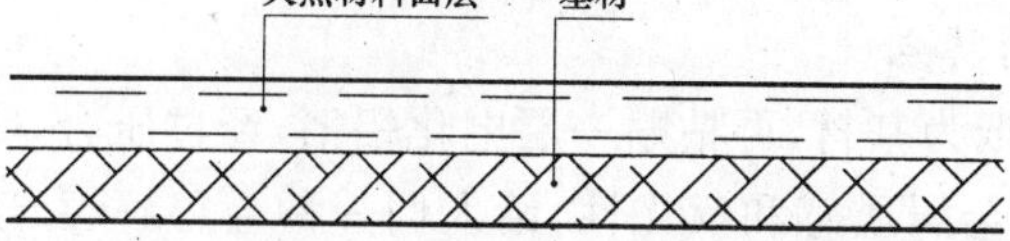

图 6.5 塑料压花壁纸构造

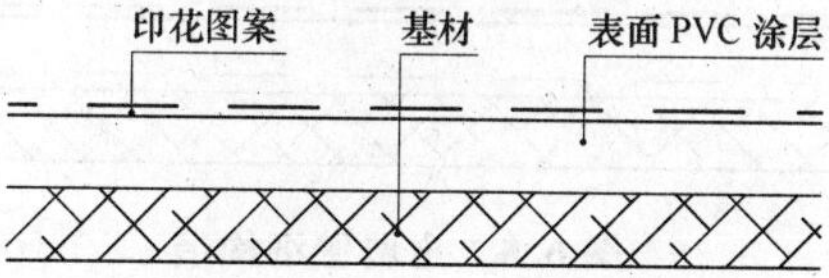

图 6.6 塑料压花、印花壁纸构造

发泡壁纸用 100 g/m^2 的纸作基材，涂塑 300～400 g/m^2 掺有发泡剂的 PVC 糊状树脂，印花后再发泡而成(见图 6.7)。这类壁纸比普通壁纸显得厚实、松软。其中高发泡壁纸表面呈富有弹性的凹凸状；低发泡壁纸是在发泡平面上印有花纹图案，形如浮雕、木纹、瓷砖等效果，塑料壁纸具有以下特点。

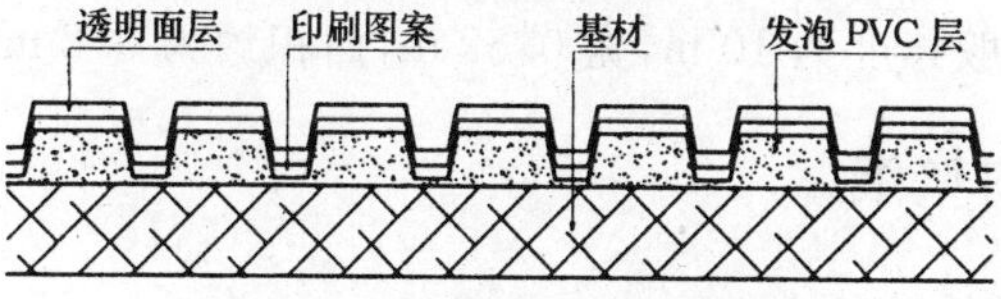

图 6.7 发泡塑料壁纸构造

(1) 装饰效果好。由于塑料壁纸有各种颜色、花纹、图案，只要按设计者的意图施工，可以达到各种各样的装饰效果。

(2) 多功能性。除了具有较好的装饰效果,还具有吸声、隔热、防菌、防霉、耐水等多种功能。

(3) 维护保养简便。纸基涂塑壁纸有较好的耐擦性和防污染性。

(4) 施工方便。纸基壁纸可用普通胶粘剂粘贴。

2) 塑料壁纸的用途

适用于宾馆、饭店、办公大楼、会议室、接待室、计算机房、广播室及家庭卧室等墙面装饰。

低发泡印花壁纸,图案逼真、立体感强、装饰效果好,并富有弹性,适用于室内墙客厅和内走廊的装饰。

高发泡壁纸表面富有弹性的凹凸花纹,具有吸音等多功能效果,常用于影剧院、会议室、歌舞厅等饰面装饰。

3) 塑料壁纸的规格

塑料壁纸的一般长 10 m,宽 0.52 m,面积约为 5.2 m^2。

6.1.5 金属壁纸

1) 金属壁纸的特点

金属壁纸是以纸为基材,再粘贴一层电化铝箔,经过压合,印花而成(见图 6.8)。金属壁纸有光亮的金属质感和反光性,给人们一种金碧辉煌、庄重大方的感觉。

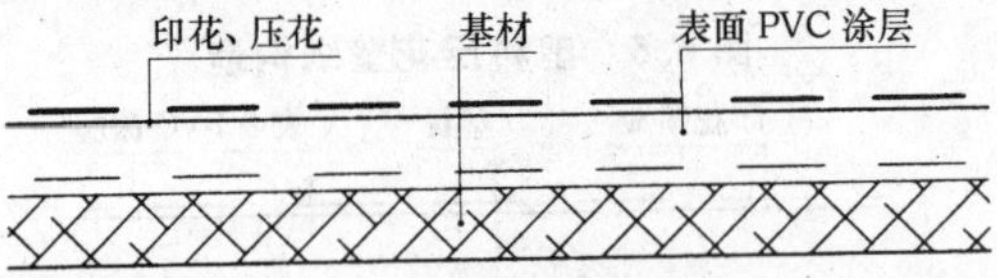

图 6.8 金属壁纸构造

2) 金属壁纸的用途

金属壁纸无毒、无气味、无静电、耐湿、耐晒、耐用、可擦洗、不褪色,用于高级宾馆、酒楼、饭店、咖啡厅、舞厅等墙面、柱面和天棚。其特点是表面经过灯光的折射会产生金碧辉煌的效果。

3) 金属壁纸的规格

金属壁纸的一般长度为 10 m,宽 0.52 m,面积约为 5.2 m^2。

6.1.6 仿真塑料壁纸

1) 仿真塑料壁纸的特点

仿真塑料壁纸,是以塑料为原料,经技术加工处理,模仿砖、石、竹编物、瓷板及木纹等真材实料的纹样和质感。

仿砖壁纸,是一种软泡塑型材料,厚约 4 mm 左右,无光泽,表面纹理清晰,有的呈焙烧过程中形成的窝洞，有的如经长期使用后自然风化，或有人为碰击的痕迹，触感柔软而无冰凉感。

仿石材、竹编、木纹等壁纸，经技术加工处理，模仿实物效果能以假乱真、质感明显、美观舒适。

2）仿真塑料壁纸的用途

适用于酒吧、舞厅、茶楼、餐厅等环境。

3）仿真塑料壁纸的规格

仿真塑料壁纸的长度为 10 m，宽 0.52 m，面积约为 5.2 m^2。

6.1.7 特种功能壁纸

特种功能的塑料壁纸主要有耐水、防火、防霉、防结露等品种。

1）耐水塑料壁纸

耐水塑料壁纸是用玻璃纤维毡作基材的壁纸，适合卫生间、浴室等墙面使用。

2）防火塑料壁纸

防火塑料壁纸是每平方米用 100～200 g 石棉纸作基材，并在 PVC 涂料中掺入阻燃剂。使壁纸具有一定的阻燃性能，适用于防火要求较高的室内墙面或木制板面上使用。

3）防霉壁纸

防霉壁纸是在聚氯乙烯树脂中加入防霉剂，防霉效果很好，适合在潮湿地区使用。

4）防结露壁纸

防结露壁纸的树脂层上带有许多细小的微孔，可防止结露，即使产生结露现象，也只会整体潮湿，而不会在墙面上形成水滴。

6.1.8 特殊效果壁纸

1）荧光壁纸

荧光壁纸在印墨中加有荧光剂，能产生一种夜壁生辉的特殊效果。夜晚熄灯后，可持续发光，常用于娱乐空间。

2）吸音壁纸

吸音壁纸使用吸音材质，可防止回音，多用于影剧院、音乐厅、歌舞厅、会议中心等。

3）防静电壁纸

用于特殊需要防静电场所，如实验室、微机房等。

6.2 墙布

墙布也称壁布，可直接贴于墙面。基层衬以海绵，可作墙面软包材料。墙布有以下几种：

6.2.1 玻璃纤维印花墙布

1）玻璃纤维印花墙布的特点

以玻璃纤维布为基材，表面涂以耐磨树脂，印上彩色图案而成。花色品种多，色彩鲜艳，不易褪色、防火性能好，耐潮性强，可擦洗，但易断裂老化。涂层磨损后，散出的玻璃纤维对人体皮肤有刺激性。

2）玻璃纤维印花墙布的用途

适用于各级宾馆、旅店、办公室、会议室等公共场所。

3）玻璃纤维印花墙布的规格

玻璃纤维印花墙布长 50 m，宽 0.85～0.90 m，厚 0.17 mm。

6.2.2 无纺墙布

1）无纺墙布的特点

无纺墙布是采用棉、麻等天然纤维或涤纶、腈纶等合成纤维，经过无纺成型、上树脂、印制彩色花纹而成的一种新型较高级饰面材料。无纺墙布色彩鲜艳、表面光洁、有弹性、挺括、不易折断、不易老化，对皮肤无刺激性，有一定的透气性和防潮性，可擦洗而不褪色。有棉、麻、涤纶、腈纶等品种，并有多种花色图案。

2）无纺墙布的用途

适用于建筑物的室内墙面装饰，尤其是涤纶棉无纺墙布，除具有麻质无纺墙布的所有性能外，还具有质地细洁、光滑的特点，特别适用于高级宾馆、高级住宅等建筑物。

3）无纺墙布的规格

无纺墙布的长 50 m，宽 0.85～0.90 m，厚 0.12～0.18 mm。

6.2.3 纯棉装饰墙布

1）纯棉装饰墙布的特点

以纯棉布经过处理、印花、涂层制作而成。强度大，静电小，变形小，无光，吸声，无毒、无味，透气性、吸声性俱佳，但表面易起毛，不能擦洗。

2）纯棉装饰墙布的用途

适用于宾馆、饭店、公共建筑和较高级民用建筑中的装饰。

3）纯棉装饰墙布的规格

纯棉装饰墙布的长 50 m，宽 0.85～0.90 m。

6.2.4 化纤装饰墙布

1）化纤装饰墙布的特点

化纤称为人造纤维，发展日新月异。种类繁多，各具有不同的性质。如粘胶纤维、醋酸纤维、三酸纤维、聚丙烯腈纤维、锦纶、聚酯纤维、聚丙烯纤维等。“多纶”就是多种化纤与棉纱混纺的墙布。也有以单纯化纤布为基材，经一定处理后印花而成的化纤装饰墙布。

化纤装饰墙布是以以化纤为基材，经处理后印花而成。无毒、无味、透气、防潮、耐磨。

2）化纤装饰墙布的用途

适用于各级宾馆、旅店、办公室、会议室和居民住宅。

3）化纤装饰墙布的规格

化纤装饰墙布长 50 m，宽 0.85～0.90 m。

6.2.5 锦缎墙布

1）锦缎墙布的特点

锦缎墙布是更为高级的一种，要求在三种颜色以上的缎纹底上，再织出绚丽多彩、古雅精致的花纹。锦缎墙布柔软易变形，价格较贵，适用于室内高级饰面装饰用。

2）锦缎墙布的用途

适用于高级宾馆的客房、饭店和较高级住宅装饰。

3）锦缎墙布的规格

锦缎墙布长 10 m，宽 0.52 m，面积约为 5.2 m^2。

6.2.6 天然纤维装饰墙布

1）天然纤维装饰墙布的特点

天然纤维编织而成的墙布，由于织物的纤维不同、织造方式和处理工艺不同，所产生的质感效果也不同，因而给人的美感也有所不同，颇具质朴特性。主要有草织墙布、麻织墙布、棉织墙布，其中以麻织墙布质感最朴拙，表面多不染色而呈现本来面貌，而草织墙布及棉织墙布多作染色处理，表面柔和顺畅。

2）天然纤维装饰墙布的用途

适用于高级宾馆的客房、饭店和较高级住宅的客厅装饰。

3）天然纤维装饰墙布的规格

天然纤维装饰墙布长 10 m，宽 0.52 m，面积约为 5.2 m^2。

6.2.7 压克力纱纤维墙布

1）压克力纱纤维墙布的特点

以压克力纱纤维为原料制作的墙布，质感有如地毯，只是厚度较薄，质感柔和，经过染色原料处理有各式色彩及组合，以单一素色最多，两种相近色、半调和色，或以白色为主要的产品组合方式，对于大面积墙面，以单一素色为佳。

2）压克力纱纤维墙布的用途

适用于宾馆、饭店、办公大楼、会议室、接待室及住宅墙面的装饰。

3）压克力纱纤维墙布的规格

压克力纱纤维墙布长 10 m，宽 0.52 m，面积约为 5.2 m^2。

6.2.8 丝质墙布

1）丝质墙布的特点

以丝质纤维做成的墙布，质地细致、美观，因其特有的光泽，呈现出高贵感。含丝质料较多者价格较高。

2）丝质墙布的用途

适用于展示场所、橱窗、高级客厅、服饰店等墙面的装饰。

3）丝质墙布的规格

丝质墙布长 10 m，宽 0.52 m，面积约为 5.2 m^2。

6.2.9 亮线墙布

1）亮线墙布的特点

亮线墙布如表演服装的金属亮片十分艳丽耀眼，是属于夸张性、表演性用材，亮线墙布的品种有按图案及素色不同之分。素色以红、蓝、绿、黄、金、银色为主，图案产品多由小图案组合，亮线墙布以银色、黄色、金色用途较广。

2）亮线墙布的用途

亮线墙布适用在灯光暗淡的歌舞厅、华丽的餐厅、展示场所、舞台布置等。

3）丝质墙布的规格

丝质墙布长 10 m，宽 0.52 m，面积约为 5.2 m^2。

6.3 壁纸、墙布的国际通用标志

为了表明壁纸墙布的性能特点和施工方法，在每卷壁纸、墙布的背面印有一些国际通用标志符号(见图 6.9)。

符　号	意　义	符　号	意　义
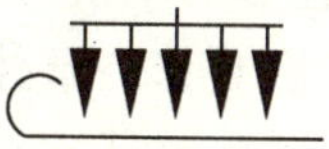	已上底胶		不需对花
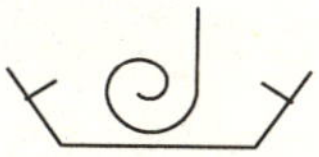	已上底胶		水平对花
	面底可分	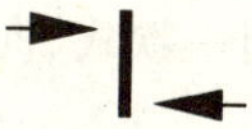	高低对花
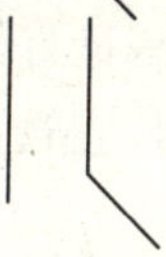	面底可分		调头粘贴
	可洗		调头粘贴
	可洗		调头粘贴
	可洗	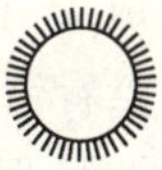	耐日照
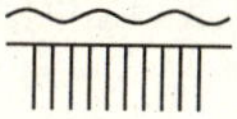	可擦洗		

图 6.9　国际通用标志

6.4　壁纸、墙布的使用与选购

装饰性壁纸、墙布从图案花色上可分为两个不同的流派。一种图案采用写实的手法，如山水、花鸟、卡通人物等，这种壁纸、墙布大面积粘贴后的效果很可能不尽如人意。因此，在特定的环境中使用较多，如儿童房选用卡通壁纸、卧室中选用花鸟壁纸、书房中选用山水壁纸的较多。另一种图案采用抽象的手法，这种壁纸、墙布单独看时显得杂乱无章，但大面积粘贴后的装饰效果却很好，特别适用于客厅等大空间的装修时使用。

家庭装修选购壁纸、墙布时，主要是挑选图案和色彩。要根据房间环境及用途的不同而有所取舍。对于面积小或光线暗的房间，要选择图案较小、颜色较浅的壁纸，以达到光亮、宽敞的效果；面积大且光线好的房间，选择范围就广泛多了。

壁纸、墙布生产企业在生产壁纸时，每一个图案都会有几种色彩的不同组合，因此，在确定图案后，要反复对比各种色彩组合的效果，并要同家庭装修的整体风格、色彩相统一，特别要注意考察大面积使用后的效果，这样才能选择好适宜自己生活空间的壁纸。

选购壁纸需考虑的因素：

(1) 选择消费者满意或售后服务信得过的厂家或单位。

(2) 要货比三家，对同一款式、同一品牌的商品，要从质量、价格、服务等方面综合考虑。

(3) 选择颜色、图案时，由于卧房、客厅、餐厅各自的用途不一样，最好选择不同的壁纸、墙布，以达到与家具和谐的效果。面积小或光线暗的房间，宜选择图案较小，颜色较浅的壁纸，给人以明亮、宽敞之感。

(4) 做好用量估算。购买壁纸、墙布之前，要估算一下用量，以便一次性买足同批号的壁纸、墙布，减少不必要的麻烦，也避免浪费。估计墙面所用壁纸、墙布时，一般按“房间面积×3÷5.2＝所需卷数”(1 卷壁纸一般为长 10 m、宽 52 cm、面积为 5.2 m^2)来估算。为了安全起见，在所需卷数基础上再加 1 卷。

(5) 选择壁纸、墙布时，应选择光洁度较好的壁纸、墙布，也可以用手摸，手感较好、凹凸感强的产品，应该成为首先考虑的对象。

(6) 选购壁纸、墙布时，要看清所购的壁纸、墙布的编号与批号是否一致，因为有的壁纸、墙布尽管是同一编号，但由于生产日期不同，颜色上便可能发现细微差异，而每卷壁纸、墙布上的批号，即是代表同一颜色，所以，应避免壁纸、墙布颜色的不一致，影响装饰效果。

(7) 发票、合同上必须注明壁纸的材质、规格、数量、价格、金额。

(8) 了解厂家或单位的名称、地址、联系人、电话，以便发生质量问题能及时联系解决。

6.5 壁纸、墙布的施工工艺、验收质量标准及维护

6.5.1 壁纸、墙布装饰施工工艺流程

1) 裱糊类墙面的构造

裱糊类墙面指用壁纸、墙布等裱糊的墙面。墙体上用水泥石灰浆打底，使墙面平整。干燥后满刮腻子，并用砂纸磨平，然后用胶粘剂粘贴壁纸。

2）裱贴壁纸、墙布主要工艺流程

清扫基层→涂刷防潮剂→墙面弹线→壁纸裁纸、刷胶→上墙裱贴、拼缝、搭接、对花→赶压胶粘剂气泡→擦净胶水→修整

3）裱贴壁纸、墙布施工要点

（1）基层处理时，必须清理干净、平整、光滑，有防潮要求的应进行防潮处理。

① 混凝土和抹灰基层：墙面清扫干净，将表面裂缝、坑洼不平处用腻子找平，再满刮腻子，打磨平。根据需要决定刮腻子的遍数。

② 木基层：木基层应刨平，无毛刺、无外露钉头。接缝、钉眼用腻子补平。满刮腻子，打磨平整。

③ 石膏板基层：石膏板接缝用嵌缝腻子处理，并用接缝带贴牢，表面刮腻子。涂刷底胶，底胶一遍完成，但不能有遗漏。

（2）为防止壁纸、墙布受潮脱落，可涂刷一层防潮涂料。

（3）裱糊前应按壁纸及墙布的品种、花色、规格进行选配。拼花、裁切、编号、裱糊时应按编号顺序粘贴。

（4）墙面应采用整幅裱糊，先垂直面后水平面，先细部后大面，先保证垂直后对花拼逢，垂直面是先上后下，先长墙面后短墙面，水平面是先高后低。阴角处接缝应搭接，阳角处应包角，不得有接缝。

（5）聚氯乙烯塑料壁纸裱糊前应先将壁纸用水润湿数分钟，墙面裱糊时应在基层表面涂刷胶粘剂；顶棚裱糊时，基层和壁纸背面均应涂刷胶粘剂。

（6）复合壁纸不得浸水，裱糊前应先在壁纸背面涂刷胶粘剂，放置数分钟。裱糊时，基层表面应涂刷胶粘剂。

（7）纺织纤维壁纸不宜在水中浸泡，裱糊前宜用湿布清洁背面。

（8）金属壁纸裱糊前应浸水 1～2 min，阴干 5～8 min 后在其背面刷胶。刷胶应使用专用的壁纸粉胶。

（9）玻璃纤维基材壁纸、无纺墙布无需进行浸润。应选用粘结强度较高的胶粘剂，裱糊前应在基层表面涂胶，墙布背面不涂胶。玻璃纤维墙布裱糊对花时不得横拉斜扯，避免变形脱落。

（10）壁纸粘贴后，赶压壁纸胶粘剂，不能留有气泡，挤出的胶要及时揩净。

（11）开关、插座等突出墙面的电器盒，裱糊前应先卸去盒盖。

4）预涂胶壁纸的施工要点

特殊壁纸、墙布在施工中除了采用现场涂胶裱贴的常规方法施工的壁纸外，还有另外两种较有特点的壁纸即预涂胶壁纸和不干胶壁纸。

（1）预涂胶壁纸可分两种

① 预涂胶壁纸（见图 6.10）。在其背面涂上一种特制胶水，干燥成卷后不会自粘。裱贴时像贴邮票一样，只需将其适当浸水就能贴上墙面，省去了配胶水、刷胶水的操作工序。

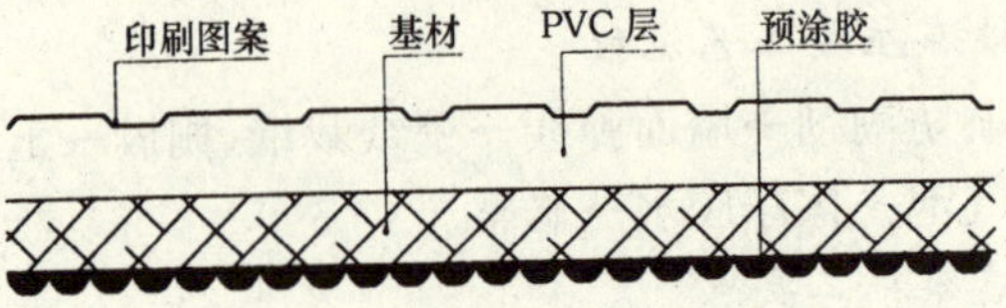

图 6.10　预涂胶壁纸构造

② 不干胶壁纸(见图 6.11)。使用时,只要将其背面的一张衬纸揭去就能贴上墙面,也省去了配胶和刷胶的操作工序。

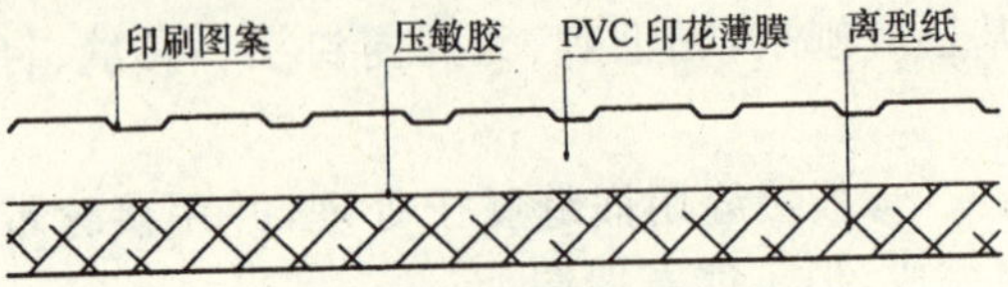

图 6.11　不干胶壁纸构造

(2) 可剥离壁纸分两种

① 双层可剥离壁纸(见图 6.12)。基层原纸分双层,是用两种材料在湿态情况下复合而成的。该壁纸贴上墙后,数年后需翻新装饰时,由于壁纸本身的强度大于预涂胶与墙面的粘结强度,可将整块壁纸完整地剥去,墙面完好可不需作基层处理,就可贴上新的壁纸。

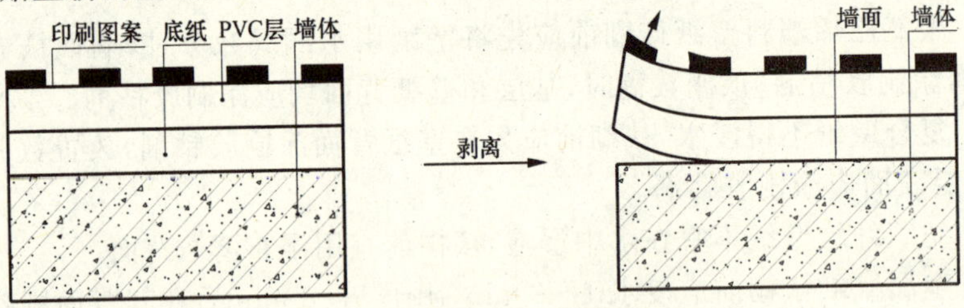

图 6.12　双层可剥离壁纸

② 分层可剥离壁纸(见图 6.13)。是用两种不同的原纸,采用胶粘剂复合成纸基制成。该壁纸的两种原纸之间的复合强度明显低于背层与墙面的粘结强度,数年后需翻新装饰时,可以撕去面层原纸,剩下背层原纸,然后贴上新壁纸,同样可省去对墙面的处理。

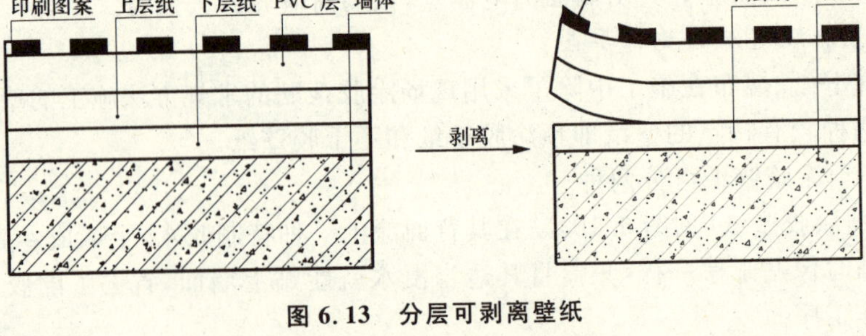

图 6.13　分层可剥离壁纸

5）注意事项

（1）墙面基层含水率应小于8%。

（2）墙面平整度用2 m靠尺检查，高低差不超过2 mm。

（3）拼缝时先对图案、后拼缝，使上下图案吻合。

（4）禁止在阳角处拼缝，壁纸要裹过阳角20 mm以上。

（5）裱贴玻璃纤维墙布和无纺墙布时，背面不能刷胶粘剂，将胶粘剂刷在基层上。因为墙布有细小孔隙，胶粘剂会印透表面而出现胶痕，影响美观。

6.5.2　壁纸验收质量标准

1）裱糊工程完工并干燥后，方可验收。

2）工程验收

（1）材料品种、颜色、图案应符合设计要求。

（2）裱糊工程的质量应符合下列规定

① 壁纸、墙布必须粘贴牢固，表面色泽一致，不得有气泡、空鼓、裂缝、翘边、皱褶和斑污，斜视时无胶痕。

② 表面平整，无波纹起伏。壁纸、墙布与挂镜线和踢脚板紧接，不得有缝隙。

③ 各幅拼接横平竖直，拼接处花纹、图案吻合，不离缝，不搭接，距墙面1.5 m处正视，不显拼缝。

④ 阴阳转角垂直，棱角分明，阴角处搭接顺光，阳角处无接缝。

⑤ 壁纸、墙布边缘平直整齐，不得有纸毛、飞刺。

⑥ 不得有漏贴、补贴和脱层等缺陷。

6.5.3　壁纸的维护和修补

（1）在潮湿季节，墙面装修以后应在白天打开门窗，加强通风；夜间关闭门窗，防止潮湿气体侵袭，同时还要避免墙面在胶粘剂未干之前受穿堂风猛吹，破坏壁纸的粘结牢固度。

（2）塑料壁纸有一定的耐擦洗性，如有污痕可以用肥皂水轻轻擦去。

（3）高发泡壁纸比较容易积尘，可每隔2～3个月用吸尘器清扫一次。

（4）注意不要用椅背、桌边等硬物撞击或摩擦墙面，以免墙面被破坏。

复习思考题

1. 壁纸常分为哪几种类型？它们的特点和用途有哪些？

2. 装饰墙布常用于何处，它的特点有哪些？

实习课题

参观当地装饰材料市场，了解装饰壁纸及墙布的品种、规格、质量、价格和裱糊工艺。

7 玻璃装饰材料

玻璃是以石英砂、纯碱、长石和石灰石等为主要原料，经熔融、成型、冷却固化而成的非结晶无机材料。它具有一般材料难于具备的透明性，具有优良的机械力学性能和热工性质。而且，随着现代建筑、装饰发展的需要，不断向多功能方向发展。玻璃的深加工制品具有控制光线、调节温度、防止噪音、防火防盗和提高建筑艺术装饰等功能。玻璃已不再只是采光材料，而且是现代建筑的一种结构材料和装饰材料。

7.1 玻璃的分类

玻璃的种类很多，按其化学成分可分为钠钙玻璃、铝镁玻璃、钾玻璃、硼硅玻璃、铅玻璃和石英玻璃等。按功能又可分为平板玻璃、压花玻璃、钢化玻璃、吸热玻璃、热反射玻璃、夹层玻璃、夹丝玻璃、中空玻璃、曲面玻璃、彩釉玻璃、镀膜玻璃等。

7.2 玻璃的加工

玻璃的表面经过加工后，能够改善玻璃的外观和表面性质，获得较好的装饰效果，同时提高玻璃的质量。玻璃的加工处理方法通常有冷加工、热加工和表面处理三大类。

7.2.1 玻璃的冷加工

玻璃的冷加工是指在常温状态下，用机械的方法改变玻璃的外形和表面状态的操作过程。玻璃冷加工的常见方法有：

1）研磨抛光

玻璃的研磨就是用硬度比玻璃大的磨料，如金刚石、刚玉、石英砂等，将玻璃表面粗糙不平的地方和玻璃成型时残留的部分磨掉，使其满足所需的形状和尺寸，从而获得平整的表面。玻璃在研磨时，首先用粗磨料进行粗磨，然后再用细磨料进行细磨和精磨，最终用抛光材料（如氧化铁、氧化铈和氧化铬等）进行抛光，从而使玻璃的表面变得光滑明亮。

2）喷砂

喷砂是利用压缩空气通过喷嘴时形成高速气流，高速气流中夹带石英砂或金刚砂等硬粒，高速运行的颗粒冲击玻璃的表面，在玻璃表面留下一定深度的凹痕，从而使玻璃形成一层粗糙程度比较均匀的毛面层。喷砂可用来制作毛面玻璃或者在玻璃的表面形成各种光滑面和毛面相互交织的装饰图案。

3）切割

玻璃的切割是利用玻璃的脆性和玻璃内部应力分布不均易产生裂缝的特性进行加工的。在玻璃的切割部位划出一道刻痕，玻璃刻痕处的应力较为集中，因而此处的玻璃极易折断。对于厚度在 8 mm 以下的玻璃可用玻璃刀进行裁切。厚度较大的玻璃在切割时，可先用电热丝在所需切割的部位进行加热，然后再用水或冷空气在玻璃的受热处急冷，玻璃在此处产生了很大的局部应力，形成裂口后再进行切割。厚度更大的玻璃则用金刚石锯片或碳化硅锯片进行切割。

4）钻孔

玻璃表面的钻孔方法有研磨钻孔、钻床钻孔、冲击钻钻孔和超声波钻孔等，在装饰施工中研磨钻孔和钻床钻孔方法使用较多。

研磨钻孔就是用铜或黄铜棒压在玻璃上并转动，通过碳化硅等磨料和水的作用，在玻璃面形成所需要的孔洞，这种钻孔的加工孔径范围为 3～100 mm。

钻床钻孔的操作方法与研磨钻孔相似，它是用碳化钨或硬质合金钻头进行钻孔，这种钻孔的速度较慢，钻孔时用松节油、水等进行冷却。

5）导边

平板玻璃的边部是缺陷与裂纹的集中区，玻璃在裁切时由于切割工具的作用而使裁切部位存在大量的横向裂纹（与边线垂直）。在边部拉应力的作用下，这些裂纹会扩展从而造成玻璃的破坏，所以玻璃的边部一般要进行导边研磨，以消除边部缺陷和裂纹，从而提高玻璃的强度。

玻璃的边部导边加工按加工程度可分为粗磨、细磨和抛光三种。玻璃边部经过导边抛光后，它的装饰性和增强效果最好，细磨的玻璃其次，粗磨的玻璃最差。玻璃的边部导边打磨可采用玻璃直线磨边机打磨。玻璃磨边机的加工不仅精度高，而且可加工各种形状的玻璃边线，使之具有很好的装饰性。

7.2.2 玻璃的热加工

玻璃的热加工利用了玻璃的粘度、表面张力等因素会随着玻璃温度的改变而产生相应变化的特点。玻璃的热加工方法有：

1）烧口

玻璃的烧口是用集中的高温火焰将玻璃的局部加热，依靠玻璃表面张力的作用使玻璃在接近软化点温度时变得圆滑光亮。

2）火焰切割与钻孔

玻璃的火焰切割与钻孔是用高速运动的火焰对玻璃制品进行局部集中加热，

使受热处的玻璃达到熔化流动状态，再用高速气流将玻璃制品切开。

3）火焰抛光

火焰抛光是利用高温火焰将玻璃表面存在波纹、细微裂缝等缺陷的地方进行局部加热，并使该处熔融平滑，玻璃表面的这些缺陷即可消除。

7.2.3 玻璃的表面处理

在装饰工程中，玻璃表面的处理工艺有化学蚀刻、表面着色和表面镀膜等。

1）化学蚀刻

由于氢氟酸能够腐蚀玻璃，玻璃的化学蚀刻就是利用了氢氟酸这一特性。经氢氟酸腐蚀后的玻璃表面能形成一定的粗糙面和腐蚀深度，可使玻璃的表面具有一定的立体感。

玻璃化学蚀刻时，先在玻璃的表面均匀地浇注一层石蜡，然后将装饰图案部分的玻璃表面的蜡层清除掉，露出玻璃面层，再在露出的玻璃表面上根据蚀刻的深度浇注一定量的氢氟酸，最后把玻璃表面的石蜡和残余的氢氟酸等物清理干净。这样玻璃的表面就形成了具有一定立体感的图案和文字。

2）表面着色

玻璃的表面着色就是在高温状态下用含有着色离子的金属、熔盐、盐类的糊膏涂敷在玻璃的表面上，使着色离子与玻璃中的离子进行交换，使着色离子扩散到玻璃的表面中，从而使玻璃表面着色。

3）表面镀膜

表面镀膜工艺是利用各种生产方法使玻璃的表面覆盖一层性能特殊的金属薄膜。玻璃的镀膜工艺有化学法和物理法。化学法包括热喷射镀法、电浮法、浸镀法和化学还原法；物理法有真空气相沉积法和真空磁控阴极溅射法。

7.3 平板玻璃

7.3.1 平板玻璃的特点

平板玻璃是建筑玻璃中用量最大的一种玻璃。习惯上将窗用玻璃、磨光玻璃、磨砂玻璃、有色玻璃均列入平板玻璃中。随着科学技术的不断发展，不同玻璃品种之间产生了结合或渗透，有的传统工艺被改变，从而在性能上产生了新的品种和样式。平板玻璃的生产沿用“引上法”。该法使熔融的玻璃液被垂直向上卷拉，经快冷后切割而成。此法生产的玻璃不能尽如人意，尤其当内部有玻筋，表面有玻纹时，物象透过玻璃会歪曲变形，故须经机械研磨和抛光，所以它已开始被浮法玻璃所取代。

7.3.2 平板玻璃的品种和用途

1）普通平板玻璃

普通窗玻璃也称单光玻璃，净片玻璃，简称玻璃。属于钠玻璃类，是未经研磨加工的平板玻璃。主要用于门窗，起着透光、挡风和保温的作用。要求具有较好的透明度和表面平整无缺陷。

2）浮法玻璃

浮法玻璃是采用海砂、硅砂、石英砂岩粉、纯碱、白云石等原料，在玻璃熔窑中经过 1 500～1 570℃高温熔化后，将溶液引成板状进入锡槽，再经过纯锡液面上延伸进入退火窑，逐渐降温退火、切割而成。其特点是玻璃表面平整、十分光洁，且无玻筋、玻纹，光学性质优良的平板玻璃，可代替磨光玻璃使用。

3）磨光玻璃

磨光玻璃又称镜面玻璃或白片玻璃，是用平板玻璃经过抛光后的玻璃。分单面磨光和双面磨光两种。具有表面平整光滑且有光泽，物像透过玻璃时不变形的优点。透光率大于 84%。经过机械研磨加工和抛光加工的磨光玻璃，虽然质量较好，但加工既费时间又不经济，所以出现浮法玻璃后，磨光玻璃用量大为减少。

4）磨砂玻璃

磨砂玻璃又称毛玻璃，它是将平板玻璃的表面经机械喷砂或手工研磨或氢氟酸溶蚀等方法处理成均匀毛面的玻璃。由于表面粗糙，使光线产生漫射，只能透光不能透视，作为门窗玻璃可使室内光线柔和，没有耀眼刺目之感。因它透光而不透视，用在隐秘和不受干扰的房间，常用于浴室、卧室、办公室等的门窗。

5）彩色玻璃

彩色玻璃又称为有色玻璃或饰面玻璃，分为透明和不透明两种。透明彩色玻璃是在原料中加入一定量的金属氧化物使玻璃带色，按平板玻璃的生产工艺进行加工生产而成；不透明的彩色玻璃是在一定形状的平板玻璃的一面喷以色釉，烘烤、退火而成，具有耐磨、抗冲刷、易清洗等特点，并可拼成各种花纹图案，产生独特的装饰效果。

彩色玻璃的颜色比较丰富，有蓝色、绿色、黄色、棕色和红色等。彩色玻璃具有良好的装饰性，而且还具有耐腐蚀、易清洁的特点。在建筑装饰中，彩色玻璃主要用于建筑物的门窗、内外墙面上和对光线有色彩要求的建筑部位，如教堂的门窗和采光屋顶等。

6）压花玻璃

压花玻璃又称花纹玻璃或滚花玻璃，是采用压延方法制造的一种平板玻璃，制造工艺分为单辊法和双辊法。单辊法是将玻璃液浇注到压延成型台上，台面可以用铸铁或铸钢制成，台面或轧辊刻有花纹，轧辊在玻璃液面碾压，制成的压花玻璃再送入退火窑。浮法生产压花玻璃又分为半连续压延和连续压延两种工艺，玻璃液通过水冷的一对轧辊，随辊子转动向前拉引至退火窑，一般下辊表面有凹凸花纹，上辊是抛光辊，从而制成单面有图案的压花玻璃。压花玻璃的理化性能基本与普通透明平板玻璃相同，仅在光学上具有透光不透明的特点，光线柔和、图案丰富、立体感强、视觉效果自然，并具有隐私的屏护作用和一定的装饰效果。

压花玻璃的表面有深浅不同的花纹图案，具有透光不透明，且比磨砂玻璃易清洁等特点。品种有海棠、布纹、金丝、万元、冰花、香梨、彩云、钻石、双方格、水晶、五月花等。

主要用于办公室、厨房、天棚、隔断推拉门、卫生间、洗浴间以及公共场所分隔室等的门窗和隔断等处，具有良好的艺术装饰效果。

7.3.3 平板玻璃的规格

常用平板玻璃的规格(mm)

长	宽	厚	长	宽	厚	长	宽	厚
2	400～1 200	300～900	4	600～2 000	400～1 200	6	600～2 600	400～1 800
3	500～1 800	300～1 200	5	600～2 600	400～1 800	8～12	1 000～3 000	1 200～4 000

玻璃边角的处理有四种形式：圆弧边、斜边、鸭嘴边、双斜边(见图 7.1)。

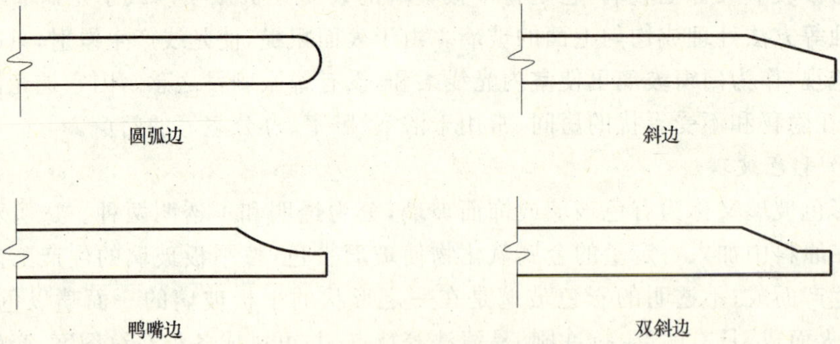

图 7.1 玻璃边角的处理形式

7.4 钢化玻璃

7.4.1 钢化玻璃的特点

钢化玻璃(又称强化玻璃)是将普通浮法玻璃先切成要求尺寸，然后加热到接近玻璃的软化温度(约 700℃左右)时，通过自身的形变消除玻璃内部的应力，然后将玻璃移动加热炉，再用多头喷嘴将高压、冷空气吹向玻璃的两面，使其迅速而均匀地冷却至室温,这样即可制得钢化玻璃。其外观质量、厚度偏差、透光率等性能指标几乎与玻璃原片无异。

钢化玻璃的品种有平面钢化玻璃、弯钢化玻璃、半钢化玻璃、区域钢化玻璃等。

1) 强度高

钢化玻璃抗弯曲强度、耐冲击强度比同等厚度的普通玻璃高 3～5 倍。

2) 稳定性能好

当玻璃受到急冷急热变化时,玻璃的表面可能会产生一定的拉应力,但由于钢化玻璃的表面预加了一层压应力层,因而可以抵消掉一部分的拉应力作用,这样可使玻璃不发生炸裂而提高了玻璃的耐急冷急热性能。钢化玻璃能承受 200℃的温差变化。

3) 安全性高

钢化玻璃产生了均匀的内应力,从而在玻璃表面产生了预加压应力的效果,即使破碎,先出现网状裂纹,破碎后成不具有锐利棱角的碎块,较普通玻璃安全。

7.4.2 钢化玻璃的用途

钢化玻璃以其强度高和安全性好的优点,普遍应用于建筑物的门窗、幕墙、大型玻璃隔断、采光天棚、家具、车辆的门窗以及有防盗要求的场所。钢化玻璃不能切割、磨削,边角不能碰击扳压,使用时应按所需规格进行定制。

7.4.3 钢化玻璃的性能

钢化玻璃的强度为普通玻璃 4 倍以上,抗热冲击性能好,在受外力作用时能产生较大的变形而不破坏。受猛烈撞击破碎后呈豆状颗粒,不会对人体造成损害,具有良好的安全性。钢化玻璃还具有很好的耐热性,可耐 200℃的温差。

7.4.4 钢化玻璃的规格

钢化玻璃的常用规格有(2 440～4 800)mm×(100～250)mm×(4～19)mm。

7.5 中空玻璃

7.5.1 中空玻璃的特点

中空玻璃由两层或多层玻璃中间配以隔框及干燥剂,四周胶封而成。中空玻璃的玻璃与玻璃之间,留有一定的空腔(见图 7.2)。因此具有良好的保温、隔热、隔音等性能。即满足现代办公及家居的需求,又可有效的节能。如在玻璃之间充以各种漫射光材料或电介质等,则可获得更好的声控、光控、隔热等效果。中空玻璃在建筑装饰中被普遍采用。

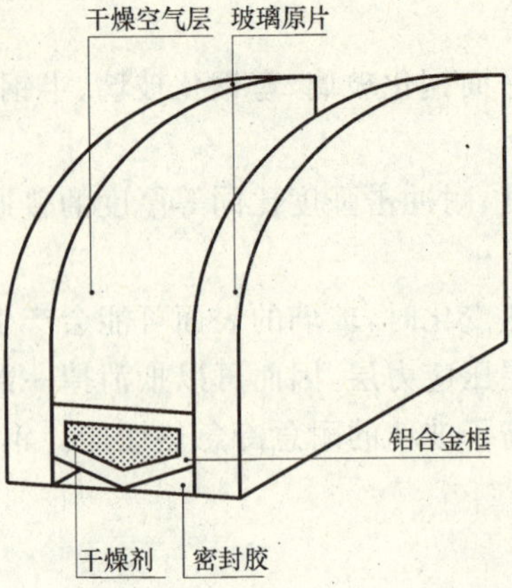

图 7.2　双层中空玻璃

7.5.2　中空玻璃的用途

中空玻璃主要用于需要采暖、空调、防止噪音或结露以及需要无直射阳光等特殊的建筑物上。

(1) 建筑装饰门窗玻璃。

(2) 火车、汽车窗(多用钢化中空玻璃)。

(3) 冰柜、展示柜、冷藏柜等门玻璃。

(4) 需要恒温、恒湿的工厂、仓库及研究所等。

(5) 写字楼、宾馆、医院、图书馆、广播室、录音棚、计算机房、汽车、火车和机场控制塔等场所的门窗玻璃。

7.5.3　中空玻璃的性能

中空玻璃由两片玻璃组成,中间空气由胶条密封,利用密封空气不导热的特性,达到保温、隔音、防潮等作用,具备节能性和环保性两重优点。

中空玻璃最主要的优点是隔热、保温,并兼有防结露、隔音(可降低噪音 30 dB 左右)等性能。它能减少室内冷暖空气对流,使室内温度均匀,环境舒适。在使用暖气和空调的环境下,如果安装中空玻璃可节约能源 30%左右,据此计算中空玻璃较单层玻璃所增加的投资费用在 5 年左右便可从采暖、降低空调能耗所节省的各项支出中收回。

7.5.4　中空玻璃的规格

中空玻璃的常用规格为长 2 000 mm,最宽 1 400 mm。

中空玻璃的规格(mm)

玻璃原片厚度	空层厚度	玻璃原片厚度	玻璃原片厚度	空层厚度	玻璃原片厚度
3	3A	3	4	6A	4
5	6A	5	3	9A	3
4	9A	4	5	9A	5
3	12A	3	4	12A	4
5	12A	5			

7.6 夹丝玻璃

7.6.1 夹丝玻璃的特点

夹丝玻璃也称防碎玻璃和钢丝玻璃。它是将普通平板玻璃加热到软化状态，再将预热处理的铁丝或铁丝网压入玻璃中间制成的。表面可以是压花的或磨光的，颜色可以是透明的或彩色的。较普通玻璃不仅增加了强度，而且由于铁丝网的骨架，在玻璃遭受冲击或温度剧变时，使其破而不缺，裂而不散，避免棱角的小块碎片飞出伤人。如火灾蔓延，夹丝玻璃受热炸裂时，仍能保持固定状态，起到隔绝火势的作用，故又称防火玻璃。夹丝玻璃中间夹有菱形或正方形钢丝网等(见图7.3)，具有以下特点：

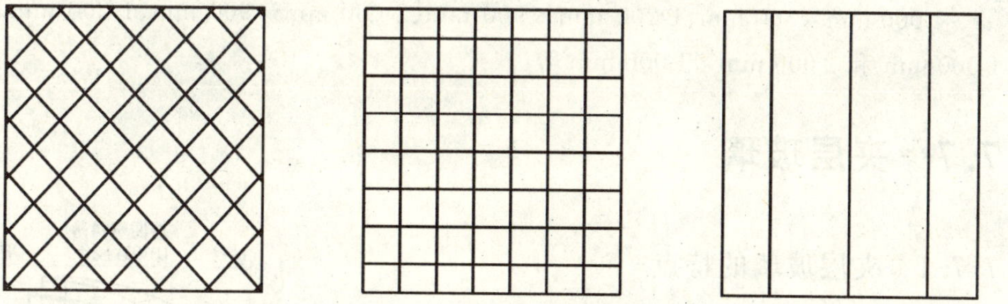

图 7.3 夹丝(线、网)玻璃图案

1) 防火性

夹丝玻璃即使玻璃被打碎，线或网也能支住碎片，很难崩落和破碎。即使火焰穿破的时候，可遮挡火焰和火粉末的侵入，有防止从开口处扩散延烧的效果。

2) 安全性

夹丝玻璃能防止碎片飞散。即使遇到地震、暴风等冲击使玻璃破碎时，碎片也很难飞散，所以与普通玻璃相比，不能造成碎片飞散伤人。

3）防盗性

普通玻璃很容易打碎，所以小偷可以潜入进行非法活动，而夹丝玻璃则不然。即使玻璃破碎，仍有金属线网在起作用，所以小偷不可能轻易进行偷盗。夹丝玻璃的这种防盗性，给人们心理上带来了安全感。

7.6.2　夹丝玻璃的用途

(1) 用于屋顶、天窗、阳台等以及易受震动的门窗部分。一旦玻璃破碎，碎片也没有落下的危险。

(2) 用于防火区、防烟壁。

7.6.3　安装夹丝玻璃时的注意事项

(1) 夹丝玻璃在剪断时，切口部分容易损坏。切口部分的强度约为普通玻璃的一半，因此，和普通玻璃相比，更容易产生热断裂现象。

(2) 夹丝玻璃的线网表面是经过特殊处理的，一般不易生锈。可切口部分是处于无处理状态的，所以遇水有时会生锈。如果严重时，由于体积膨胀，切口部分可能产生裂化，降低边缘的强度。这就是造成热断裂的原因。

7.6.4　夹丝玻璃的规格

夹丝玻璃的品种根据所用的玻璃基板不同分为普通夹丝玻璃、彩色夹丝玻璃和压花夹丝玻璃等。夹丝玻璃的常用厚度有 6、7、10 mm，长度和宽度的尺寸有：

1 000 mm×800 mm、1 200 mm×900 mm、2 000 mm×900 mm、1 200 mm×1 000 mm 和 2 000 mm×1 000 mm 等。

7.7　夹层玻璃

7.7.1　夹层玻璃的特点

夹层玻璃又称夹胶玻璃，是一种建筑用安全玻璃，两层玻璃中间用透明塑料薄片通过高温高压使两片玻璃黏合，即使受到冲击，玻璃碎片仍然粘成一体(见图 7.4)。其玻璃片可用热弯玻璃、钢化玻璃、热增强玻璃及各色镀膜玻璃等。夹层玻璃具有以下特点：

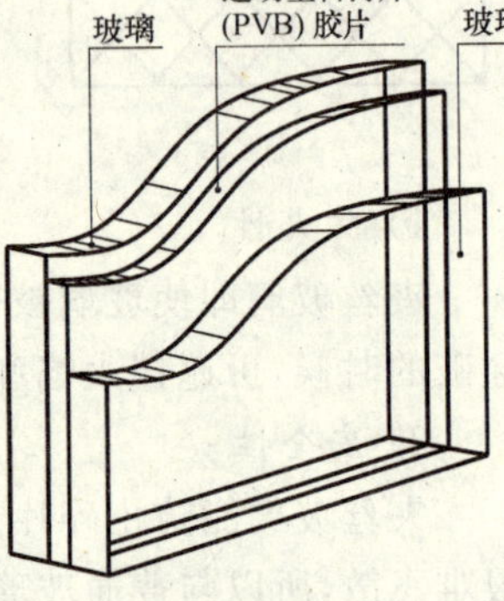

图 7.4　夹层玻璃

1）安全性

由于中间有塑料衬片的黏合作用，所以玻璃破碎时，碎片不能飞散，只能产生辐射状裂纹，玻璃碎片只粘在胶合层上而不会对人产生伤害，因而夹层玻璃是一种安全性能十分优异的玻璃品种。

2）强度高

钢化夹层玻璃的强度较高，这类夹层玻璃除了玻璃原片本身就具有很高的抗冲击性能以外，它所使用的胶片可用高强度有机材料，因而这种夹层玻璃可用于采光屋面、玻璃幕墙、动物园的透明围栏、水族馆的水下观景窗等处。

3）防紫外线

防紫外线夹层玻璃的胶片就是采用防紫外线的 PVB 胶片，它可以滤去 99% 的紫外线，能有效地阻隔紫外线的辐射，这种夹层玻璃可用于博物馆、美术馆和图书馆等场所的门窗上。

4）防盗性

如果在夹层玻璃的胶合层中铺设导电膜或金属丝，则有更好的防盗性能。当玻璃碎裂时，即可接通导电膜或金属丝的电路，从而能够自动报警，解决了门窗的防盗问题。

5）防弹性

防弹夹层玻璃是由多层玻璃和胶片组合而成的（见图 7.5）。它的总厚度一般在 20 mm 以上，有时可达 50 mm 以上。防弹夹层玻璃的防弹性能与总厚度、胶片厚度和玻璃原片等因素有关，防弹玻璃的总厚度和胶片厚度越大，防弹效果越好，如果玻璃原片采用钢化玻璃，防弹效果则更佳。防弹玻璃的防弹效果要经过有关部门的防弹试验后才能确定。防弹夹层玻璃可用于珠宝店、银行、保险公司等金融系统的柜台隔断和落地窗，也可用在军事车辆的观察窗上。

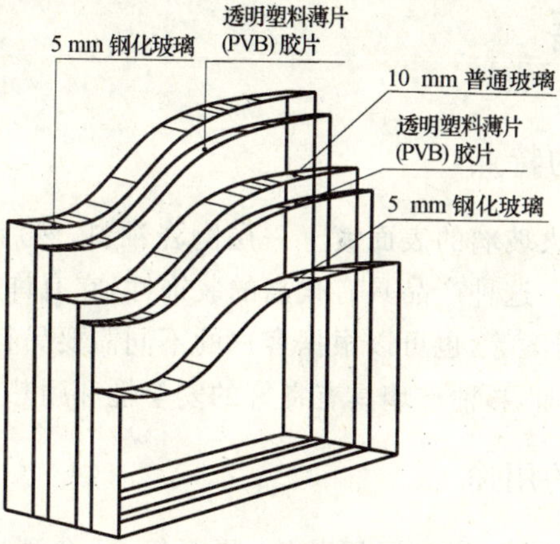

图 7.5　防弹夹层玻璃

7.7.2 夹层玻璃的品种及用途

夹层玻璃的品种较多，按玻璃的层数分有普通夹层玻璃（二层夹片）和多层夹片；按玻璃原片的品种和功能不同分有彩色夹层玻璃、钢化夹层玻璃、热反射夹层玻璃、屏蔽夹层玻璃（胶合层中带有金属丝网）和防火夹层玻璃等。

广泛用于防弹、防盗橱窗、采光顶、天棚、透明墙体、无框门、柜台、水族馆、天窗、长廊、车窗玻璃等方面。

7.7.3 夹层玻璃的性能

夹层玻璃是由两层或多层玻璃之间夹以特殊薄膜，经高温高压处理而成，其最大的特点是受冲击时不会碎散，这种极强的防护功能，使夹层玻璃可广泛应用于建筑及各种保安场所、汽车、飞机、银行等，能有效地发挥防盗、防弹、防噪音等功能，是一种高档的安全玻璃。夹层玻璃还可有效地吸收太阳光中的紫外线，能够防止室内设施的褪色。

7.7.4 夹层玻璃的规格

夹层玻璃的常见规格有 2 mm×3 mm、3 mm×3 mm、5 mm×5 mm 等，层数有2、3、5、7 等层，最大层数可达 9 层。

夹层玻璃极难裁割，因为上下玻璃在裁切时很难对齐，这样就不能保证玻璃的裁口整齐一致，所以夹层玻璃在使用时一般是根据尺寸要求向厂家订制。

7.8 彩釉玻璃

7.8.1 彩釉玻璃的特点

彩釉玻璃是在退火玻璃的表面镀上一层陶瓷釉料，然后再经过钢化或半钢化热化处理的玻璃产品。这种产品具有很高的装饰性，它有许多不同的颜色和花纹，如条状、网状和各种图案等，也可以根据客户的不同需要另行设计花纹。由于经过了钢化或半钢化的处理，彩釉玻璃具有良好的安全性和耐热冷稳定性能。

7.8.2 彩釉玻璃的用途

彩釉玻璃常用在玻璃门窗、屏风装饰、隔断等，适合酒店、商场、门厅、娱乐场所、家居、写字楼作室内装饰用。

7.8.3 彩釉玻璃的性能

彩釉玻璃具有无吸收、无渗透、不褪色、寿命长、易于清洁等特性。彩釉玻璃以成品供应，不能以任何方式切割、磨制或加工。

7.8.4 彩釉玻璃的规格

最大尺寸：2 100 mm×4 500 mm，最小尺寸：200 mm×300 mm，厚度：3～19 mm。

7.9 彩绘玻璃

7.9.1 彩绘玻璃的特点

彩绘玻璃是一种用途广泛的高档装饰玻璃产品。它能逼真地对原画复制，不受玻璃厚度、幅面大小的限制，可在平板玻璃上制作出各种透明的色调和图案。彩绘涂膜附着力强，耐候性佳，可进行正常的擦洗清洁。

7.9.2 彩绘玻璃的用途

彩绘玻璃可应用在玻璃门窗、内外幕墙的玻璃面板、天花吊顶、灯箱半透明彩绘板、大型壁饰、玻璃家具、屏风装饰；适合酒店、商场、门厅、娱乐场所、家居、写字楼等作室内装饰。

用彩绘玻璃进行装饰，能营造出别具一格的装饰效果，如：热带椰林、海滨、沙漠风景、装饰组画等。

7.9.3 彩绘玻璃的规格

最大尺寸：2 000 mm×3 000 mm，最小尺寸：100 mm×100 mm，厚度：3～16 mm。

7.10 镭射玻璃

7.10.1 镭射玻璃的特点

镭射玻璃是一种十分流行的玻璃建筑装饰材料。其特征在于：采用特种工艺处理在玻璃表面的特种材料构成的全息光栅或其他几何光栅，在光源的照耀下，产生物理衍射的七彩光。且对同一感光点或感光面，随光源入射角或观察角的变化，会感受到光谱分光的颜色变化，使被装饰物显得华贵、高雅，给人以美妙、神奇的感觉。

7.10.2 镭射玻璃的用途

适用于公共设施、酒店、宾馆、商业、文化娱乐场所、办公楼的装饰及家庭居室的美化等。

7.10.3 镭射玻璃的性能

镭射玻璃具有耐冲击和防滑性能，耐腐蚀性能均优于大理石、马赛克、真空玻璃等。镭射玻璃的光栅结构是由高稳定性材料构成的，具有优良的抗老化性能。

7.10.4 镭射玻璃的规格

镭射玻璃最大尺寸为 1 000 mm×2 000 mm×5 mm。一般常用规格为：300 mm×300 mm、400 mm×400 mm、500 mm×500 mm、500 mm×1 000 mm。

7.11 弧形玻璃

7.11.1 弧形玻璃的特点

弧形玻璃是将平板玻璃加热软化后置于专用模具中，然后经退火加工成型的一种曲面玻璃。弧形玻璃一般在电炉中进行加工，它的加工工艺为：玻璃裁切→磨边→清洗→加温→成型→退火→成品。

7.11.2 弧形玻璃的用途

弧形玻璃改变了建筑物装饰面平直呆板的传统做法，使立面具有一定的动感效果，增加了建筑物装饰立面造型的层次变化。

弧形玻璃可用于观光电梯、建筑物的阳角转折部位、过街通道的顶面、弧形玻璃隔断等场所的装饰。

7.11.3 弧形玻璃的规格

弧形玻璃不能裁切。选购弧形玻璃时，应向生产厂家提供玻璃相应的厚度、高度、宽度和曲率半径等详细的资料，以免安装弧形玻璃时产生较大的安装偏差或玻璃表面呈现较大的图像畸变。弧形玻璃在储运时要用专用的玻璃架，防止玻璃碰伤碎裂。

7.12 玻璃砖

7.12.1 玻璃砖的特点

玻璃砖又名特厚玻璃，有空心和实心两种。实心玻璃砖是采用机械压制方法制成。空心玻璃砖是采用箱式模具压制而成的两块玻璃加热熔接成整体的空心砖，中间充以干燥空气，经退火，最后涂饰侧面而制成（见图 7.6）。

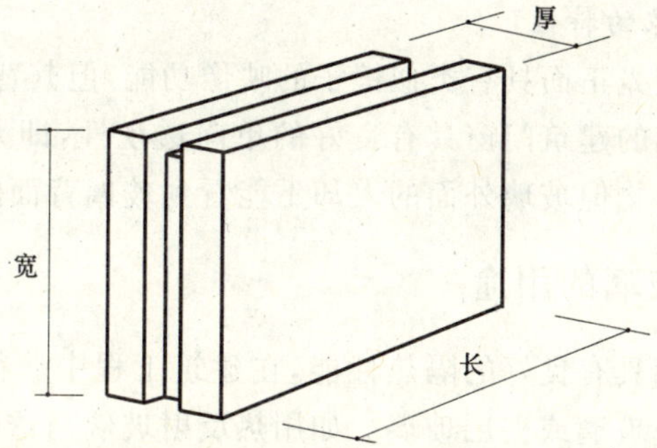

图 7.6 空心玻璃砖

7.12.2 玻璃砖的用途

玻璃砖被誉为“透光墙壁”，用来砌筑透光的墙壁、建筑物的非承重内外隔墙、淋浴隔断、门厅、通道等，特别适用于高级建筑、体育馆用作控制透光、眩光和太阳光等场合，是良好的地面和墙面的装饰材料。它具有强度高、绝热、隔音、透明度高、耐水、耐火等优越特性。

7.12.3 玻璃砖的规格

有正方形、矩形以及各种异形产品。常用规格有：边长 115 mm、145 mm、240 mm、300 mm，厚度 50 mm、80 mm、95 mm。

7.13 热反射玻璃

7.13.1 热反射玻璃的特点

既具有较高的热反射能力又保持良好透光性能的平板玻璃称为热反射玻璃，热反射玻璃又称镀膜玻璃。

热反射玻璃的颜色有灰色、青铜色、茶色、金色、浅蓝色、棕色、古铜色、褐色等，是现代最有效的防太阳玻璃。热反射玻璃具有以下特点：

1）对太阳热辐射有较高的反射能力

普通平板玻璃的热辐射反射率为7%～8%，热反射玻璃则达30%左右。

2）良好的隔热性能

阳光透过3 mm厚透明玻璃射入室内来的光量为1，在相同的条件下阳光通过各种玻璃射入到室内的相对量称为玻璃的遮蔽系数。

热反射玻璃的遮蔽系数小，热透过率较低。因此，在日照时室内的光线显得特别柔和，使人感到清凉舒适。热反射玻璃还具有反射红外线、过滤紫外线的特性。

3）具有单向透像的特性

热反射玻璃的迎光正面具有类似镜子的映像功能，但其背面又有透视效果，所以安装了热反射玻璃的建筑门窗具有良好的单向透视性，即人站在玻璃的背面能够看清玻璃外侧的景物但玻璃外面的人却不能看到玻璃背面的情况。

7.13.2 热反射玻璃的用途

由于热反射玻璃具有良好的隔热性能，在建筑工程中获得广泛应用。热反射玻璃多用来制成中空玻璃或夹层玻璃。如用热反射玻璃与透明玻璃组成带空气层的隔热玻璃幕墙，其遮蔽系数仅有0.1左右。这种玻璃幕墙的导热系数约为1.74 W/m，比一砖厚两面灰的砖墙保暖性能还好。因此，它在现代化建筑中获得愈来愈多的应用。

7.13.3 热反射玻璃的规格

热反射玻璃常用的规格尺寸有：1 600 mm×2 100 mm、1 800 mm×2 000 mm、2 100mm×3 600 mm等，厚度规格有：3 mm、6 mm等。

7.14 装饰玻璃镜

7.14.1 装饰玻璃镜的特点

装饰玻璃镜是室内装饰常用的材料。装饰玻璃镜不仅用于照人，而且在室内装饰中，可以扩大室内空间和视野，增加室内明亮度，给人以典雅、光泽、明亮和清新的感觉。

1）映像真实

装饰玻璃镜采用高质量的浮法平面玻璃、真空镀铝或镀银的镜面，能准确映出真实的影像。

2）增加明亮度

镜面的反射光线，会使室内空间明亮度明显增加。

3）装饰效果好

镜面受光，反射出光亮夺目的金属光泽，给人以清洁感，加上映出自然的画面，给人们以美的享受。利用得当，可以扩大视野，增大空间，起到很好的艺术装饰效果。

7.14.2　装饰玻璃镜的用途

1）用于商场

装饰玻璃镜除用作照出人的形象、衣着等外，对装饰商场的环境，提高人们的情趣都有很大作用。

2）装饰公共空间

在各种公共场所，镜子被多种多样地使用着。可用在大厦的门厅、通道的柱子和墙壁上，复式天花板、灯池、展览装置、向导板、舞台灯具等处，以起到美化空间的作用。

3）美化居室、卫生间

室内不可没有镜子。室内点缀装饰玻璃镜，不但方便生活，而且使居室、卫生间显得宽敞、明亮和清洁。

注意事项：装饰玻璃镜为室内装饰材料，不可用于室外。如安装在浴室或易于积水处时，应选用防水性能好、耐腐蚀的镜子。为确保镜子的耐久性，面积大的镜子应固定在有承受能力、干燥、平整的墙面上。

复习思考题

1. 玻璃的性质有哪些？玻璃按功能分有哪些品种？
2. 玻璃在建筑装饰上具有哪些用途？
3. 钢化玻璃的特点是什么？有哪些钢化玻璃的品种？
4. 夹丝玻璃的特点是什么？安装夹丝玻璃时应注意什么？
5. 夹层玻璃的特点是什么？夹层玻璃的性能是什么？
6. 装饰玻璃镜的用途是什么？

8 装饰涂料

涂料是油漆和一般涂料的总称，是重要的饰面材料之一，它在建筑物上主要起着装饰和保护的作用。涂料与其他饰面材料相比，具有工效高、工期短、自重轻、维修方便等优点。

8.1 涂料的组成

涂料的品种繁多，功能各异，内部的组成成分也比较复杂，按照涂料中的组成物质和各自的作用不同，涂料的组成成分有：主要成膜物质、次要成膜物质、辅助成膜物质等。

8.1.1 主要成膜物质

涂料的主要成膜物质包括基料、胶粘剂和固着剂。它的作用是：

(1) 将涂料的其他组分粘结成一整体。

(2) 与其他成分一起牢固地附着在基层表面，形成连续均匀、坚韧的保护膜。

(3) 涂膜具有较高的耐候性、耐磨擦性和化学稳定性。

涂料中的主要成膜物质主要以合成树脂为主，包括：PVC树脂、醇酸树脂、酚醛树脂、聚氨酯树脂、丙烯酸树脂、环氧树脂等。

8.1.2 次要成膜物质

次要成膜物质也是构成涂膜的组成部分，但它不能离开主要成膜物质单独构成涂膜。它的作用为：

(1) 给予涂料以必要的色彩和遮盖力。

(2) 阻止紫外线穿透。

(3) 增强涂膜的耐久性和抵抗大气老化作用。

(4) 提高涂膜的机械强度和密实度。

(5) 减少涂膜收缩，避免开裂。

(6) 增加涂料的品种。

颜料的品种很多，按化学成分可分为无机颜料和有机颜料；按材料来源可分为天然颜料和人造颜料；按主要作用不同可分为着色颜料、防锈颜料和体质颜料(又称填充颜料)。着色颜料和体质颜料是使用最多的颜料。

着色颜料的主要作用是着色和遮盖物面。着色颜料按它们在涂料使用时所显示的色彩可分为红、黄、蓝、绿、白、黑、金属光泽等类别。

防锈颜料主要作用是防止金属锈蚀,品种有:红丹、锌铬黄、氧化铁红、偏硼酸钡、铝粉等。

体质颜料在涂料中的遮盖力很低,不能阻止光线透过涂膜,也不能给涂料以美丽的色彩,但它们能增加涂膜厚度,加强涂膜体质,提高涂膜耐磨性,因而称之为体质涂料。主要品种有:硫酸钡、碳酸钙、滑石粉、云母粉、瓷土等。

8.1.3 辅助成膜物质

辅助成膜物质不能构成涂膜,也不是构成涂膜的主体,但对涂料的成膜过程(施工过程)有很大影响,或对涂膜的性能起到一定的辅助作用。辅助成膜物质包括溶剂和助剂两大类。

(1) 溶剂(又称稀释剂)。溶剂是一种能溶解油料、树脂,又易于挥发,能使树脂成膜的有机物质。它的作用是:

① 调节涂料的稠度,使涂料便于涂刷、喷涂施工。

② 增加涂料的渗透力,改善涂料与基层材料的粘结能力。

③ 节约涂料用量。

常用的油性涂料溶剂有:松香水、松节油、酒精、汽油、苯、丙醇等。

乳液型涂料是以水为溶剂的,不采用有机溶剂。

(2) 助剂(又称辅助材料)。涂料中加入少量助剂的作用主要是改善涂料的性能,如涂料的干燥时间、柔韧性、抗氧化、抗紫外线作用、耐老化性能等。常用的助剂一般有以下几种:

① 固化剂——促使涂膜成型。

② 催干剂——加速干燥、成膜。

③ 增塑剂——使涂膜减少脆裂,增加柔韧性能。

④ 分散剂——使颜料等在涂料中保持分散状态。

⑤ 稳定剂——防止液体涂料沉淀离析,具有贮存性能。

⑥ 其他助剂,如防霉剂、防腐剂、抗氧化剂、紫外线吸收剂、防虫剂、阻燃剂、芳香剂等。

8.2 涂料的分类

按所用基料不同可分为:无机类建筑涂料、有机高分子类建筑涂料、有机和无机复合型建筑涂料等。

按用途可分为:内墙涂料、外墙涂料、地面(或地板) 涂料、特种涂料等。

按涂料本身功能不同可分为：防霉、防潮、防水、防火、耐热、防震、防污染、防电波干扰、防射线、杀菌、芳香等特殊功能的建筑涂料。

8.3 内墙涂料

如今墙面装饰多采用涂料作为主要材料，无论是多彩涂料，还是乳胶漆，被越来越多的消费者所接受。内墙涂料具有色彩丰富、施工方便、易于翻新、干燥快、耐擦洗、安全无毒等特点，现已成为室内外装修的主体材料之一。

内墙涂料用于室内墙面粉刷，对抗紫外线要求比起外墙涂料就低得多。内墙涂料可分为低档水溶性涂料和乳胶漆两种。低档水溶性涂料常见的是106、803和815涂料，具有无毒、施工方便、价格便宜等优点，缺点是耐久性不好，易变色。内墙乳胶漆对耐擦洗的性能要求高，室内较易弄脏的墙面，可随时用水擦拭。乳胶漆具有高雅、清新的装饰效果和无毒、无味的环保特点。

8.3.1 低档水溶性涂料

1）106 内墙涂料

本涂料是以聚乙烯醇和水玻璃为基料的内墙涂料，广泛应用于大中城市居民住宅和公共场所的内墙饰面。

特点与用途：操作简单，价格低廉；无毒、无味、不燃；干燥快，施工方便。适用于一般建筑物的内墙饰面。

2）803 内墙涂料

本涂料是以聚乙烯醇缩甲醛胶为基料配制的水溶性内墙涂料。涂料的基料经过氨基化处理，因而显著减少了施工中甲醛对环境的污染。

特点与用途：涂料附着力、耐水性、耐擦洗性好，适用于机关、工厂、商店、学校、居民住宅等一般内墙涂装。

3）815 内墙涂料

本涂料是一种水溶性涂料，其基料除采用聚乙烯醇、水玻璃外，还采用了甲醛，使聚乙烯醇的羟基与少量醛进行缩合，经这样改性处理后的聚乙烯醇的用量比一般涂料要少。

特点与用途：涂膜细腻柔软，色泽鲜艳，装饰效果好，表面光洁平滑，不脱粉，无反光，黏结力强，有一定的耐水性。涂料能在任何水泥或石灰墙基面上施工，能调配成各种颜色，涂层干燥快，施工方便。

适用于宾馆、医院、学校、商店、机关、住宅等公共及民用建筑。涂料的颜色有钛白、粉红、嫩黄、艳绿、中蓝、翠蓝等，根据施工需要，可用钛白色调配成其他浅色。

8.3.2 乳胶漆涂料

乳胶漆为水溶性涂料，主要成分是以合成树脂乳液为基料，与颜料、填料研磨分散后，加入各种助剂配制而成的涂料，具有色彩丰富，施工方便，易于翻新，干燥快、耐擦洗、安全无毒等特点。用时用水稀释。适合使用于墙面及天花板。高档的乳胶漆产品应该是健康环保型的产品，不含铅、汞等对人体有害的物质，更没有刺激性气味，对居住者的健康不会造成伤害。因此，高档乳胶漆受到广大消费者的普遍青睐，现已成为千家万户居室装修的主体材料之一。

1）亚光乳胶漆涂料

(1) 适用范围

高级酒店、机关、公共建筑及民用住宅等室内墙面、天花板及石膏板等装饰。

(2) 产品特点

① 光效果、流平性佳，漆膜平整滑爽，施工简单方便。

② 膜遮盖力好，能够轻松遮盖底材。

③ 质防霉抗碱，令墙面历久如新。

④ 色多样。

(3) 干燥时间：表干 1 h，硬干 3 h，重涂至少 2 h 后。（气温 25℃，相对湿度 70%，干燥时间会随环境温、湿度的不同而变化）

(4) 耗漆量：理论值是 0.25 L/(层 · m^2)（以 35 μm 干漆膜计，实际耗漆量会因施工方法、底材干硬程度和粗糙度及施工环境而有差异）。

(5) 表面处理：墙体表面必须清洁、干透、无油污、无霉迹，且坚实不起粉，潮湿及未干透表面最好先涂刷一层封闭抗碱底漆。

(6) 施工方式：刷涂、辊涂、有气喷涂、无气喷涂。

(7) 施工工具：羊毛刷、滚筒或喷涂器。

(8) 稀释分量：10 份漆料加 2～3 份清水稀释(体积比)。

(9) 施工环境：温度低于 5℃时，不宜施工，贮存于 0℃以上阴凉干燥处。

(10) 清洗：所有的工具用完后，应立即用水清洗干净。

2）丝绸乳胶漆涂料

(1) 适用范围

高级住宅、酒店、机关等室内墙面、天花板及石膏板的装饰。

(2) 产品特点

① 漆膜坚实耐用，附着力佳，耐擦洗。

② 丝光效果，可清洗，减少污迹附着。

③ 质防霉抗碱，遮盖能力强。

④ 手感柔滑，色彩优雅。

⑤ 颜色多样。

(3) 干燥时间：表干 1 h，硬干 3 h，重涂至少 2 h。(气温 25℃，相对湿度 70%，干燥时间会随环境温、湿度的不同而变化)

(4) 耗漆量：理论值为 0.077 L/(层·m^2)(以 35 μm 干漆膜计，实际耗漆量会因施工方法、底材干硬程度和粗糙度及施工环境而有差异)。

(5) 表面处理：墙体表面必须清洁、干透、无油污、无霉迹，且坚实不起粉，潮湿及未干透表面最好先涂刷一层封闭抗碱底漆。

(6) 施工方式：可刷涂、喷涂。

(7) 施工工具：羊毛刷、滚筒或喷涂器。

(8) 稀释分量：10 份漆料加 2～3 份清水稀释(体积比)。

(9) 施工环境：温度低于 5℃时，不宜施工，贮存于 0℃以上阴凉干燥处。

(10) 清洗：所有的工具用完后，应立即用水清洗干净。

3) 珠光乳胶漆涂料

(1) 适用范围

高级住宅、酒店、机关等室内墙面及天花板和石膏板的装饰。

(2) 产品特点

① 由优质改性丙烯酸共聚物制成。

② 漆膜坚实耐用，附着力强，耐擦洗。

③ 半光效果，可清洗，减少污迹附着。

④ 优质防霉抗碱，遮盖能力强。

⑤ 颜色多样。

(3) 干燥时间：表干 1 h，硬干 3 h，重涂至少 2 h。(气温 25℃，相对湿度 70%，干燥时间会随环境温、湿度的不同而变化)

(4) 耗漆量：理论值为 0.072 L/(层·m^2)(以 35 μm 干漆膜计，实际耗漆量会因施工方法、底材干硬程度和粗糙度及施工环境而有差异)。

(5) 表面处理：墙体表面必须清洁、干透、无油污、无霉迹，且坚实不起粉，潮湿及未干透表面最好先涂刷一层封闭抗碱底漆。

(6) 施工方式：可刷涂、喷涂。

(7) 施工工具：羊毛刷、滚筒或喷涂器。

(8) 稀释分量：10 份漆油加 2～3 份清水稀释(体积比)。

(9) 施工环境：温度低于 5℃时，不宜施工，贮存于 0℃以上阴凉干燥处。

(10) 清洗：所有的工具用完后，应立即用水清洗干净。

4) 砂壁状内墙乳胶漆涂料

砂壁状内墙乳胶漆是一种含立体砂皮纸状的复层砂壁状乳胶漆，其砂粒的排列，能提高涂层装饰效果。

(1) 适用范围

室内砖墙、天花板、砂浆及水泥面石棉板、水泥及石灰墙体等表面。

(2) 产品特点

① 涂膜质感丰富。

② 耐久，耐水，耐清洗。

③ 颜色多样。

④ 能弥补基层不平整的缺陷。

⑤ 能防止墙面细裂纹的出现。

(3) 表面处理：施工前墙面应清洁、干燥、无油污，平整坚实，无欠缺。

(4) 施工方式：喷涂、滚涂。

(5) 施工工具：羊毛刷、滚筒或喷涂器。

(6) 干燥时间：复涂时间 12 h。

(7) 耗漆量：0.4～0.6 L/(层·m^2)。

(8) 施工环境：5℃以上。

(9) 清洗：所有的工具用完后，应立即用水清洗干净。

8.3.3 选择乳胶漆涂料的几个标准

1) 可擦洗

因为室内墙面容易弄脏，含防水配方的乳胶漆在干透后，会自然形成一层致密的防水漆面。用清水或温和的清洁剂，能把污渍抹洗干净，而又不会抹掉漆膜本身。

2) 乳胶漆的防潮防霉功能

防霉、防潮配方的乳胶漆能有效阻隔水分对墙体及墙面的侵袭，防止水分渗透，杜绝霉菌滋长。漆面持久不易褪色、脱落，是在挑选乳胶漆时应该注意的重要一点。

3) 无毒、安全和环保

乳胶漆的主要成分是无毒性的树脂和水，不含铅、汞成分。在涂刷过程中不会产生刺激性气味，不会对人体、生物及周围环境造成危害。不过一定要购买那些标有生产厂家、生产日期和保质期并有无铅无汞标识的乳胶漆产品。

8.3.4 施工使用说明

(1) 涂装前，室内水泥墙面及天花板表面必须稳固、平整、干燥、清洁和无浮尘，应注意以下两点：

① 湿度。底材湿度过高使涂膜与墙体附着力下降，造成涂膜起泡和发花，故底材湿度要求小于10%。

② 碱性。墙体内由于存在碱性物质或盐分，在干燥过程中会随湿气渗出到墙体表面，造成涂膜起泡和发花。应使这些物质彻底从墙体内渗出，表面碱度在 pH

值小于10后方可涂装。

（2）针对不同的底材应做如下处理：

① 对于混凝土墙面，应先清除表面的油污。用5%盐酸清洗两次，每次相隔24 h，再用清水洗到表面碱度的pH小于10。待墙面干燥，用封闭底漆封闭后，批嵌腻子以消除水泡气孔，所用腻子根据内外墙或使用部位不同选用不同的腻子。对于普通室内墙面，用普通内墙腻子；对于外墙面或厨房、卫生间和浴室有防水要求的内墙面，用外墙腻子和弹性腻子。

② 一般墙面需批嵌两道腻子，批嵌第一道时应注意处理遗留于墙面上的一些缺陷，如水泡气孔、砂眼、蜂窝、麻面和塌陷不平的地方应刮平，对于缺陷较大的地方要进行局部多次找平，第二道腻子则应注意找平大面，最后用0～2号砂纸打磨。

③ 白灰墙面如表面已经平整，则不必再批腻子，只需要用0～2号砂纸打磨即可，打磨时要注意不破坏原基层。如不平整，仍需要批嵌腻子进行找平处理。

④ 对石膏板墙面，需先用腻子批嵌石膏板的对缝处和钉眼处，然后用封闭底漆封闭。

⑤ 对于木夹板表面，用醇酸清漆封闭，用弹性腻子找平大面，最后用0～2号砂纸打磨处理。

⑥ 对于旧墙面应先清除浮灰，铲除起砂翘皮等部位。对于有油污的部位，应先将原涂层铲除，不能铲除的应用洗涤剂彻底清洗干净，墙面清理好以后用腻子批嵌两道。

（3）施工方法：

① 施工前应先仔细阅读涂料使用说明书。

② 涂料开罐后搅拌3～5 min。

③ 按照说明书规定的比例稀释，切勿稀释过量。

④ 根据不同施工工具，按说明书规定的重涂间隔及涂膜厚度保证涂装质量。

⑤ 应避免漆刷或滚筒沾上过量涂料。

⑥ 施工后应立即清洗工具。

⑦ 已稀释的涂料不要倒回原包装内。

8.4 外墙涂料

建筑物的外墙采用涂料进行装饰，不仅具有较好的装饰效果，还具有保护建筑物的作用。不论从建筑的节能、减轻建筑的自重，还是从安全、美化环境方面看，外墙涂料都可以说是建筑装饰的必然趋势。外墙涂料用于涂刷建筑的外立面，最重要的一项指标是抗紫外线照射，在长期光照、雨淋条件下，不变色、粉化或脱落，抗水性能强、耐用。外墙涂料尤其适用于高层、超高层建筑的外墙装饰。

外墙涂料是建筑涂料的发展重点之一，而环保型外墙涂料又是外墙涂料发展的最新动态。外墙涂料具有极其广阔的发展空间和市场前景。

8.4.1 亮光外墙乳胶漆涂料

1）适用范围

室外砖墙、混凝土、石棉板、水泥等表面。

2）产品特点

(1) 改性纯丙烯酸树脂制成。

(2) 高光光泽，漆膜坚实丰满，令墙面历久如新。

(3) 遮盖、附着能力强。

(4) 质防霉抗碱，色泽持久不变。

(5) 可耐一般化学品侵蚀及各种恶劣气候。

(6) 颜色多样。

3）干燥时间：表干 1 h，硬干 3 h，重涂至少 3 h。（气温 25℃，相对湿度 70%干燥时间会随环境温、湿度的不同而变化）

4）耗漆量：理论值：0.072 L/(层・m^2)（以 35 微米干漆膜计，实际耗漆量会因施工方法、底材干硬程度和粗糙度及施工环境而有差异）。

5）表面处理：墙体表面必须清洁、干透、光洁、无油污、无霉迹，且坚实不起粉，不潮湿，涂刷一层封闭抗碱底漆。

6）施工方式：喷涂、滚涂。

7）施工工具：羊毛刷、滚筒或喷涂器。

8）稀释分量：10 份漆油加 2 份清水稀释(体积比)。

9）施工环境：温度低于 5℃时，不宜施工，贮存于 0℃以上阴凉干燥处。

10）清洗：所有的工具用完后，应立即用水清洗干净。

8.4.2 亚光外墙乳胶漆涂料

1）适用范围

室外砖墙、混凝土、石棉板、水泥等表面。

2）产品特点

(1) 改性纯丙烯酸树脂制成。

(2) 亚光光泽，漆膜坚硬耐用，令墙面历久如新。

(3) 遮盖、附着能力强。

(4) 质防霉抗碱，色泽持久不变。

(5) 可耐一般化学品侵蚀及各种恶劣气候。

(6) 颜色多样。

3）干燥时间：表干 1 h，硬干 3 h，重涂至少 2 h。（气温 25℃，相对湿度 70%，干燥时间会随环境温、湿度的不同而变化。）

4）耗漆量：理论值为 0.077 L/(层·m^2)（以 35 微米干漆膜计，实际耗漆量会因施工方法、底材干硬程度和粗糙度及施工环境而有差异）。

5）表面处理：墙体表面必须清洁、干透、光洁、无油污、无霉迹，且坚实不起粉，潮湿及未干透表面最好先涂刷一层封闭抗碱底漆。

6）施工方式：喷涂、滚涂。

7）施工工具：羊毛刷、滚筒或喷涂器。

8）稀释分量：10 份漆料加 2 份清水稀释(体积比)。

9）施工环境：温度低于 5℃时，不宜施工，贮存于 0℃以上阴凉处。

10）清洗：所有的工具用完后，应立即用水清洗干净。

8.4.3 浮雕复层涂料

1）适用范围

各类建筑物的内、外墙装饰和保护。

2）产品特点

采用优质乙酸乙烯丙烯酸酯聚合物制成。

(1) 是由封底漆、中层厚料、面漆三部分组成的浮雕复层涂料。

(2) 对基层表面的轻微缺陷有较好的遮盖力。

(3) 黏结力、附着能力优良。

(4) 保光、保色性能良好，耐水、耐碱和耐候性强。

(5) 耐一般化学品侵蚀及各种恶劣气候。

(6) 颜色多样。

3）施工说明：厚质涂料适用于做凹凸花纹装饰，包括大拉毛、半球面、火山坑等形状。

4）施工工序：基层处理→封底→喷涂→造型→罩面。

5）基层处理：基层有明显缺陷，需先用水泥砂浆涂抹好，待其干透，扫净灰尘，如有油污处理干净方可刷封底涂料。喷涂造型要根据开头用不同型号喷枪喷涂，如需要压花，等半干后再压花，压花用力要均匀。

6）罩面：有无光、半光、高光，需涂刷两遍，第一遍干透，再刷第二遍罩面漆。

7）施工环境：温度低于 5℃时，不宜施工，贮存于 0℃以上阴凉处。

8）清洗：所有的工具用完后，应立即用水清洗干净。

8.4.4 天然真石漆

天然真石漆，顾名思义即外观有如花岗岩、麻石等仿天然石材之质感使建筑装饰更显自然优雅、稳重、气派及乱真石质之效果；是现代高级水溶性装饰油漆，采用天然花岗岩原料与本色结合剂。

1）适用范围

各类建筑物的内、外墙装饰和保护及城市雕塑。

2）产品特点

天然真石漆具有阻燃、防水、环保三大特点。天然真石漆是以天然石材为原料，经特殊工艺加工的高级水溶性涂料，以防潮底漆和防水保护膜为配套产品，在室内外装修、工艺美术、城市雕塑上有广泛的使用前景。该涂料饰面仿天然岩石，效果逼真。

3）各层所用的材料

（1）主材：天然真石漆。

单色型：用量 4～5 kg/m^2。

套色型：用量 5～6 kg/m^2。

（2）配套材料：

底漆：用量 0.1～0.2 kg/m^2。

罩面层：用量 0.15～0.25 kg/m^2。

4）使用说明

（1）基面处理：基层表面必须平整、干燥、无浮灰、无油污，基层含水率小于 9%，pH 值小于 10。

（2）施工底涂层：用刷涂法或辊涂法施工抗碱底漆底涂层。

（3）施工主涂层：在正常情况下，底涂层施工 2 h 后（根据实际干燥情况）方可施工主涂层。施工主涂层采用专用斗式喷枪施工。主涂层施工根据装饰要求可分为单色主涂层和套色主涂层，喷枪口径 4～7 mm，施工压力为 4～7 kg/m^2。

（4）施工面层：在天气晴好的情况下，主涂层施工 24 h 后，施工罩面层，冬天及阴天，湿度高的气候条件下，干燥时间应适当延长，可采用喷涂法施工，一般施涂二遍，第二遍施涂间隔为 2 h。

8.4.5 纳米多功能外墙涂料

1）适用范围

商业、工业、民用住宅等建筑的外墙装饰。

2）产品特点

（1）通过纳米材料改性，有效屏蔽紫外线，具有优良的耐候性、保色性、涂膜亮丽持久性。

（2）优异的耐水、耐碱、耐洗耐刷性能。

（3）遮盖力强，容易施工。

(4) 抗藻防霉能力优良。

(5) 抗玷污,自洁能力强,能有效遮盖基层微细裂纹。

(6) 颜色多样。

3) 耗漆量:会因施工方法,表面粗糙度而有所差异。

4) 施工方式:喷涂、滚涂。

5) 施工工具:羊毛刷、滚筒或喷涂器。

6) 配套系统:

底漆:封闭底漆一层。

面漆:二层。

7) 基面处理:基层表面要求平整干净、无油污。新墙面必须合理养护,批、嵌好裂缝和连接点。

8) 施工温度:5~35℃,湿度小于等于85%。

9) 清洗:所有的工具用完后,应立即用水清洗干净。

8.5 地面涂料

地面涂料一般涂饰在水泥砂浆、木制品等基体上,可使装饰面的表面美观清洁。这类涂料具有良好的耐碱性、耐水性、耐磨性、耐冲击性,与水泥砂浆等材料之间的黏结力强,施工方法简便。

8.5.1 环氧耐磨地面涂料

环氧耐磨地面涂料是由特种高分子树脂为主要成膜物质,添加填料、耐磨剂、偶联剂、渗透剂、表面活性剂及混合溶剂等经研磨配制而成的由渗透封底漆、腻子、面漆组成的配套耐磨防腐地面涂料。

1) 适用范围

适用于石油化工、电力、电子仪表、轻工、冶金、船舶、建筑等的金属、混凝土、木质地面的耐磨、防腐及装饰。

2) 产品特点

涂膜耐磨性特强,具有较全面的耐化学品性,耐酸、碱、盐性能优良。漆渗透力强、固结混凝土表面强度高,腻子流平性好,施工方便,涂层黏结力强。复合涂层黏结力优异,面漆也可涂在金属或木材表面作耐磨涂层。涂膜能在0℃以上正常固化,涂膜在150℃高温,-30℃低温条件下,不开裂、不脱落。

3) 施工工艺

(1) 表面处理

① 采用手动或电动钢丝刷将混凝土表面水泥浆、灰渣打磨消除掉,铲除阳角

凸立面等，并将其灰尘清扫干净。

② 钢铁表面酥松氧化铁及铁锈应清除干净。

(2) 渗透封底漆

经处理后的混凝土表面涂刷一道渗透封底漆，以增加混凝土表面强度。

(3) 批嵌腻子

先将混凝土表面裂缝、凹陷处用腻子批嵌抹平，然后用腻子薄而均匀地将混凝土表面孔洞批平，表干后用粗铁砂皮打磨平整。

(4) 面漆一道

采用刷涂、滚涂或喷涂方法，要求涂膜色泽、厚度均匀。

(5) 检查及修补

检查前几道工艺，有缺陷处应及时修补。

(6) 面漆 1～2 道

① 前道面漆涂装后，间隔 4 h 左右方可涂刷第二道面漆。

② 如果地面涂层要求延长耐磨寿命，可适当增加面漆涂刷遍数，以便增加涂层厚度。

(7) 养护期：复合涂层施工完毕，养护期为 10 天(指在 20～30℃条件下，在0～15℃时可适当延长时间)方可投入使用及验收。

4) 施工配合比例

(1) 渗透封底漆为 A 组分：B 组分＝100：25。

(2) 腻子为 A 组分：B 组分＝100：35。

(3) 面漆为 A 组分：B 组分＝100：35。

8.5.2 防静电彩色地坪漆涂料

防静电彩色地坪漆是经过特殊变性导电型环氧树脂地坪涂料，除具有地坪漆的各种性能外，还具防静电功能。

1) 适用范围

计算机房、电子元件厂、控制中心、手术室等要求防静电的室内地面涂刷。

2) 产品特点

(1) 导电涂膜，具防静电功能。

(2) 涂膜平整光洁，耐久性高。

(3) 耐磨损、耐化学品。

(4) 溶剂型、有光、彩色、双组分。

3) 施工工艺

(1) 涂装前地面处理、打磨、清洁、吸尘。

(2) 开沟槽。

(3) 用环氧树脂导电底漆打底。

(4) 埋设铜线,主线接地并用导电环氧树脂填平沟槽。

(5) 用防静电环氧树脂砂浆刮涂中层漆 1～2 次,至要求厚度。

(6) 对防静电中涂进行打磨,清洁(见图 8.1)。

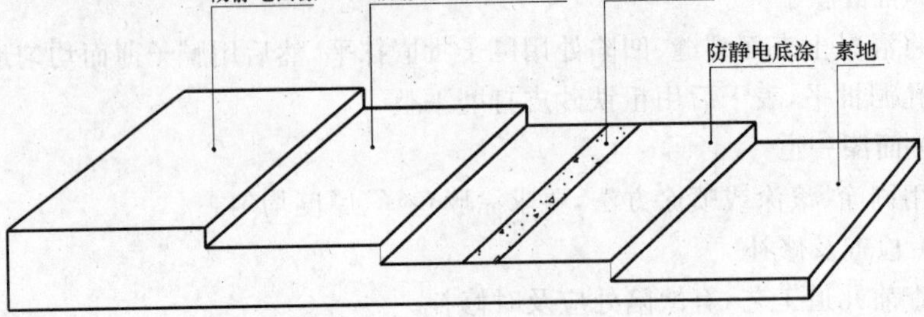

图 8.1 防静电彩色地坪漆施工工艺示意图

4) 贮存

存放在 0～35℃阴凉干燥的地方,严防霜冻及高温。

5) 施工说明

(1) 打磨地面,清扫,吸尘;涂刷环氧底漆;涂刷面漆。

(2) 面层可一次厚涂成型,省时,省工。强韧耐磨,适于室内车辆通行。

(3) 面层能自动流平,弥盖基层不平整缺陷。耐水、耐化学品、耐油、耐冲击性能优良。

(4) 漆膜丰满厚实,平整光滑。

6) 注意事项

(1) 施工时应保持空气流畅,涂料应远离阳光直射及热源。

(2) 为避免沾染皮肤及眼睛或吸入过量漆雾,请使用面罩、手套等防护用具。

(3) 如沾染眼睛,立即用大量清水清洗,并请医生医治。

(4) 放置在儿童取不到的地方。

8.6 特种涂料

8.6.1 特种聚氨酯防水防腐涂料

1) 适用范围

特种聚氨酯防水防腐涂料具有优越的耐水性、耐酸碱和耐有机化学溶剂,所以广泛应用于地下工程的抗渗漏、水池、水塔、大型水坝、水闸的防水。

2) 产品特点

特种聚氨酯防水防腐涂料是一种以异氰酸酯为基础的聚氨酯分子合成材料,

属单组分湿气固化型表面涂层材料。它用于钢结构防腐时附着力强,机械强度高,用作砼防水时渗透性强,表面防水效果好。

3) 施工要求

(1) 材料保管要密封,存放阴凉干燥处。

(2) 施工时表面要处理干净、干燥。

(3) 地下室施工要通风,严禁明火照明。

8.6.2 防火涂料

1) 适用范围

广泛应用于各类室内外金属和非金属物体表面及塑料、电线电缆防火,防腐涂装保护。

2) 产品特点

该涂料以无机、有机复合树脂作粘结剂,配以硅酸铝、阻燃剂、纤维等多种溶剂和添加剂等多种原料,用机械搅拌混合而成。属通用型超薄型防火涂料。

广泛应用于各类室内外金属和非金属物体表面及塑料、电线电缆防火,防腐涂装保护。

3) 防火基理

该涂料涂于物件表面,常温时呈普通漆膜,遇火灾时能膨胀增厚炭化,形成低导热,不易燃烧的海绵炭质层,使物件表面免受火焰高温损伤。

4) 施工要求

(1) 施工温度:−10~40℃。

(2) 单组分:充分搅匀即可涂刷。

(3) 施工:将物体表面处理干净直接喷涂,达到厚度为宜,人工涂刷应多增加涂刷道数,大约 8 h 后再涂第二道或第三道,达到厚度即可。

(4) 用量:2 mm 厚涂层,理论耗量 2 kg/m^2,防火级别 1 h,涂刷 6~8 道;4 mm 厚涂层,理论耗量 4.8 kg/m^2,防火级别 1.5 h 以上。

8.6.3 非金属结构防火涂料

1) 适用范围

广泛用于礼堂、影院、宾馆、科研院所、学校、医院、机关、工厂、车站、码头、供电所等,施涂于建筑物、可燃装饰材料及围护结构上。如木板墙、木盖板、木屋架、纤维板、玻璃钢、塑料、混凝土、胶合板表面的防火装饰作用,施涂于电线电缆上起延燃保护作用。

2) 产品特点

非金属结构防火涂料是一种以丙烯酸乳液为基料,以水为分散介质,并选用多种新型阻燃剂复合而成的新型防火涂料。无毒无污染，不燃不爆，施工方便，干燥快，阻燃性能优越。

3）防火基理

非金属结构防火涂料属水溶性膨胀型防火涂料，涂膜遇火会软化发泡膨胀，产生炭化泡沫，泡沫含有低导热性物质，能够保持物料避免因高温受损，该涂料隔热阻燃效果显著。

4）用量

要使被涂物起防火作用，必须满足以下要求：

（1）在可燃基材上使用，每平方米不少于 100 g，确保以上用量，可保证耐燃时间在 30 min 以上，达到一级要求，一般涂三遍，每遍间隔 4 h 左右。

（2）用漆料和防火填料 1∶1 兑后，可制成防火涂料；用漆料和防火填料 1∶3 兑后，可制成防火泥。

5）施工要求

（1）施工方法类似于一般水溶性建筑涂料，可采用喷涂、刷涂、滚涂。小面积施工，可用排笔刷、扁平毛刷进行手工涂刷。大面积施工，可选用喷涂器进行喷涂。

（2）施工准备：清除基材表面尘土、油污，用腻子填补洞眼、缝隙。如果是喷涂，还应盖住不需喷涂的部位，涂料在施工前需彻底搅拌均匀，必要时可加适量自来水稀释。

（3）施工环境：要求在气温 5～40℃，相对湿度 90％的环境下施工。

（4）注意事项：该涂料不得与其他油漆涂料混装混用，以免影响其防火效果，施工完毕，及时用自来水将喷枪漆刷冲刷干净。

8.6.4 钢结构膨胀防火涂料

1）适用范围

该防火涂料用于体育馆、展览馆、发电厂、车站候车室及工业厂房裸露钢结构等，起防火保护和装饰作用。

2）产品特点

该防火涂料是一种以水为分散介质，以多种水乳液为复合基料，并选用最新型的阻燃剂、发泡剂、成炭催化剂，经机械加工而成的新型防火涂料。

3）防火基理

该涂料喷涂于钢结构表面，平时起装饰作用，若遇火灾时能膨胀增厚炭化，形成不易燃烧的海绵状炭质层，从而提高钢结构的耐火极限到 1.5 h 以上，赢得灭火时间，有效地保护钢结构建筑免受火灾侵害。

4）施工要求

（1）表面处理

施工前，钢结构表面的锈迹锈斑应彻底除掉，因为它影响涂层的黏结力。除锈之后须进行防锈处理。

(2) 施工前的准备

① 出厂时已经配制好的涂料，不论是面层或底面涂料，都应搅拌均匀才能使用。施工现场一般用便携式的电动搅拌器搅拌涂料。调配和搅拌好的涂料应当稠度适宜，喷涂时以不发生流淌和下坠现象为宜。

② 对不需喷涂的设备、管道、墙面和门窗，要遮蔽保护，否则喷上该涂料难以清洗干净。

(3) 施工环境

钢结构防火涂料施工的气候条件：在施工过程中和施工之后，涂层干燥固化之前，环境温度宜在 5～50℃，相对湿度不大于 90%，空气应流通，若在温度过低或温度太高或风速在四级以上或钢结构构件表面有结露时，都不利于防火涂料喷涂施工。

5) 施工方法

(1) 该防火涂料的施工，由于底层涂料一般较粗糙，宜采用重力式(或喷斗式)喷枪，配能自动调压的空气压缩机，局部修补和小面积施工，面层装饰涂料，可用刷涂、喷涂或滚涂。

(2) 喷涂时每遍厚度不超过 2.5 mm，晴朗天气情况下，每间隔 8 h 喷涂一次。喷涂后一道涂料时，必须在前一道干燥后。

(3) 根据被涂钢结构的耐火时间要求确定相应的涂层厚度。

(4) 涂层如有装饰要求，可喷涂装饰面层涂料 1～2 道。

6) 用量

耐火设计一般极限为 1 h，需喷涂厚度为 3 mm，用量 3～5 kg/m^2，耐火设计极限为 2 h，需喷涂厚度为 6 mm，用量 5～7 kg/m^2。

8.7 油漆

现代装饰越来越注重装饰材料的美观性、实用性和健康环保保证。油漆是其中备受关注的焦点。装修时，需使用油漆的部分有墙面、天花板、门窗及家具等。墙面涂刷采用的是水溶性的乳胶漆，而木料涂刷常用的油漆主要有以下几种：清油、厚漆、调合漆、清漆、磁漆等。

油漆分为有色漆、无色漆两大类。有色漆有酚醛油漆、聚氨酯漆等；无色漆包括酚醛清漆、聚氨酯清漆、亚光清漆等。

8.7.1 清油

清油又称熟油。常用的清油是熟桐油，它是以桐油为主要原料，加热聚合到适当稠度，再加入催干剂后制成的。它的干燥速度快，漆膜光亮柔韧、丰满度好，但漆膜较软，不耐打磨抛光。清油一般用于调制油性漆、厚漆、底漆及腻子。

8.7.2 厚漆

厚漆又称铅油，是由颜料和干性油调制而成的膏状物，使用时须加适量的熟桐油和松香水，调稀至可使用的稠度。厚漆一般用作打底或调制腻子的材料。

8.7.3 调合漆

调和漆是由干性油、颜料、溶剂、催干剂和其他辅助材料配置而成的。它具有弹性强，耐水性、耐久性和黏结力好，不易粉化、脱落、龟裂。但漆膜较软、光泽度差、干燥速度慢(一般要 24 h)。

8.7.4 清漆

俗称凡立水，是一种不含颜料的透明涂料。主要适用于木器、家具等。易受潮受热影响的物件不宜使用。

8.7.5 磁漆

是以清漆为基料，加入颜料研磨制成的，涂层干燥后呈磁光色彩。

8.7.6 聚氨酯漆

聚氨酯漆即聚氨基甲酸漆。它漆膜强韧，光泽丰满，附着力强，耐水、耐磨、耐腐蚀，被广泛用于高级木器家具，也可用于金属表面。其缺点主要有遇潮起泡、漆膜粉化等；与聚酯漆一样，也存在着变黄的问题。聚氨酯漆的清漆品种称为聚氨酯清漆。

8.7.7 硝基清漆

硝基漆又称喷漆、蜡克、硝基纤维素漆。它是以硝化棉为主要成膜物质，再填加合成树脂增韧剂、溶剂和稀释剂而制成的。在硝基清漆中加入着色颜料和体质颜料后，就能制得硝基磁漆、底漆和腻子。

硝基漆属挥发性油漆，它的涂膜干燥速度较快，但涂膜的底层完全干透所需的时间较长，硝基漆在干燥时产生大量的有毒溶剂，施工现场应有良好的通风条件。硝基漆的漆膜具有可塑性，即使完全干燥的漆膜仍然可以被原溶剂所溶解，所以硝基漆的漆膜修复非常方便,修复后的漆膜表面能与原漆膜完全一致。硝基清漆的固含量较低,油漆施工时的刷涂次数和时间较长,因此漆膜表面平滑细腻、光泽度较高,可用于木制品表面做中高档的饰面装饰。

8.7.8 聚酯漆

它是用聚酯树脂为主要成膜物制成的一种厚质漆。聚酯漆的漆膜丰满,层厚面硬。聚酯漆有清漆品种,叫聚酯清漆。

聚酯漆的主要原料是聚酯树脂。在聚酯树脂中又以不饱和聚酯树脂用得较多。不饱和树脂漆的干燥速度迅速,漆膜丰满厚实,有较高的光泽度和保光性,漆膜的硬度较高,它的耐磨性、耐热性、抗冻性和耐弱碱性较好。不饱和聚酯漆的漆膜损伤后修复困难,施工时由于它的配比成分比较复杂,且只适宜在静置的平面上涂饰,垂直面、边线和凹凸线条处涂饰聚酯漆时易产生流挂现象,因而不饱和聚酯漆的施工操作比较麻烦。

8.7.9 选择漆油的几个标准

(1) 品牌知名度较高,产品质量较稳定,安全性有保障的产品。

(2) 刷后漆膜平滑细致。

(3) 具有防霉及抗碱性能,延长漆膜寿命。

(4) 漆膜延展性佳,能覆盖细微裂纹。

(5) 墙面污渍可洗擦,易于保养维护。

(6) 产品颜色可选择性多而且色彩稳定,无色差。

(7) 产品不含铅和汞,气味清新,注重环保,无毒无害。

8.7.10 木器涂料涂装的弊病

1) 现象

在垂直被涂面上或线角的凹槽处,涂料产生流淌。形成漆膜厚薄不均,严重者如挂幕下垂,轻者如串珠泪痕。

2) 原因

(1) 稀释剂过量,使粘度低于正常施工要求,漆料不能附在物体表面下坠流淌。

(2) 施工场所温度太低,涂料干燥速度过慢,而且在成膜中流动性又较大。

(3) 选用的漆刷太大、毛太长、太软或刷油时蘸油太多,使漆面厚薄不一,较厚处就要流淌。

(4) 刷涂面凹凸不平或物体的棱角、转角、线角的凹槽处,容易造成涂刷不均厚薄不一,较厚处就要流淌。

(5) 被涂表面不洁,有油、水等污物,涂装后不能很好地附着而流淌。

(6) 喷涂距离过近,喷涂角度不当。

(7) 涂料中含有比重大的颜料且颜料分散不均。

3) 防治措施

(1) 选用优良的油漆材料和适量的稀释剂。

(2) 施工环境温度和湿度应适宜。

(3) 选用的漆刷、刷毛要有弹性,根粗而梢细,鬃厚而口齐。油刷蘸油应少蘸勤蘸。

(4) 在施工中应尽量使基层平整,磨去棱角。刷涂时,用力刷匀,先竖刷,后横刷,不要横涂乱抹。在线角、棱角处要用油刷轻轻接一下,将多余的油漆蘸起顺开,以免漆膜过厚而流淌。

(5) 应选择涂料的配套稀释剂。

(6) 彻底清理干净被涂表面的磨屑、油、水等杂物。

(7) 当漆膜未完全干燥,在一个边或一个面部分油漆流坠时,可用铲刀将多余的油漆铲除后,再涂刷一遍。如漆膜已完全干燥,对于轻散的流坠,可用砂纸磨平。对于大面积流坠,可用水砂纸磨平。

8.8 建筑涂料涂装常见弊病

8.8.1 变色褪色

1) 产生原因

① 基层湿度过高,水溶性盐结晶,使墙体的表面造成褪色。

② 基层含碱太高,使抗碱性弱的涂料受到侵害变色。

③ 施工气候恶劣,所选涂料质量太差。

2) 排除方法

① 将出现问题的涂料清除干净,进行基层处理,使基层含水率小于10%,pH小于10。

② 根据气候环境条件,选用耐候性好的优质内外墙涂料。

8.8.2 起泡

1) 产生原因

① 基层水分渗出而致漆膜失去粘附性,漆凸起成泡状。

② 漆膜长期被雨水浸泡。

③ 一次涂漆太厚。

④ 所选用的内外墙涂料消泡性差。

2）排除方法

① 控制好基层的含水率。

② 在基层先涂一遍封闭底漆，对墙体进行有效封闭，使水分不易渗出。

③ 已经起泡的漆膜，可视其情况局部或全部刮除漆膜，做好底层处理后再涂漆。

④ 杜绝长期浸泡涂膜的水源。

⑤ 选用优质的内外墙涂料。

8.8.3 水印

1）产生原因

① 墙体含水率太高，未作处理就涂漆，导致漆出现斑块，即水印。

② 漆膜被雨水渗透，也会出现水印。

2）排除方法

若有大幅度的水印，应将涂膜刮除，处理好墙体含水率，杜绝浸渗水源后再涂漆。

8.8.4 起块

1）产生原因

① 墙体水分含量太高。

② 水分长期浸泡涂膜，渗入到漆膜内部。

2）排除方法

① 新建墙体要使其自然干燥 14 天以上，使含水率低于 10%后才能涂漆。

② 已起泡的漆膜应刮除重涂，并杜绝雨水长期浸蚀。

8.8.5 剥落

1）产生原因

① 墙体含水率太高，渗出并凝结在漆膜内。

② 基层发生大幅度的扩张或收缩。

③ 基层处理不彻底，还有水分、污垢、油脂或粉化物就涂油漆。

④ 涂饰方法不正确。

⑤ 使用的涂料质量低劣。

2）排除方法

① 涂漆前作好充分、彻底的基层处理。

② 已经起皮、剥落的涂膜要刮除后重新涂漆。

③ 规范涂漆方法，使用优质的建筑涂料。

8.8.6 长菌

1）产生原因

① 涂膜长期受雨水浸泡。

② 涂漆后的墙体长期处在脏乱的环境中。

③ 所选用的涂料防霉性能差。

2）排除方法

① 杜绝长期浸渗涂漆墙体的水源。

② 将已起霉菌的涂膜刮除，用杀菌防霉的溶液处理墙体后再涂漆。

③ 选用防霉性能好的优质建筑涂料。

8.8.7 粉化

1）产生原因

① 未做好封闭处理就涂漆。

② 涂漆时环境温度太低或乳胶漆加水太多。

③ 基层或墙体腻子粉过多。

2）排除方法

① 在墙体上先涂一遍抗碱封闭底漆，再涂面层涂料。

② 施工环境温度控制在8℃以上，乳胶漆施工时加水不宜超过20%。

③ 选用耐候性好的优质涂料。

8.8.8 流挂

1）产生原因

① 一次涂漆太厚或局部厚薄不均匀。

② 涂料调得太稀。

③ 施工环境温度太低，空气湿度大。

④ 基层的旧漆膜太光滑，未彻底打磨就涂漆。

2）排除方法

① 均匀施涂涂料，采用薄涂多遍的方法。

② 按比例调配涂料。

③ 选用耐候性好的涂料。

④ 如底层是旧漆膜，一定要充分打磨。

8.8.9 起皱

1）产生原因

① 漆膜太厚，表里收缩幅度不一致。

② 底涂层未干透就涂面涂层。

③ 涂装环境温度太高。

2）排除方法

① 均匀涂布。

② 各层间隔时间要充分。

③ 已起皱的涂膜要刮除重涂，或磨平整重涂。

8.8.10 缩孔

1）产生原因

① 基层不洁净，有水、油污、尘杂附在上面，未作处理就涂面涂层，或腻子灰层小孔过多。

② 涂料中混入了水、油污等物质。

2）排除方法

① 清除底层污物，使其洁净。

② 涂料和涂漆工具要保持洁净。

③ 第一次涂布干后，修补腻子。

8.8.11 咬底

1）产生原因

① 油性建筑涂料底涂层未干透就涂面层。

② 在底涂层上涂强溶剂面层涂料。

2）排除方法

① 各层间间隔时间要充分，且不能一次涂漆太厚。

② 使用配套的建筑涂料。

8.8.12 发黄

1）产生原因

① 乳胶漆涂好后再在同一环境中涂油性木器漆。

② 涂装环境空气不流通。

2）排除方法

① 合理安排乳胶漆和油性木器漆的涂装时间顺序。

② 改善涂装环境的通风条件。

③ 发黄的乳胶漆可打磨后重涂。

8.9 常见涂料术语及解释

8.9.1 表干时间

在规定的干燥条件下，一定厚度的湿漆膜，表面从液态变为固态但内部为液态所需要的时间。

8.9.2 实干时间

在规定的干燥条件下，从施涂好的一定厚度的液态漆膜至形成固态漆膜所需要的时间。

8.9.3 透明度

物质透过光线的能力。透明度可以表明清漆、漆料及稀释剂是否含有机械杂质和浑浊物。

8.9.4 密度

在规定的湿度下，物质的单位体积的质量。常用单位为千克每立方米(kg/m^3)，克每立方厘米(g/cm^3)。

8.9.5 黏度

液体对于流动所具有的内部阻力。

8.9.6 固体含量

涂料所含有的不挥发物质的量。一般用不挥发物的质量百分数表示，也可以用体积百分数表示。

8.9.7 研磨细度

涂料中颜料及颜料分散程度的一种量度。即在规定的条件下，于标准细度计上所得到的读数，该读数表示细度计某处槽的深度，一般以微米(μm)表示。

8.9.8 贮存稳定性

在规定的条件下，涂料产品抵抗其存放后可能产生的异味、稠度、结皮、返粗、沉底、结块等性能变化的强弱程度。

8.9.9 相容性

一种产品与另一种产品相混合，而不至于产生不良后果（如沉淀、凝聚、变稠等）的能力。

8.9.10 遮盖力

色漆消除底材上的颜色或颜色差异的能力。

8.9.11 施工性

涂料施工的难易程度。[注：涂料施工性良好，一般是指涂料易施涂（刷、喷、浸等），流平性良，不出现流挂、起皱、缩边、渗色、咬底；干性适中，易打磨，重涂性好，以及对施工环境条件要求低等。]

8.9.12 重涂性

同一种涂料进行多层涂覆的难易程度与效果。

8.9.13 漆膜厚度

漆膜厚薄的量度，一般以微米（μm）表示。

8.9.14 光泽

表面的一种光学特性，以其反射光的能力来表示。

8.9.15 附着力

漆膜与被涂面之间（通过物理和化学作用）结合的坚牢程度。被涂面可以是裸底材也可以是涂漆底材。

8.9.16 硬度

漆膜抵抗诸如碰撞、压陷、擦划等机械力作用的能力。

8.9.17 柔韧性

漆膜随其底材一起变形而不发生损坏的能力。

8.9.18 耐磨性

漆膜抗摩擦作用的能力。

8.9.19 打磨性

漆膜或腻子层，经用砂纸打磨（干磨或湿磨）后，产生平滑无光表面的难易程度。

8.9.20 黄变

漆膜在老化过程中出现的变黄倾向。

8.9.21 耐湿变性

漆膜经过受冷热交替的温度变化而保持其原性能的能力。

复习思考题

1. 什么是涂料？它由哪几部分组成？
2. 内墙涂料分哪几种类型？
3. 外墙涂料有哪些？

实训练习题

运用所掌握的装饰材料知识进行立面图设计。

(1) 某家居客厅电视机背景墙立面图。（附图）

(2) 某西餐厅主体立面图。（附图）

实训练习题

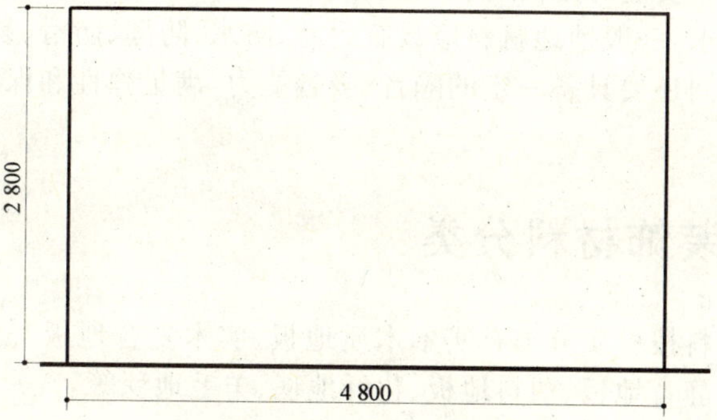

家居客厅电视机背景墙立面图

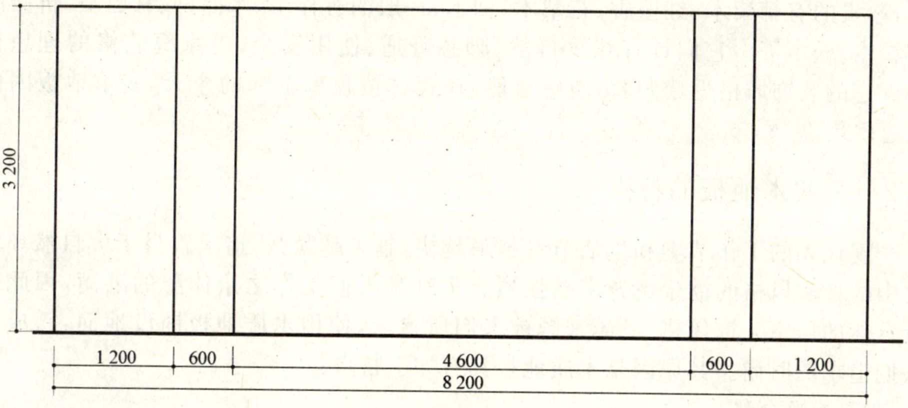

西餐厅主体立面图

9 铺地材料

铺地材料首先要能对地面的表面起保护作用，使地坪或楼板坚固耐久。按不同空间功能的需求，一般铺地材料应具有耐磨、防水、防潮、防滑、易于清扫等特点。对有特殊要求空间还要具备一定的隔音、吸音能力，满足弹性和保温性以及阻燃性等要求。

9.1 地面装饰材料分类

地面装饰材料按材质分类有实木木质地板、实木复合地板、复合木地板、竹木地板、软木地板、静音地板、塑料地板、化纤地毯、羊毛地毯等。

9.2 实木地板

实木地板是由天然树木经过木材烘干、加工后形成的地面装饰材料，因而环保是实木地板一大特点，对人体无害。其材料取自的树种非常多，因而价格差异非常大，珍贵的有棘黎木、红檀香、花梨木、柚木，一般的有柞木、水曲柳、甘巴豆，价廉的有杉木、松木等。它们具有花纹自然、脚感舒适、使用安全，是家庭装修的理想材料。它的装饰风格返璞归真，质感自然，在森林覆盖率下降的今天，实木地板因而更显珍贵。

9.2.1 实木地板的特点

现代人的工作节奏和生活节奏越来越快，越来越紧张，追求置身于大自然环境之中的朴实风格的欲望也越来越强烈。家庭是人们工作之余休憩的港湾，因此亲近自然的居室装饰风格，已越来越被人们所追求，使用木质地板铺设地面，已成为人们追求的时尚。其原因是木质地板具有如下特点：

1）美观自然

木材是天然的，其年轮、纹理往往能够构成一幅美丽的画卷，给人一种回归自然、返璞归真的感觉，无论质感与美感都独树一帜，深受人们喜爱。

2）无污物质

木材是最最典型的双绿色产品，本身没有污染源，有的木材有芳香酊，发出有益健康、安神的香气；它的前身是树林，是人们身心向往幸福的世界，它的后身是极易被土壤“消化”吸收的有机肥料。

3）质轻而强

一般木材通常都能浮于水面上，除少数例外。这样，用木材作为建材与金属建材、石材相比便于运输、铺设，据实验结果显示，松木的抗张力为钢铁的3倍、混凝土的25倍、大理石的50倍，抗压力为大理石的4倍。由此可见木材的特性比金属、混凝土或石材更为理想，尤其是作为地面材料实木地板就更能体现出其优点。

4）容易加工

木材可以任意锯、刨、削、切乃至于钉，所以在建筑装饰方面更能灵活运用，发挥其潜在的作用，而金属、混凝土、石材等因韧度与硬度之故，没有此功能，所以用料时也会造成浪费或出现不切合实际的情况。

5）保温性好

木材不易导热，而金属、混凝土的导热率非常高。钢铁的导热率为木材的200倍。木材作为建筑装饰材料（如实木地板），它能很好地调节室内温度，达到夏凉冬暖的作用。因此，以居住的舒适性而言，高保温性的木材是最佳的建筑装饰材料。

6）调节湿度

木材可以吸湿和蒸发。人体在大气中最舒适的湿度在60%～70%之间，木材的特性可维持湿度在人体舒适的范围内。

7）不易结露

由于木材保湿、调湿的性能比金属、石材或混凝土强。所以当天气潮湿，或温度下降时不会产生表面化结成水珠似的“出汗”现象。这样，当木材作木地板的时候，不会因为地面滑而造成不必要的麻烦。

8）耐久性强

木材经过处理其抗震性与耐腐性不次于其他建筑材料，有许多著名的古老建筑物经千百年的风吹雨打仍屹立如初，许多以前的木制船长期浸泡在水里到现在仍然坚固。

9）缓和冲击

木材与人体的冲击、抗力都比其他建筑材料柔和、自然，有益于人体的健康，保护老人和小孩的居住安全。

10）木材可以再生

煤炭、石油、木材均是人类重要资源，其中只有木材可以通过种植再生。只要把树林保护好，可以取之不尽、用之不竭。

9.2.2 实木地板的种类及规格

1）实木地板的种类

（1）实木地板按表面加工的深度分为两类：

① 油漆板，即木地板的表面已经涂刷了地板漆，可以直接安装使用。

② 素板，即木地板表面没有进行油漆处理，在铺装后必须经过涂刷地板漆后才能使用。

(2) 实木地板按加工工艺可分为两种：

原木地板和指接木地板，其中指接木地板是将木材经裁切、指接加工而成，改变了木材的物理性能，铺装后更不易扭曲、变形，是科技含量高的高档地面装修材料。

(3) 按树种来分，目前市场上实木地板品种有棘黎木、红檀香、花梨木、柚木、胡桃木、水曲柳、樱桃木等。

(4) 按安装形式分，实木地板分为企口拼缝、错口拼缝和平头拼缝。其中企口地板有口有榫，安装时口榫插接，施工简便，安装质量好，是装修中使用的主导产品（见图9.1）。

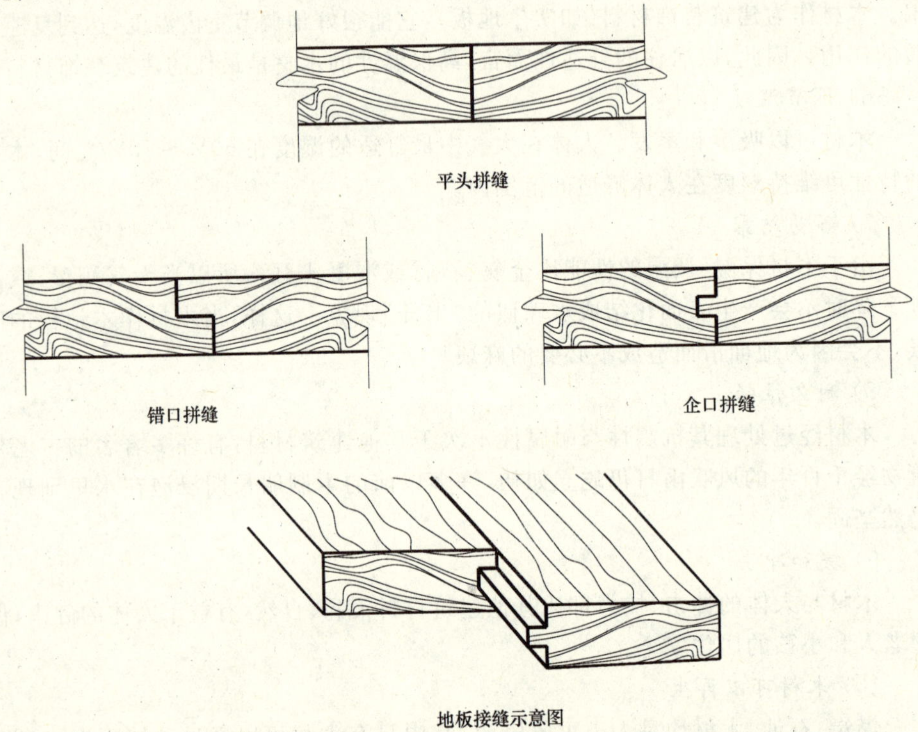

图9.1　木地板拼缝形式

2) 几种实木地板

(1) 棘黎木（玉檀香）

树木及分布：大乔木，主要分布于巴西。

木材特征：木材橄榄绿色，新伐材为淡黄色，有一种较浓的橄榄香味。木材甚重，密度高，强度大，抗虫、抗腐性能优良，耐久性能好；纹理非常优美，在巴西被称为“圣木”，中国俗称“玉檀香”，木材非常稀有、名贵，产量极少。

(2) 缅甸柚木(胭脂木)

树木及分布：乔木，树高可达 35～45 m，直径 0.9～2.5 m，原产缅甸。

木材特征：木材黄褐色、褐色，久置呈暗褐色。生长年轮明显。纹理直或略交错。结构甚粗，不均匀，重量中等。木材干燥性能良好，干缩小，干燥后尺寸稳定。耐腐性能好。是闻名于世的好木材，施工时应拼紧。

(3) 香脂木豆(红檀香)

树木及分布：乔木，树高可达 20 m，直径 0.5～0.8 m，分布于巴西。

木材特征：木材红褐色至紫红褐色，具有浅色条纹，生长年轮不明显。纹理交错，结构甚细而均匀。光泽强，具香味。木材重，强度高。耐腐蚀，抗蚁性强，能抗菌、虫危害。加工略困难，但切面很光滑。色泽颇受人喜爱。有微渗油，施工时应拼紧。

(4) 花梨木(香红木)

树木及分布：别名新花梨、香红木等。分布于全球热带地区，主要产地为印度、泰国、缅甸、越南、柬埔寨、老挝、菲律宾、印尼、安哥拉、巴西等国。我国海南、云南及两广地区亦有引种栽培。

木材特征：边材黄白色到灰褐色；心材浅黄褐色、橙褐色、红褐色、紫红色到紫褐色；材色较均匀，可见深色条纹。木材有光泽，具有轻微清香气；纹理交错、结构细而均(部分南美、非洲产略粗)，耐腐、耐久性强。材质硬重(部分中等)，强度高(部分中等)，通常浮于水。

(5) 重蚁木(紫檀、依贝、红檀、喇叭秋)

树木及分布：紫葳科，大乔木，树高 27 m，直径 0.4 m。分布于墨西哥、巴西、哥伦比亚、玻利维亚和秘鲁等。可生长在多种生态环境，从山脊、山坡到河流两岸及低矮山地雨林，常形成小群落的纯林。

木材特征：心材浅或深橄榄色，常具有浅或深色条纹。纹理直或交错。结构细至略粗，均匀。木材有油腻感。无特殊气味，强度高。木材较耐腐，抗白蚁，心材防腐剂难浸注。干燥后木材尺寸稳定性好。

(6) 铁樟木

树木及分布：乔木，枝下高可达 15 m，直径达 1.2 m；分布于马来西亚、印度尼西亚。

木材特征：木材黄褐色至红褐色，久置大气中转呈黑色。木材纹理直或略斜。结构细至中，略均匀。木材具光泽。木材甚重，很硬，耐腐性强，抗虫能力强，能抗白蚁。加工后板面光滑。色泽均匀，不怕浸水潮湿。印尼奉为国木。

(7) 非洲红铁木(金莲木、金丝红檀、红铁檀)

树木及分布：此木种属大乔木，树高可达 40～45 m，树干通直，直径 1.5 m，主要生长在雨林和沼泽地区，分布在非洲西部。

木材特征：心材红褐色至暗褐色，边材粉白色，直径 40cm。生长轮不明显。木材略具光泽无特殊气味，纹理直或略斜。结构中粗、均匀，甚重，强度高，加工困难。干燥很困难，木材耐久性好，防腐剂极难浸注。胶合、抛光性能良好。

3）实木地板的规格

实木地板的一般常用规格有：长度 900～2 500 mm，宽度 50～200 mm，一般不大于 120 mm，厚度 160～180 mm。

9.2.3 实木地板的选购

(1) 首先挑选外观质量，要看表层木材的色泽、纹理和油漆质量是否符合等级标准，一般不应有腐朽、死节、节孔、虫孔、夹皮树脂囊、裂缝或拼缝不严等木材缺陷，木材纹理和色泽的观感应和谐，油漆涂饰应均匀，无气泡、小白点等现象，表面不应有明显的污斑和破损现象，挑选外观的同时，还应注意地板四周的榫舌和榫槽是否完整。

(2) 地板规格尺寸是否与所购的尺寸长、宽、厚一致，再任意取多块地板自行拼装以观察其榫、槽结合是否严密，手感是否平整。

(3) 挑选内在的质量，从吸水膨胀率可以看出其防水、防潮性能，吸水膨胀率越低越好，最好是小于 2%，其次小于 5%。烟火放在表面燃烧，如果不留痕迹说明防火系数较高，按国家规定每 100 g 地板甲醛含量不得超过 9 mg。

9.2.4 实木地板的质量鉴定

1）实木地板分为 AA 级、A 级、B 级三个等级，AA 级质量最高

检验实木地板时，目测不能有死节、虫眼、腐朽等质量缺陷，节径小于板宽 1/3 的活节应少于 3 个，裂纹的深度及长度不得大于厚度和长度的 1/5，斜纹斜率小于 10%，无腐蚀点、浪形，图形纹理需顺正，颜色需均匀一致。

2）实用地板的使用

实木地板使用前应进一步检测其加工质量，表面加工光滑，无翘曲变形，口榫加工统一完整、规矩，无毛边、残损现象的为合格品。其中，要特别检测木材的含水率，含水率高的地板，安装后必然要变形，北方地区地板含水率应小于 10%，南方地区可略有增加，但也应在 14%以内，否则不宜使用。

3）实木地板的安装

(1) 操作程序

基层处理→做防潮层→弹线→设木垫块和木格栅→填保温、隔声材料→铺木地板→打磨油漆

(2) 操作要点

① 基层处理：清理基层面，将表面的砂浆、垃圾杂物清理干净。

② 做防潮层：防潮层一般刷冷底子油、热沥青一道或一毡二油做法，它的作用是防止潮气侵入地面层，引起木材变形、腐朽等。

③ 弹线：应根据设计标高在墙面四周弹线，以便找平木格栅的顶面高度。

④ 设木垫块和木格栅：木格栅使用前要进行防腐处理。

按照设计要求弹出木格栅间距十字叉线（一般纵向不大于 800 mm，横向不大于 400 mm），进行基层预埋件设置，木格栅宜从墙一端开始，逐根向对面铺设，铺设数根后应用靠尺找平，严格掌握标高、间距及平整度。木格栅和墙间应留出不小于 30 mm 的间隙，以利于隔潮和通风。接头位置应错开。

⑤ 填保温、隔声材料：在格栅与格栅之间的空隙内，填充一些轻质材料，如膨胀珍珠岩、矿棉毡等，厚度 40 mm，这样可以减少人在地板上行走时所产生的空鼓音。但填充材料不得高出木格栅上皮。同时，铺钉面层木条板时要等保温隔声填充材料干燥后才能进行。

⑥ 铺木地板：用企口缝拼接，条形木地板的铺设方向应考虑铺钉方便，固定牢固，使用美观的要求。对于走廊、过道等部位，应顺着行走的方向铺设，室内房间宜顺着光线铺钉。

从墙面一侧开始，将条形木板材心向上排紧铺钉，缝隙不超过 1 mm，板的接口应在格栅上，圆钉的长度为板厚的 2～2.5 倍，硬木条板铺钉前应先钻孔，一般孔径为钉径的 0.7～0.8 倍。

用麻花钉固定，从板边的凹角处斜向钉入，在铺钉时，钉子要与表面呈一定角度，一般常用 45°或 60°斜钉入内。

⑦ 打磨、油漆

a）刷清油打底：主要掌握先上后下，先左后右，从外到里的次序。

b）局部刮腻子、磨光：清油干透后用漆刮将所有钉孔、裂缝、节疤、榫头间隙、拼缝及边棱残缺等用腻子填嵌平整，嵌刮腻子干后，用 1 号木砂纸磨平磨光，用刷子将浮屑和粉尘打扫干净。

c）满刮腻子、磨光：将腻子按条状平行地刮在物面上，再横向将腻子匀开，最后纵向刮平，厚度宜薄不宜厚。刮腻子时，漆刮与物面的夹角宜为 30°～40°，用力应均匀，来回次数不宜过多，腻子面不得出现粗糙断续和明显的刮痕。腻子干透后，用 1 号木砂纸顺木纹打磨平整光滑。磨完后清扫干净，并用湿布将粉尘揩净待干。

d）刷底漆：用油性底漆，刷法同刷清油。

e）刷第一遍铅油：用刷过清油的油刷操作，涂刷顺序同刷清油。应顺木纹刷，接头处油刷应轻刷，不显刷痕，漆面应均匀平滑，色泽一致，刷完后应检查有无漏刷处。涂刷时油刷应拿稳，条路应准确，操作应轻便灵活。

f）复补腻子：铅油干透后，在凹缝或钉孔不平整之处，用稍硬较细的加色腻子嵌补平整。

g）磨光，湿布擦净：腻子干后用0～1号木砂纸或旧砂纸将所有油漆部位的表面磨平、磨光，以加强下一遍油漆的附着力，应注意不要把底油磨穿，棱角磨破。磨好后用湿布将粉尘擦净待干。

h）刷第二遍铅油：刷法同第一遍铅油。

i）磨光、湿布擦净。

j）刷水晶漆：用刷过铅油的油刷操作，可避免刷痕。刷调合漆的方法同刷铅油，因调合漆黏度大，涂刷时应多刷多理，动作应敏捷、饱满、不流、不坠，以达到光亮均匀，色泽一致，刷完应仔细检查一遍，如有漏刷应及时修整。

4）实木地板的保养

（1）保持地板干燥、清洁，不允许用滴水的拖把拖地板或用碱水、肥皂水擦地板，以免破坏油漆表面的光泽。

（2）尽量避免阳光暴晒，以免表面油漆长期在紫外线的照射下提前老化、开裂。

（3）局部板面不慎染污应及时清除，若有油污，可用抹布蘸温水沾少量洗衣粉擦洗，若是药物或颜料，必须在污迹未渗入木质表层以前加以清除。

（4）最好每三个月打一次蜡，打蜡前要将地板表面的污渍清理干净，经常打蜡，可保持地板的光洁度，延长地板的使用寿命。

（5）避免尖锐器物划伤地面，尽量避免拖动沉重的家具。

（6）建议在门口处放置蹭蹬垫，以防带进尘粒，损伤地板。

9.3 复合木地板

复合木地板又称强化木地板，复合木地板是以硬质纤维板、中密度纤维板为基材的浸渍纸胶膜贴面层复合而成的，表面再涂以三聚氰胺和三氧化二铝等耐磨材料。以刨花板为基材的已逐渐被市场淘汰。复合木地板是写字楼、商场、住宅等的常用地板。

复合木地板诞生于20世纪80年代的欧洲，1994年进入我国以来，它就以朴实耐磨、典雅美观、色泽自然、花色丰富、防潮、阻燃、抗冲击、不开裂变形、安装便捷、保养简单、打理方便等诸多优点，迎合了现代人追求时尚、品位的生活方式，因此赢得了广大消费者的认可。

在生活节奏很快的今天，复合木地板以其独有的特点而占据一定的市场份额，对实木地板形成了一定冲击。由于强化木地板保养简单、打理方便的特点，一般来说要比实木地板便宜，因而特别受快节奏生活的都市人的青睐。

产品的创新也是复合木地板得以发展的原因。2001年浮雕地板在地板市场还刚露“头角”，而在2002年却占有了大部分复合木地板的市场份额。舒适的脚感、更高的物理稳定性和静音降噪功能的提高将是未来几年内复合木地板的发展方向。

9.3.1 复合木地板的特点

复合木地板是近年来在中国流行的地面装饰材料，在发达国家已有20年历史。复合木地板是以原木为原料，经过粉碎、填加黏合及防腐材料后，加工制作成为地面铺装型材。

复合木地板具有质轻、规格统一的特点，便于施工安装，可节省工时及费用。它的强度大，弹性好、富于脚感、温馨、典雅。特别是该材料无需上漆打蜡，日常维护简便，可以大大减少使用中的成本支出，并具有良好的阻燃性和防腐、防蛀、耐压、耐擦洗性能，是很有发展前景的地面装饰材料。

复合木地板最大的优点在于大大提高了木材的利用率，一般实木地板的木材利用率仅为30%～40%，而复合木地板的利用率几乎达到100%，对树种的要求也很低，对于森林资源贫乏的国家和地区就更有推广的价值。因此，复合木地板是较理想的取代实木地板的材料。

9.3.2 复合木地板的种类及规格

1）复合木地板的种类

复合木地板从表面装饰层的效果上分有榉木、红木、橡木、桦木、胡桃木等；从加工档次上分有单面耐磨层和双面耐磨层两种。构造为高密度板基材加面饰材料，表面以结晶三氧化二铝为耐磨层复合而成（见图9.2）。

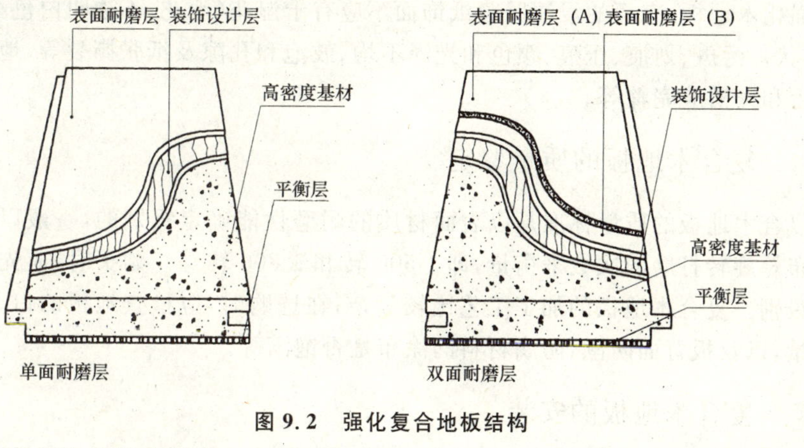

图9.2 强化复合地板结构

2）复合木地板的规格

无论国产或进口的复合木地板，统一的规格为2 200 mm×195 mm，厚度为6 mm、8 mm、14 mm。

9.3.3 复合木地板的选购

1）甲醛释放量问题

凡使用脲醛类胶制作的复合地板都存在这个问题。目前复合地板使用的胶合剂以脲醛树脂为主，胶合剂中残留的甲醛将向周围环境中释放，在恶劣的环境条件下，如脲醛树脂发生分解也会产生甲醛气体释放。欧共体的绿色建材标准为甲醛游离释放量小于 10 mg/100 g，我国的标准为 A 类不大于 9 mg/100 g；B 类介于 9 mg/100 g～40 mg/100 g 之间。

2）耐磨度

国家标准规定家用地板必须超过 6 000 转，而商用地板必须超过 9 000 转。

3）基材的密度

国家规定基材的密度必须大于 0.8 g/cm^3，中密度板和高密度板的分界线是 0.88 g/cm^3，所以质量好的地板全用高密度板，一般密度在 0.90～0.94 g/cm^3。

4）吸水膨胀率和内结合强度

强化木地板，基材（高密度板或刨花板）是由木纤维或木刨花胶合而成，用吸水厚度膨胀和内结合强度两项指标来衡量。吸水厚度膨胀越小，说明胶合的抗水侵袭能力较强；内结合强度较大，则说明地板承受负载时中心层的抗剪切破坏的能力较优，使用寿命较长。表面结合强度反映了装饰层与基材之间结合的牢固程度，强度越大，使用期越长。吸水膨胀率不大于 2.0，内结合率不小于 1.0 为优等品。

5）地板的外观质量

强化木地板，表面的浸渍胶膜纸饰面不应有干湿花（干花：不透明白色小点；湿花：雾状）、污斑、划痕、压痕、颜色和光泽不均、鼓泡和孔隙及纸张撕裂等，地板四周的榫舌和榫槽应完整等。

9.3.4 复合木地板的质量鉴定

复合木地板的质量标准是以表面材质的耐磨性能确定级别的，一般以表面材料经布轮旋转打磨的次数来衡量，即 1 500 转和 1 800 转等。购买时，应先审核其质量级别。复合木地板的加工工艺比较复杂，在选购时，应检查地板的口、槽的加工质量，以及板背面防潮、防腐材料的涂布是否饱满等。

9.3.5 复合木地板的安装

(1) 为了取得最好的效果，施工场所必须是平整的，地毯不是一个合适的施工基础。为了避免底部潮湿，可铺设一层防潮垫。

(2) 在开始铺设地板前，材料在要装修的房间里放上 2 天，以适应新的环境。

(3) 切割地板最理想的工具是一种小型的圆形锯。

(4) 固定相邻的两块地板时,首先从侧面压紧,然后从上面压紧。为了给地板膨胀的空间,最好在墙和地板之间留出 10～15 mm 的伸缩缝。

(5) 在墙角处可以用一块地板作为标尺,测量墙角的深度,然后以此切割地板。

(6) 为了确保地板的稳定,固定地板时应避免有接缝。

(7) 可以用压条分隔采用不同材料的房间,将压条紧紧地拧在地板上。

(8) 可以用踢脚板掩盖复合木地板和墙面间的缝隙。

9.4 实木复合地板

实木复合地板由木材切刨成薄片,几层或多层纵横交错,组合粘结而成。基层经过防虫防霉处理,加贴多种厚度 1～5 mm 不等的木材单皮,经淋漆涂布作业,均匀地将涂料涂布于表层及上榫口后的成品木地板上(见图 9.3)。

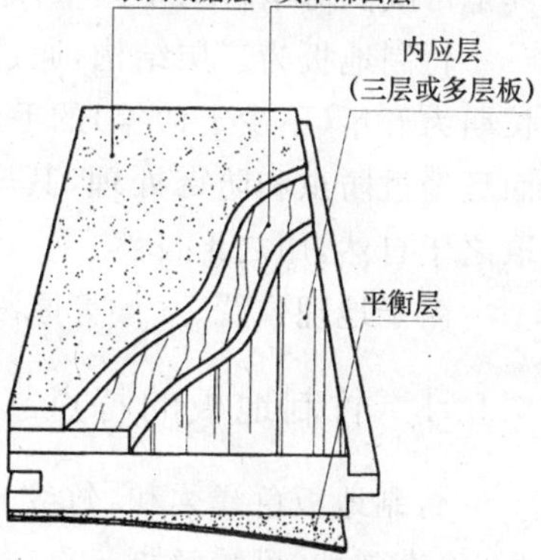

图 9.3 实木复合地板结构

9.4.1 实木复合地板的特点

实木复合地板兼有强化木地板的稳定性与实木地板的美观性于一体,而且具有环保优势,是性能比较高的新型地板,是木地板行业发展的趋势。实木复合地板解决了实木地板易变形不耐磨的缺陷,又达到了实木地板的脚感舒服度,让使用者能享受到大自然的温馨,又解决了古老的实木地板难保养的缺点,是强化木地板和实木地板的美好结晶,是一种理想的高档地面装饰材料。

9.4.2 实木复合地板的种类及规格

实木复合木地板又分为三层实木复合地板和多层实木复合地板。

1) 三层实木复合地板

三层实木复合地板由表层、芯层及底层组成。其中,表层是优质阔叶材规格板条镶拼成板,厚度一般为 4 mm;芯层是由普通软杂规格木条组成,厚度一般为 9 mm;底层是旋切单板,厚度为 2 mm。三层结构用脲醛树脂胶压而成。总厚度为 14～15 mm。

2) 多层实木复合地板

多层实木复合地板是由多层胶合板为基材,以规格硬木薄片镶拼板或单板为面板,通过脲醛树脂层压而成。厚度通常为 12 mm,单板面板厚度通常为 0.3～

0.8 mm。实木复合地板同传统的实木地板相比，由于从结构上地板强度和干缩性能等的各向异性，因而具有较好的尺寸稳定性，同时还保留了实木地板自然的木纹和舒适的脚感。

实木复合地板的一般常用规格有：1 802 mm×303 mm×15 mm、1 802 mm×150 mm×15 mm、1 200 mm×150 mm×15 mm、800 mm×20 mm×15 mm。

9.5 竹制地板

竹制地板是竹子经过处理加工后制成的地板，既富有天然材质的自然美感，又有耐磨耐用的优点，而且防蛀、抗震。竹制地板冬暖夏凉、防潮耐磨、使用方便，尤其是可减少对木材的使用量，起到保护环境的作用。

竹制地板为三层结构，通过胶粘剂热压而成。制作竹制地板的材料必须是生长期为五年(不少于四年)的毛竹(又称楠竹)，是我国分布最广、材质最好的竹材。而且经过防虫和防霉处理，其厚度一般为 15 mm。竹地板给人一种高雅的感觉，取之于自然，用之于自然。

由于地理位置、气候等原因，竹制地板在装饰材料市场占有的比重还较小。

9.5.1 竹制地板的特点

竹制地板色泽柔和，竹纹自然、光而不滑；质地坚硬，抗干湿度强，耐腐，不变形；富有弹性，可缓解脚步重荷；吸音隔声，能吸收紫外线光源，使视觉舒适；防虫、防霉，避免了螨类细菌繁殖，能避免呼吸道的过敏反应；自动调节室温，冬暖夏凉；防静电、不积尘、易清洁，铺装后尤显高雅气派；怡人的竹香能把人带入忘我的自然境界，奉献给您的是回归大自然温馨的情韵，是当今理想的不可替代的地面装饰材料。

竹制地板每块四边均开有企口，因而安装简易、洁净。广泛适用于家居、宾馆、会议室、微机房、武术健身房等的地面和墙壁铺装。从维护人类生态平衡的战略角度出发，竹制地板最终将广泛被人类所接受。

9.5.2 竹制地板的种类及规格

竹制地板的一般常用规格有：长度 900～2 500 mm，宽度 50～200 mm，厚度 150～180mm。

9.5.3 竹制地板的选择

1) 含水率

竹制地板的含水率随环境的温度和相对湿度的变化而变化(相对湿度是主

因),含水率的变化必将引起地板干缩湿胀带来的尺寸变化,尺寸变化如受到制约,则又将产生内应力,在较长时间后又会出现松弛现象,损坏其内在结构。竹地板的含水率在8%～12%。

2) 外观质量

竹制地板一般是6片相拼,拼接处不应有裂痕,材色应均匀,漆面饱满,无气孔和爆裂。油漆涂饰应均匀。表面不应有明显的污斑和破损。周边的榫舌和榫槽应完整等。

9.5.4 竹制地板的安装与保养

(1) 地面要保持平整干燥,并打扫干净。

(2) 选用干燥的木材作为龙骨,规格以20 mm×30 mm或30 mm×40 mm为宜。龙骨与地面用钢钉或螺纹钉固定,龙骨四周决不可用水泥固定。

(3) 木龙骨找平后,在上面铺一层防潮垫,把地板交叉平铺在龙骨上,在地板凹处用专用的螺纹地板钉以45°角将地板固定在龙骨上,然后逐块安装。

(4) 每片地板间不要拼得太紧,房间四周墙壁与地板间应留10 mm空隙,并用踢脚线盖住,以保证地板有足够的伸缩余地。

(5) 竹制地板是纯天然的产品。因此,在铺装时,地板的色差应缓慢过渡,以保证良好的视觉效果。地板清洁时,不得洒水清洗,应用捏干的湿布擦洗,保持一段时间打蜡维护。

(6) 避免锐器、重物撞击和摩擦地板,不可接触有机溶剂及有腐蚀性的化学成分。

(7) 地板要避免暴晒和淋雨。长期无人居住时,应开窗通风,调节室内温湿度。

9.6 软木地板

软木制品的原料是生长在地中海沿岸的橡树的树皮。人们最熟悉的软木制品就是葡萄酒瓶的软木塞、羽毛球的头部等。其主要特性是质轻、浮力大;伸缩性强、柔韧抗压;渗透性差、防潮防腐;隔热隔音、绝缘性强;耐摩擦、不易燃、可延迟火势蔓延;不会导致过敏反应。对于音乐发烧友来说,软木是最好的隔音和吸音材料。

软木的另一个大用途就是制作地板。用软木加工成的地板,能够满足人们对地板温暖、柔软、对人体无害,降低噪音的要求,尤其是软木地板的隔音功能更为突出。

9.6.1 软木地板的特点

软木是一种没有被砍伐的自然橡树的树皮，一种能够完全适应今天环保需要的资源。软木地板具有以下特点：

(1) 软木地板的柔韧性非常好。使用寿命长，表层独有的耐磨层，至少使用20年不会出现开裂、破损。

(2) 有温暖感，如果光着脚走在软木地板上，会比走在实木地板或复合地板上感觉温暖得多。

(3) 软木地板是实实在在的环保产品，不但产品本身是绿色无污染的，而且由于软木的原材料具有再生性，每棵树 9 年就可采剥一次，因此对森林资源也没有破坏。

(4) 虫子对软木地板一点也不感兴趣，无论是在潮湿的地中海还是在干燥的非洲大陆，还没有软木地板被虫蛀的记录。

9.6.2 软木地板的种类及规格

1) 软木地板的种类

软木地板共分如下五类：

第一类：软木地板表面无任何覆盖层，此产品是最早期的。

第二类：在软木地板表面做涂装，即在胶结软木的表面涂装清漆、色漆或光敏清漆。根据漆种不同，又可分为三种，即高光、亚光和平光。此类产品对软木地板表面要求面比较高，也就是所用的软木料较纯净。

第三类：PVC 贴面，即在软木地板表面覆盖 PVC 贴面，其结构通常为四层：表层采用 PVC 贴面，其厚度为 0.45 mm；第二层为天然软木装饰层，其厚度为 0.8 mm；第三层为胶结软木层，其厚度为 1.8 mm；最底层为应力平衡兼防水 PVC 层，此一层很重要，若无此层，在制作时当材料热固后，PVC 表层冷却收缩，将使整片地板发生翘曲。

第四类：聚氯乙烯贴面，厚度为 0.45 mm；第二层为天然薄木，其厚度为 0.45 mm；第三层为胶结软木，其厚度为 2 mm 左右；底层为 PVC 板，与第三类一样防水性好，同时又使板面应力平衡，其厚度为 0.2 mm 左右。

第五类：塑料软木地板、树脂胶结软木地板、橡胶软木地板。

2) 软木地板的规格

软木地板的一般常用规格：300 mm×300 mm×(4～6) mm、600 mm×300 mm×(4～6)mm。

9.6.3 软木地板的用途

适用于宾馆、图书馆、医院、托儿所、计算机房、播音室、会议室、练功房及家庭住宅。但必须根据房间的性能，选择适合的软木地板品种。

9.6.4 软木地板的选购

软木地板的好坏，一个衡量方式是看是否采用了更多的软木。软木树皮分成几个层面，最表面的是黑皮，也是最硬的部分，黑皮下面是白色或淡黄色的物质，很柔软，是软木的精华所在。如果软木地板更多地采用了软木的精华，质量就高些。当然，由于地板要承受重量和压力，因此，地板背板采用黑皮也是很正常的，这样可以提高抗冲击的能力。另一个衡量方式就是看软木地板的功能：地板的花色是否丰富、表面是否更耐磨、铺装是否更简单、更容易打理和维护。软木地板质量有50%取决于安装质量，所以安装工人的素质、安装技术及安装辅料对保证产品质量非常重要。

9.6.5 软木地板的质量鉴定

(1) 软木地板选择时先看地板砂光表面是否光滑，有无鼓凸颗粒，软木颗粒是否纯净。

(2) 看软木地板边长是否直，其方法是取4块相同的地板铺在玻璃上或较平的地面上，拼装看其是否合缝。

(3) 检验板面弯曲强度，其方法是将地板两对角线合拢，看其弯曲表面是否出现裂痕，没有则为优质品。

(4) 检验胶合强度，其方法是将小块样品放入开水浸泡，发现其砂光的光滑表面变成癞蛤蟆皮一样凹凸不平，则此产品为不合格品，优质品遇开水表面无明显变化。

9.6.6 软木地板的安装与保养

1) 软木地板的安装

软木地板的安装方式，目前有悬浮式和粘贴式两种。

(1) 悬浮式

悬浮式地板是在上下软木材料中夹了一块带企口的中密度板，安装同复合地板相似，对地面要求也不太高。

(2) 粘贴式

粘贴式地板是纯软木制成的，用专用胶直接粘贴在地面上，施工工艺较悬浮式复杂，对地面要求也较高，但价格却比悬浮式低一些。

2）软木地板的保养

（1）软木地板的保养比其他木地板更简便，在使用过程中，最好避免将砂粒带入室内。有个别砂粒带入，也不会磨损地板，因为砂粒被带入后即被压入脚下弹性层中，当脚步离开时，又会被弹出。当然这里要提醒，不宜带入太脏太多的砂粒，这样仍会产生流动磨损，因此，带入室内的砂粒应及时清除，一般不需要配备吸尘器，也不用担心受潮会翘曲、霉变等现象。

（2）使用三五年后若个别处有磨损，可以局部采用弥补，即在局部处重新添上涂层，其方法很简单，在磨损处轻轻用砂纸打磨，清除其面上的垢物，然后再用干软布轻轻擦拭干净，重新涂制涂层，或在局部处覆贴聚酯薄膜。

（3）对于表面刷漆的软木地板其保养同实木地板一样，一般半年打一次地板蜡即可，表面有树脂耐磨层的软木地板同复合地板的护理一样简单。

9.7 静音地板

9.7.1 静音地板的特点

静音地板不仅耐磨、阻燃、隔音、防潮、防静电，而且，由于是连环板型槽口设计，所以具有以下特点：

（1）彻底解决了地板由于高强度踩踏而开裂的问题。

（2）静音，减少回音，同时具有消音效果。

（3）隔音，无需额外的隔音材料，您可以享受一个清静的生活空间。

（4）保温，能加强空调器的效果，达到冬暖夏凉。

（5）富有地毯般的弹性，脚感舒适。

（6）比一般地板的防潮性能好。

（7）地板采用锁扣结构，地板之间的结合更加紧密平整，从而有效地规避了脱胶、退缝。

（8）地板的理化性能指标超过强化木地板的国家标准。

9.7.2 静音地板的种类及规格

（1）静音型：1 212 mm×298 mm×12 mm。

（2）超实木静音：1 212 mm×140 mm×12 mm、1 212 mm×140 mm×8 mm、808 mm×125 mm×12 mm、808 mm×125 mm×8 mm，共分五层：软木静音层、防潮平衡层、高密度基材、装饰层、耐磨层（见图 9.4）。

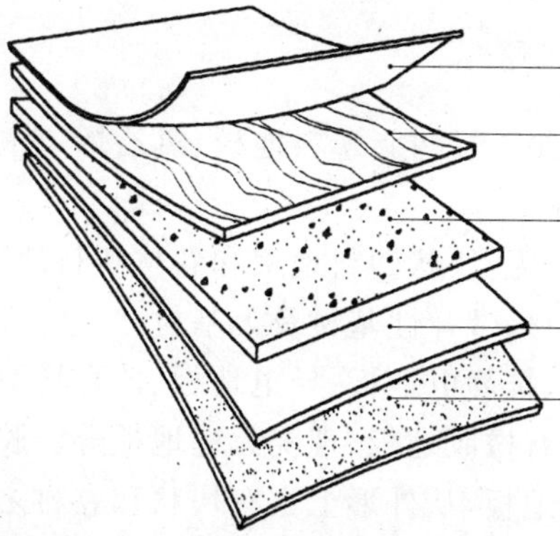

图 9.4 静音地板结构

9.7.3 静音地板的用途

静音地板广泛应用于家庭、营业厅、办公室、宾馆、酒店、无尘车间、电脑机房等场所。

9.8 塑料地板

9.8.1 塑料地板的特点

塑料地板是以树脂为主要原料，经过加工生产的地面装饰材料，具有价格低廉、花色品种多、选择余地大、装饰效果好、质轻耐磨、尺寸稳定、耐潮湿、阻燃的特点，特别是其铺装方法简单、容易，再加上其易于清洗、护理，更换也非常简捷，是中低档装修中的一种重要的地面装饰材料。

9.8.2 塑料地板的构成

弹性多层地板由上表层、中层和下层构成，其结构如图 9.5。表层为透明、填料较少的耐磨、耐久材料；中层一般为弹性垫层，压成凹形花纹或平面，一般采用泡沫塑料、玻璃棉、合成纤维毡以及亚麻毡垫；下层为填料较多的基层。上、中、下层一般用热压法黏结在一起。

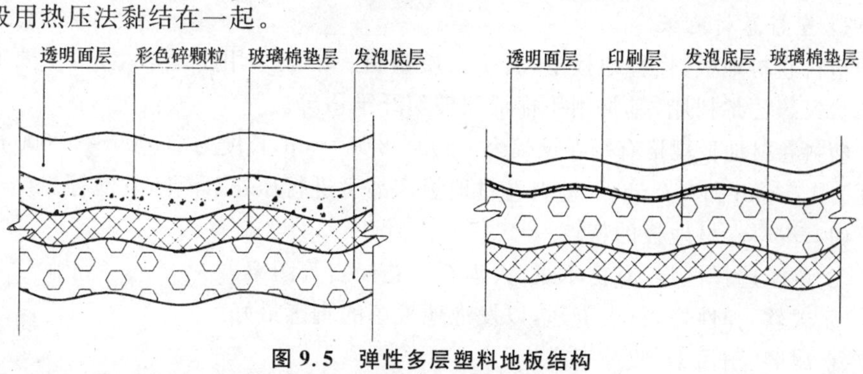

图 9.5 弹性多层塑料地板结构

9.8.3 塑料地板的分类

按使用的原料可分为:聚氯乙烯树脂塑料地板、氯乙烯-醋酸乙烯塑料地板、聚乙烯树脂塑料地板。

按产品的外形来划分可分为:块状塑料地板和卷材塑料地板。

按其结构又可分为:带基材、带弹性基材及无基材。

按功能分类有:弹性地板、抗静电地板、导电地板、体育场地塑胶地板等。

此外,属塑料地板类的还有橡胶地板、现浇无缝地板等。胶地板以合成橡胶为主要原料,可做成单层或双层地板,从外形上也有块状和卷材之分。现浇无缝地板也叫塑料涂布地板,常用聚酯树脂、聚酰胺树脂、环氧树脂、丙烯酸树脂为主要原料,适用于卫生条件要求较高的实验室、洁净车间、健身房、医院等处的地面。

9.8.4 塑料地板常用品种及规格

1) 塑料地板砖

由聚氯乙烯-醋酸乙烯酯加入大量石棉纤维等材料制成,以块状供应。规格为:305 mm×305 mm,厚度 1.5～2.0 mm。

(1) 塑料地板砖的特点

① 色泽选择性强,产品颜色数多样。

② 质轻耐磨,质量仅 3 kg/m^2 左右,但耐磨性优于水泥砂浆、水磨石。

③ 表面较硬,但与石材、水磨石等材料相比略有弹性、无冷感、步行时噪声少。

④ 防滑、防腐且不助燃。

⑤ 造价远低于大理石、水磨石、木地板。施工方便,地面平整后用专用粘结剂粘贴即可。但耐刻画性差,易被划伤。

(2) 塑料地板砖的用途

半硬质塑料地板砖属于低档装饰材料,适用于医院、疗养院、商店、餐厅、办公室以及住宅地面装饰。

2) 塑料卷材地板

塑料卷材地板,俗称地板革,属于软质塑料。一般采用压延法生产,主要原料是糊状聚氯乙烯树脂,基材用矿棉纸和玻璃纤维毡等。

塑料卷材地板规格有每卷宽幅为 1 800～2 000 mm,长度为 20 000～30 000 mm,厚度为 1.5 mm 和 2.0 mm。塑料卷材地板产品可进行压花、印花、发泡等。

(1) 塑料卷材地板的特点

① 色泽选择性强,有仿木纹、大理石及花岗岩等图案。

② 柔软,弹性好,行走舒适,以发泡地板革的脚感最好。

③ 耐磨、耐污染,收缩率小。

④ 表面耐热性较差，易烧焦或烤焦。

(2) 塑料地板砖的用途

适用于宾馆、饭店、办公楼、民用住宅等建筑室内地面装饰。

3) PVC 弹性塑胶地板

PVC 弹性塑胶地板是目前世界建材行业中最新颖的高科技铺地材料。现已在装饰工程中普遍采用。

(1) PVC 弹性塑胶地板的特点

① 耐久性

使用的寿命很长，只要保养得当，可经受最恶劣的磨损条件并保持外观不变，使用寿命一般可达 20～30 年。

② 可承受重压和滚轮

产品经过干燥过程强化，可经受推车、病床和家具轮的重压。

③ 防火、阻燃

自身不燃，在火场中不会出现表面火焰蔓延。

④ 干净卫生

表面尘埃容易清洁，对呼吸系统有益。还具有抗菌作用，某些微生物如葡萄球菌不会在表面繁殖。

⑤ 装饰性强

图案美观大方、设计精美。可根据需要、爱好选择花纹和图案。

⑥ 可热焊

地板接缝处可用焊条焊接做到防水。

(2) PVC 弹性塑胶地板的特点

适用于商业(办公楼、商场、机场)，医药(制药厂、医院)，工厂，教育等行业。

(3) PVC 弹性塑胶地板规格

PVC 弹性塑胶地板规格每卷宽幅为 1 800～2 000 mm，长度为 20 000～30 000 mm，厚度为 2.0 mm。

9.8.5 塑料地板的选购

购买块状塑料地板时，除索要检验合格证等质量文件外，应目测其外观质量，产品不允许有缺口、龟裂、分层、凹凸不平、明显纹痕、光泽不均、色调不匀、污染、异物、伤痕等明显质量缺陷，还应检测每块板的尺寸，尺寸允许误差值边长应小于 0.3 mm、厚度应小于 0.15 mm。

购买卷材塑料地板时，首先应目测外观质量，产品不允许有裂纹、断裂、分层、折皱、气泡、漏印、缺膜、套印偏差、色差、污染和图案变形等明显的质量缺陷。打开卷材检查，每卷卷材应是整张，中间不能有分段，边沿应齐整，无损伤、残缺。同时应向经销商索要产品质量检验合格证等有关质量文件。

9.8.6 塑料地板使用与保养

(1) 定期打蜡,1～2个月一次。避免大量的水,特别是热水、碱水与塑料地面接触,以免影响粘结强度或引起变色、翘曲等现象。

(2) 尖锐的金属工具,如炊具、刀、剪等应避免跌落在塑料地板上,更不能用尖锐的金属物体在塑料地板刻画,以免损坏地板的表面。不要在塑料地板上放置60℃以上的热物体及踩灭烟头,以免引起塑料地板变形和产生焦痕。

(3) 在静荷载集中部位,如家具脚,最好垫一些面积大于家具脚1～2倍的垫块,以免使塑料地板产生永久性凹陷。避免阳光直射。

9.9 地毯

地毯是一种高级地面装饰材料,有悠久的历史,也是世界通用的装饰材料之一。它不仅具有隔热、保温、吸音、挡风及弹性好等特点,而且铺设后可以使室内具有高贵、华丽、悦目的氛围。所以,它是自古至今经久不衰的装饰材料,广泛应用于现代建筑和民用住宅。

9.9.1 地毯的分类

按使用材质分类:纯毛毯、混纺地毯、化纤地毯、植物纤维地毯。

按规格用途分类:标准机织地毯、走廊地毯、单块工艺毯、方块地毯。

按纺织结构分类:手工打结地毯、栽绒地毯、簇绒地毯、无纺地毯。

9.9.2 地毯的种类及特点

1) 纯毛地毯

我国的纯毛地毯是以绵羊毛为原料,其纤维长,拉力大,弹性好,有光泽,纤维稍粗而且有力,是编织地毯的优质原料。纯毛地毯的重量约为每平方米重约1.6至2.6 kg,是高级客房、会堂、舞台等地面的高级装修材料。近年来还生产了纯羊毛无纺织地毯,它是不用纺织或编织方法而制成的纯毛地毯,具有质地优良、物美价廉、消音抑尘、使用方便等特点。

2) 混纺地毯

混纺地毯是以毛纤维与各种合成纤维混纺而成的地面装修材料。混纺地毯中因掺有合成纤维,所以价格较低,使用性能有所提高。如在羊毛纤维中加入20%的尼龙纤维混纺后,可使地毯的耐磨性提高五倍,装饰性能不亚于纯毛地毯,克服了纯毛地毯不耐虫蛀及易腐蚀等缺点,并且价格较低。

3）化纤地毯

化纤地毯也叫合成纤维地毯。这类地毯品种极多，如十分漂亮的长毛多元醇酯地毯、防污的聚丙烯地毯等。化纤地毯是我国近年来发展起来的一种新型地面覆盖材料，它是以尼龙纤维（锦纶）、聚丙烯纤维（丙纶）、聚丙烯腈纤维（腈纶）、聚酯纤维（涤纶）等化学纤维为原料，经过机织法、簇绒法等加工成的面层织物，再与布底层加工制成地毯，其外表与触感极似羊毛，耐磨而富弹性，给人以舒适、怡然的感觉，经过特殊处理，可具有防燃、防污、防静电、防虫蛀等特点。化纤地毯色彩鲜艳，图形丰富，价格远远低于纯毛地毯，所以，化纤地毯是现代地面装饰的主要材料之一。

4）草编地毯

草编地毯是以草、麻或植物纤维加工制成的具有乡土风格的地面装饰材料。

9.9.3 地毯的选购及质量鉴定

地毯的性能是鉴别地毯的质量标准。人们在购买地毯时，就要把以下性能作为参考：

1）耐磨性

化纤地毯的耐磨性通常是以耐磨次数表示，耐磨次数越多，表示耐磨性越好。在绒毛密度一样的情况下，地毯面层绒毛长度越长，耐磨性越好。我国生产的丙纶、腈纶化纤地毯的耐磨次数在 5 000 次至 10 000 次之间，已达到了国际同类产品的水平。

2）弹性

质量好的地毯，脚踩在上边应该是非常柔软舒适的，这就决定于地毯的弹性。地毯面层的弹性是指地毯经碰撞或负载后，厚度减少的百分比。化纤地毯的弹性不及纯羊毛地毯，丙纶地毯的弹性不及腈纶地毯。

3）抗静电性

化纤地毯属有机高分子材料，和有机高分子材料摩擦时，将会有静电产生，而高分子材料具有绝缘性，产生的静电不容易放出。这就使得化纤地毯易吸尘，清扫除尘困难，严重时，人在上边行走成为“导体”，就有触电的感觉。当然这种“触电”对人体无害。为了防止静电，现在一般生产厂家往往在化纤地毯的生产过程中，掺入适量的具有导电能力的抗静电剂，使化纤地毯上产生的静电能随时释放出来，以避免静电蓄积“电”人。

4）抗老化性

地毯经过一段时间的光照和接触空气中的氧气后，光泽、颜色、耐磨性、弹性都会发生变化，这就是老化。

5）剥离强度

剥离强度的高低反映了地毯面层与背衬之间粘和强度的性能，也反映了地毯的耐水能力。

6）耐燃性

凡燃烧时间在 12 min 以内，燃烧面积的直径在 17.96 cm 以内的化纤地毯，质量都属合格。

7）粘和力

粘合力是衡量地毯绒毛在背衬上粘结的牢固程度。

8）耐菌性

化纤地毯作为地面覆盖物，在使用过程中，较易被虫、菌所侵蚀而引起霉烂变化，凡能够经受 8 种常见霉菌和 5 种常见细菌的侵蚀而不长菌和不霉变者均可认为合格。

9）适应环境需求

地毯的使用环境对选择地毯很重要，要根据环境功能的要求选择地毯的品种。

10）色彩

地毯的色彩宜淡雅明快，并应与整个房间的色调相协调。

11）规格

根据室内空间构图与功能要求确定规格。

12）外观质量

无论选择何种质地的地毯，外观质量都要求毯面无破损，无污渍，无褶皱，色差、条痕及修补痕迹均不明显，毯边无弯折。化纤地毯选择时，还应观其背面，毯背不脱衬、不渗胶。

9.9.4 地毯断面形状及适用场所（表 9.1）

表 9.1 地毯断面形状及适用场所

名　称	断面形状	适用场所	名　称	断面形状	适用场所
高簇绒	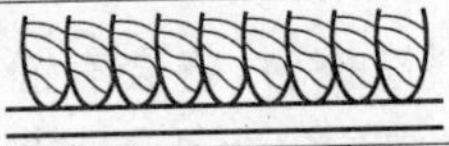	家庭	一般圈绒		公共场所
低簇绒		公共场所	高低圈绒		公共场所
粗毛低簇绒		家庭或公共场所	圈、簇绒结合式		家庭或公共场所

9.9.5 选购纯毛地毯

1）原料

优质纯毛地毯的原料一般是用精细羊毛纺织而成，其毛长而均匀，质感柔软，富有弹性，无硬根。劣质地毯的原料往往混有发霉变质的劣质毛以及腈纶丙纶纤维等，其毛短且根粗细不均，手摸时无弹性，有硬根。

2）外观

优质纯毛地毯图案清晰美观，绒面富有光泽，色彩均匀，花纹层次分明，下面毛绒密实柔软，倒顺一致。而劣质地毯则色泽黯淡，图案模糊，毛绒稀疏，容易起球、粘灰。

3）脚感

优质纯毛地毯脚感舒适，不粘不滑，回弹性很好，踩后很快便能恢复原状；劣质地毯的弹力往往很小，踩后复原极慢，脚感粗糙，且常常伴有硬物感觉。

4）工艺

优质纯毛地毯的工艺精湛，毯面平直，纹路有规则；劣质地毯则做工粗糙，漏线和露底处较多，其重量也因密度小而明显低于优质品。

9.9.6 地毯的安装

1）操作程序

清理基层→裁剪地毯→钉卡条压条→接缝处理→铺接工艺→修整清理。

2）操作要点

(1) 清理基层

① 铺设地毯的基层要求具有一定强度。

② 基层表面必须平整干燥、无凹坑、麻面、裂缝、清洁干净，有油污要用丙酮清除，高低不平处应预先用水泥砂浆填嵌平整。

③ 木地板上铺设地毯，应将钉敲下，突出物铲除，以免损坏地毯。

(2) 裁剪地毯

① 根据房间尺寸和形状，用裁边机从长卷上裁下地毯。

② 每段地毯的长度要比房间长度长约 20 mm。

(3) 钉木卡条和门口压条

① 采用木卡条(倒刺板)固定地毯时，应沿房间四周靠墙脚 10～20 mm 处，将卡条固定于基层上。

② 门口处，为了不使地毯被踢起和边缘受损，达到美观、挺直的效果，用铝合金卡条、锑条固定，锑条的长边与地面固定，待铺上地毯后，将短边打下，紧压住地毯面层。

③ 卡条和压条可用钉条、螺丝、射钉固定在基层上。

(4) 接缝处理

① 地毯采用背面接缝。将地毯翻过来，使两条缝平接，用线缝后，刷白胶，贴上纸。缝线应较紧，针脚不必太密。

② 也可用胶带接缝的方法，先将胶带按地面上的弹线铺好，两端固定，将两侧地毯的边缘压在胶带上，然后用电熨斗在胶带上面熨烫，使胶质熔解，随着熨斗的移动，用扁铲在接缝处碾压平实，使之牢固地连在一起。

③ 用电铲修绒地毯接口处正面不齐的绒。

(5) 铺接方法

① 用张紧器将地毯在纵横方向逐段推移伸展，使之拉紧，平铺地毯，以保证地毯在使用过程中遇到一定的推力而不隆起。

② 用张紧器把地毯四周挂在卡条上或铝合金条上固定。

(6) 修理清理

地毯完全铺好后，用搪刀裁去多余部分，并用扁铲将边缘塞入卡条和墙壁之间的缝中用吸尘器吸去灰尘。

9.9.7 地毯的保养及维护

铺装好地毯，保养与养护就十分重要了。除需要有良好的生活习惯外，还应注意以下几点：

(1) 手工簇绒胶背地毯为天然纤维或化学纤维制成，在使用时切勿接触燃烧物。

(2) 地毯使用初期毯面会产生少量浮毛，使用一定时间后会逐渐减少，平时应注意清理地毯上的浮毛。

(3) 应避免局部重物长期静压，以免造成倒绒，影响毯面的美观。

(4) 应避免地面潮湿，以防损坏地毯的背布和底基布。

(5) 地毯因长期使用而沾染灰尘时，应定期用吸尘器清理。

(6) 地毯如局部污染，可用地毯干洗剂或普通干洗剂擦拭，然后用湿布擦净，并在阴凉处晾干。不宜局部水洗，更切忌用汽油等有机溶剂擦洗，以免褪色和损坏地毯绒毛。

(7) 如地毯被严重污染或显陈旧时，可整体水洗复新。

复习思考题

1. 地面装饰材料有哪些，各有什么优点？
2. 常用实木地板的种类有哪些？
3. 怎样选购实木地板？
4. 复合木地板的特点是什么？
5. 如何选购复合木地板？
6. 实木复合地板的种类有哪些？
7. 什么是软木地板？软木地板的特点及种类有哪些？
8. 塑料地板的常用品种有哪些？

9. 地毯的种类及特点有哪些?

10. 地毯是怎样保养及维护的?

实习课题

调查当地装饰材料市场实木地板、复合地板、实木复合地板、竹木地板的品种、规格、质量和价格。

10 金属装饰材料

金属作为建筑装饰材料，有着源远流长的历史，是一种重要的装饰材料之一。金属材料具有独特的光泽与颜色，优良的耐磨、耐腐蚀和机械性能，良好的加工性和铸造性。所以，在现代建筑装饰工程中，金属装饰材料用得越来越多，不仅广泛用于围墙、栅栏、门窗、建筑五金、卫生洁具等，而且大量应用于墙面、柱面、吊顶等部位的装饰。

10.1 金属材料的主要性能

10.1.1 金属材料的机械性能

1）弹性

金属材料受外力作用产生变形，当外力去掉后能恢复原状的性能叫弹性。

2）刚性

金属材料受力时抵抗弹性变形的能力叫做刚性。

3）强度

金属材料在外力作用下抵抗塑性变形和断裂的能力叫做强度。强度分抗拉强度、抗压强度、抗弯强度、抗剪强度与抗扭强度。

4）硬度

金属材料抵抗更硬物体压力的能力叫做硬度。

5）冲击韧性

金属材料抵抗冲击载荷作用下断裂的能力叫做冲击韧性。

6）疲劳强度

金属材料在无数次重复或交变载荷作用下而不致引起断裂的最大应力叫做疲劳强度。

10.1.2 金属材料的物理、化学及工艺性能

1）物理性能

金属材料的主要物理性能有密度、熔点、热膨胀性、导热性和导电性等。

2）化学性能

金属材料的主要化学性能有耐酸性、耐碱性、抗氧化性等。

3）工艺性能

工艺性能是物理、化学、机械性能的综合。按工艺方法不同分为铸造性、可锻性、可焊性和切削加工性等。

10.2　装饰用钢材及制品

10.2.1　不锈钢及制品

1）不锈钢

不锈钢是在空气中或化学腐蚀中能够抵抗腐蚀的一种高合金钢，不锈钢具有美观的表面和良好的耐腐蚀性能，不必经过镀色等表面处理，而能发挥不锈钢所固有的表面性能，使用于多方面的钢铁的一种，通常称为不锈钢。代表性的有13-铬钢，18-铬镍钢等高合金钢。

从金相学角度分析，因为不锈钢含有铬而使表面形成很薄的铬膜，这个膜隔离开与钢内侵入的氧气，起耐腐蚀的作用。

为了保持不锈钢所固有的耐腐蚀性，钢必须含有12%以上的铬。

2）不锈钢制品

（1）不锈钢板材

不锈钢板材分平面钢板与凹凸钢板两类。不锈钢板根据表面光泽程度常分为镜面板、亚光板和浮雕板三种。

① 镜面板：光线照射后反光率达90%以上，表面平滑光亮，可以映像。此种板常用于柱面、墙面反光率较高的部位。

② 亚光板：反光率在50%以下，光线柔和、不刺眼。根据反射率不同又分为多种级别。

③ 浮雕钢板：经辊压、特研特磨、腐蚀或雕刻而成的具有立体感的浮雕装饰。一般腐蚀雕刻深度为0.015～0.5 mm。

（2）彩色不锈钢板

彩色不锈钢板是在不锈钢板上进行技术性的和艺术性的加工，使其表面成为具有各种绚丽色彩的不锈钢装饰板，其颜色有蓝、灰、紫、红、青、绿、金黄、橙、茶色等多种。

彩色不锈钢板具有抗腐蚀性强、较高的机械性能、彩色面层经久不褪色、色泽随光照角度不同会产生色调变幻等特点，而且彩色面层能耐200℃的温度，耐盐雾腐蚀性能超过一般不锈钢，耐磨和耐刻画性能相当于箔层涂金的性能。当弯曲90°时，彩色层不会损坏。

(3) 彩色涂层钢板

彩色涂层钢板是以冷轧钢板或镀锌钢板为基板,经表面(脱脂、磷化、铬酸盐等)处理后,涂上有机涂料烘烤而制成的产品,简称彩涂板或彩板,其基本构造如图10.1所示,当基材为镀锌板时被称为彩色镀锌钢板。彩色涂层钢板长度为500~4 000 mm,宽度700~1 550 mm,厚度0.3~2 mm,颜色主要有红色、绿色、乳白色、棕色、蓝色等。

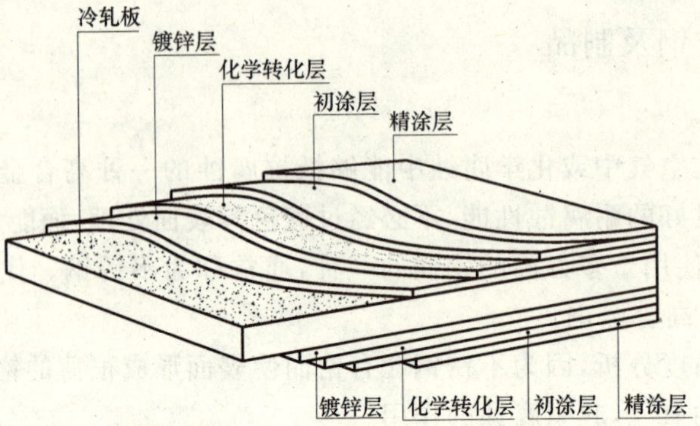

图10.1 彩色涂层钢板的构造

3) 不锈钢管材、型材

不锈钢除板材外,还有管材、型材。如不锈钢方管、圆管及角材、槽材等在建筑装饰中也大量使用。

4) 不锈钢制品的特点

(1) 结构精巧。不仅款式越来越新颖,而且结构奇特,增加了使用功能,将方形、圆形不锈钢管管壁解剖,开孔铣槽,进行镶、嵌、拼、装雕刻玻璃或彩绘玻璃或灯具等物,四周用硅膏固封,成为具有特色结构的门、窗和玻璃隔断,其视觉效果好,感觉舒适,给人一种美的享受。

(2) 工艺先进。采用先进裁剪、冲压、弯曲、折边、咬合成型和氩弧焊焊接、等离子切削,加工后直接制成各种几何形状的制品,表面光洁,不会因打孔铆接而造成质量弊病,表面轮廓清晰,造型美观。

(3) 功能增多。由于不锈钢制品表面采用真空镀膜射线工艺和蚀刻工艺,将钛金属离子喷镀在金属表面,有仿金色、五彩色等,色彩鲜艳、闪闪发光的装饰性金属板,可以根据不同用途任意选择。

(4) 装潢考究。不锈钢橱、柜台表面形式上已将装饰和艺术结合在一起,用色泽美丽、光亮的钛金镶拼和多色块、金黄、墨绿、橙黄、褐紫、乌黑等颜色的复合材料相结合,力求与现代室内装饰和现代家具相吻合、交融,便于消费者挑选时与家具配套,在式样上有能分能合的组合式箱柜、桌、椅、床等,给人们提供了更多方便。

10.2.2　不锈钢制品的用途

不锈钢可根据使用功能的需要生产制作：不锈钢卷帘门、收缩门、自动感应门、伸缩门、复合门、浮雕门、彩色不锈钢广告牌、灯箱、雕塑、围栏、隔断、包柱、吊顶等装饰。

10.2.3　不锈钢制品的常用规格

常用不锈钢板材的规格(mm)

长	宽	厚	长	宽	厚	长	宽	厚
2 440	1 220	2	2 440	1 220	1.0	3 000	1 220	1.0
2 440	1 220	1.5	2 440	1 220	0.8	2 000	1 220	1.0
2 000	1 000	0.35	2 000	1 000	0.5	2 000	1 000	1.0

常用不锈钢方管的规格(mm)

边长	边长	边长	边长	边长
10×10	16×16	22×22	31.8×31.8	50×50
12.7×12.7	19×19	25.4×25.4	38×38	60×60
15.9×15.9	20×20	30×30	40×40	62.5×62.5
67.5×67.5	70×70	72.5×72.5	80×80	

常用不锈钢矩管的规格(mm)

边长	边长	边长	边长	边长
20×10	22×10	25×13	31.8×15.9	5 031.8×25.4
40×20	50×25	60×30	75×40	75×45
80×35	80×40	90×25	90×45	100×25
100×45				

常用不锈钢圆管的规格(mm)

外径	外径	外径	外径	外径	外径	外径
12.7	16	19	22	25.4	31.8	38.1
40	45	48	50	63	76	80
89.9	102	108	114			

10.2.4　不锈钢制品的选择

(1) 装饰效果：表面处理决定装饰效果，应根据使用部位特征来决定采用镜面、亚光或浮雕花纹不锈钢板。

(2) 使用条件:根据所处环境的污染与腐蚀的程度、使用中碰撞或摩擦程度选择不同品种。

(3) 造价:不锈钢板可直接用于装饰部位,也可加工成复合不锈钢板,不同类型、厚度及表面处理形式,都会影响工程造价。在保证使用的前提下,选择合适的厚度与类型,对降低工程造价十分重要。

10.2.5 不锈钢板的维护与保养

不锈钢的使用随着经济的发展变得更加广泛,人们在日常生活中与不锈钢息息相关,但是很多人对不锈钢的性能认识不多,对不锈钢的维护保养就知道得更少了。很多人以为不锈钢是永不生锈的,其实,不锈钢耐腐蚀性良好。原因是表面形成一层钝化膜,在自然界中它以更稳定的氧化物的形态存在。也就是说,不锈钢虽然按使用条件不同,氧化程度不一样,但最终都会被氧化,这种现象通常叫做腐蚀。

裸露在腐蚀环境中的金属表面全部发生电化反应或化学反应,均受到腐蚀。不锈钢表面钝化膜之中耐腐蚀能力弱的部位,由于自激反应而形成点蚀反应,生成小孔,再加上有氯离子接近,形成很强的腐蚀性溶液,加速腐蚀反应的速度。还有不锈钢内部的晶间腐蚀开裂,所有这些,对不锈钢表面的钝化膜都发生破坏作用。因此,对不锈钢表面必须进行定期的清洁保养,以保持其华丽的表面及延长使用寿命。清洗不锈钢表面时必须注意不发生表面划伤现象,避免使用漂白成分以及研磨剂的洗涤液、钢丝球、研磨工具等,为除掉洗涤液,洗涤结束时再用洁净水冲洗表面。

不锈钢表面有灰尘以及易除掉污垢物的,可用肥皂、弱洗涤剂或温水洗涤;不锈钢表面的商标、贴膜,用温水、弱洗涤剂来洗,粘结剂成分,使用酒精或有机溶剂(乙醚、苯)擦洗;不锈钢表面的油脂、油、润滑油污染,用柔软的布擦干净,以后用中性洗涤剂或氨溶液或用专用洗涤剂清洗。

不锈钢表面有漂白剂以及各种酸附着,应立即用水冲洗,再用氨溶液或中性碳酸苏打水溶液浸洗,最后用中性洗涤剂或温水洗涤。

不锈钢表面有彩虹纹,是由过多使用洗涤剂或油引起的,洗涤时用温水中性洗涤剂可洗去。不锈钢表面污物引起的锈,可用10%硝酸或研磨洗涤剂洗涤,也可用专门的洗涤药品洗涤。只要我们使用正确的保养方法,就能延长不锈钢的使用寿命,保持其洁净、明亮、华丽的气派。

10.3 装饰用铝合金及制品

1) 铝合金

在铝中加入铜、镁、锰、硅、锌等合金元素后就成为铝合金。铝合金不仅保持了铝的质量轻、耐腐蚀、易加工等优良性能,而且强度、硬度等机械性能明显提高,故在建筑装饰领域中,铝合金的应用已相当广泛。

2）铝合金制品

（1）铝合金门窗

铝合金门窗是将经表面处理的铝合金型材，经过下料、打孔、铣槽、攻丝、制配等加工工艺制成的门窗框料构件，再与连接件、密封件、开闭五金一起组合装配而成。铝合金门窗具有质量轻、密封性能好、耐腐蚀、色调美观、造型新颖大方、施工速度快、维修方便等特点。

铝合金门窗的品种有：推拉窗（门）、平开窗（门）、悬挂窗、百叶窗、地弹门、自动门、旋转门、卷帘门等。

（2）铝合金孔型装饰板

铝合金孔型装饰板，使空间具有延伸感和透光、透气的作用。不同图案、大小疏密的孔型变化使物面产生动感，根据不同外部环境可进行异形处理，令线条更加明快、飘逸，突破传统造型概念，更适合各类现代高级会所、家居装饰、办公室等各种场合，是既实用又美观的新型装饰材料（如图 10.2）。

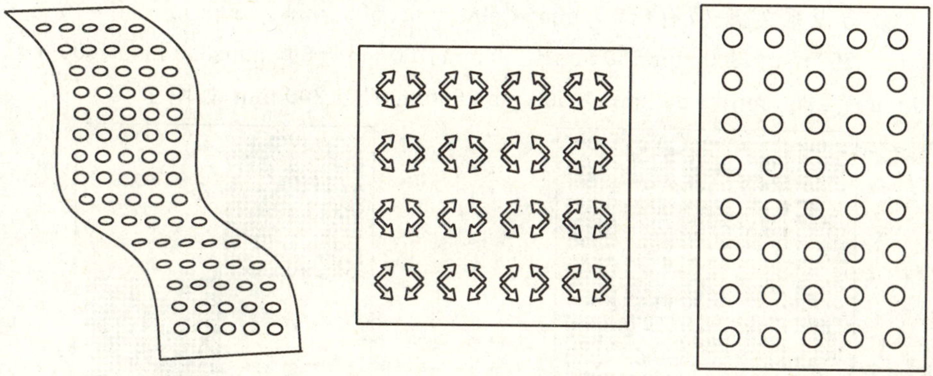

图 10.2 铝合金孔型装饰板

铝合金孔型装饰板的常用规格有：

2 000 mm×1 000 mm×(0.8～1.5)mm、2 400 mm×1 200 mm×(0.8～1.5)mm。

（3）铝合金天花装饰板

铝合金天花装饰板以铝制成，有打孔和光面两种。表面处理有：上预漆或辊涂处理，也可静电喷涂处理，也可覆膜处理（如图 10.3）。表面光泽度有：亚光、丝光、金属光、镜面漆和阳极化镜面等。铝合金天花装饰板具有隔音、可拆卸、可封缝、防火、防潮、防腐蚀、耐久性强、易清洗等特点，亦可留空缝隙，有利通风，室内外均可使用，且色彩丰富、高雅，富有立体感，应用于机场、地铁、车站、商业中心、宾馆、餐厅、医院、办公室、厨房、卫生间、走廊等环境。

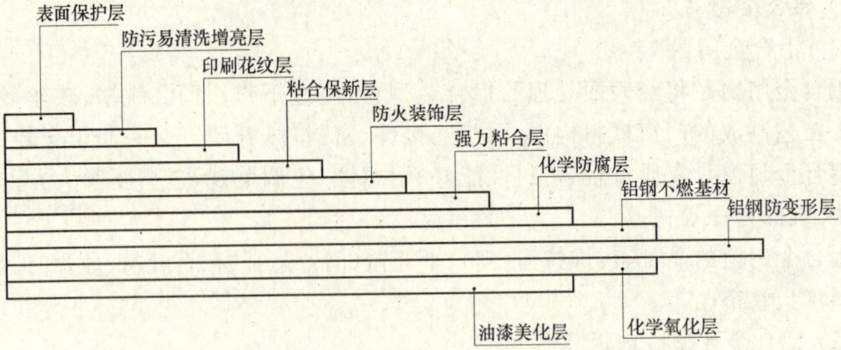

图 10.3　铝合金装饰板覆膜处理

铝合金天花装饰板的品种有:方板系列、C 型系列、G 型系列、U 型系列、V 型系列、挂片系列、格栅系列等。

铝合金天花装饰板的常用规格有:

① 方板系列规格有:600 mm×600 mm、500 mm×500 mm、400 mm×400 mm、300 mm×300 mm、150 mm×150 mm、100 mm×600 mm、300 mm×600 mm、300 mm×1 200 mm、1 560 mm×600 mm、600 mm×1 200 mm,如图 10.4。

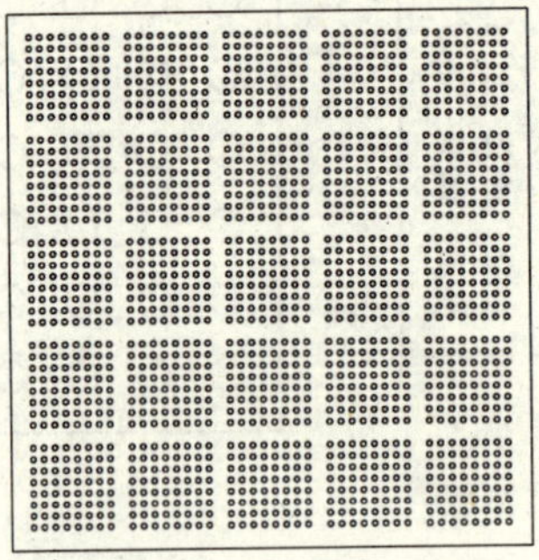

方板系列
规格:600 mm×600 mm

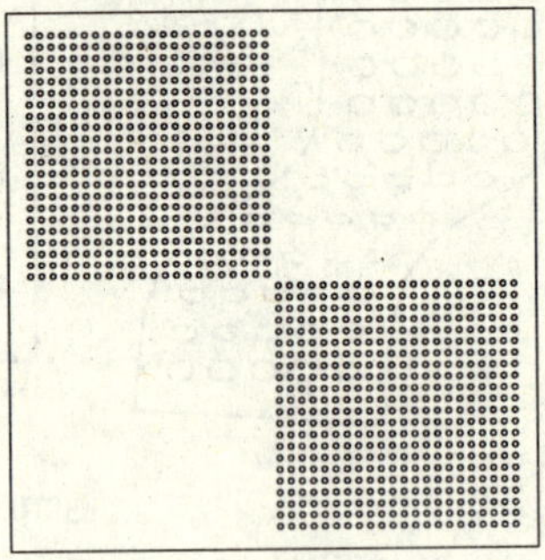

方板系列
规格:600 mm×600 mm

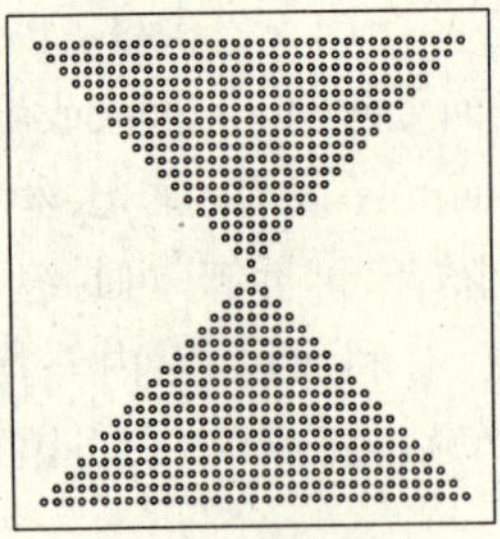

方板系列
规格:500 mm×500 mm

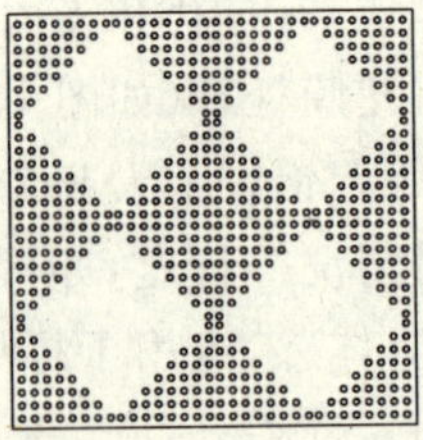

方板系列
规格:400 mm×400 mm

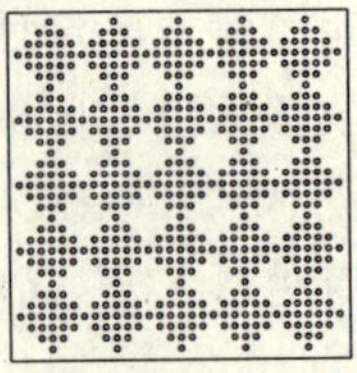

方板系列
规格:300 mm×300 mm

图 10.4　铝合金方板系列天花装饰板

② C型系列规格有:(85～120)mm×(1 000～6 000)mm,如图10.5。

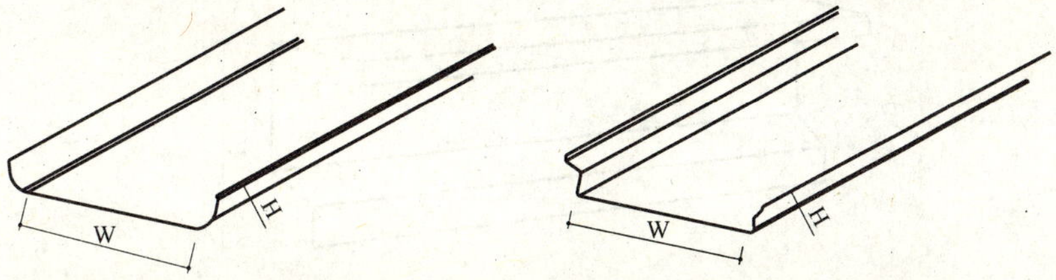

图10.5 铝合金C型系列天花装饰板

③ G型系列规格有:(85～120)mm×(1 000～6 000)mm,如图10.6。

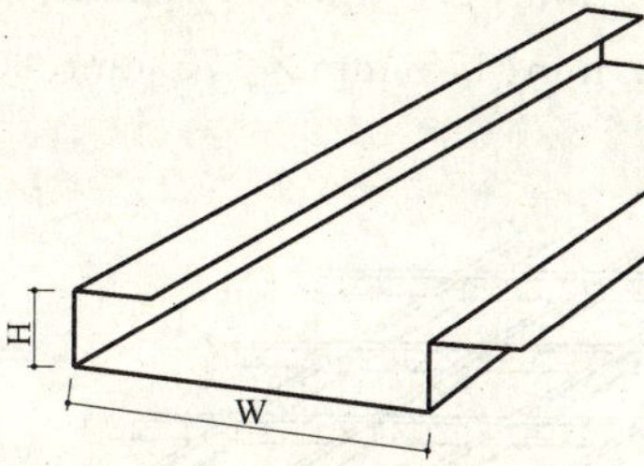

图10.6 铝合金G型系列天花装饰板

④ U型系列规格有:(85～120)mm×(3 000～4 000)mm,如图10.7。

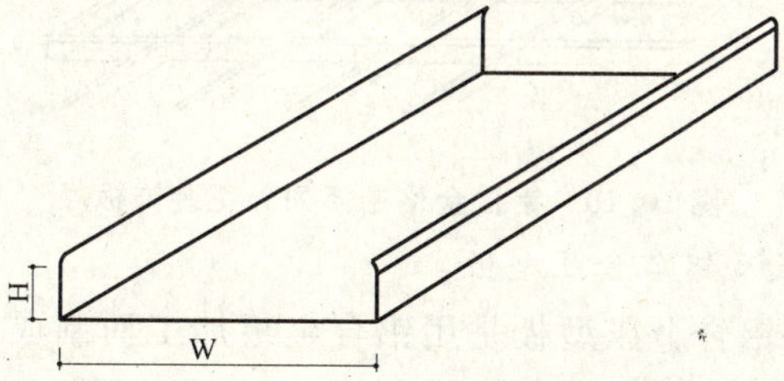

图10.7 铝合金U型系列天花装饰板

⑤ V型系列规格有:(85～120)mm×(3 000～4 000)mm,如图10.8。

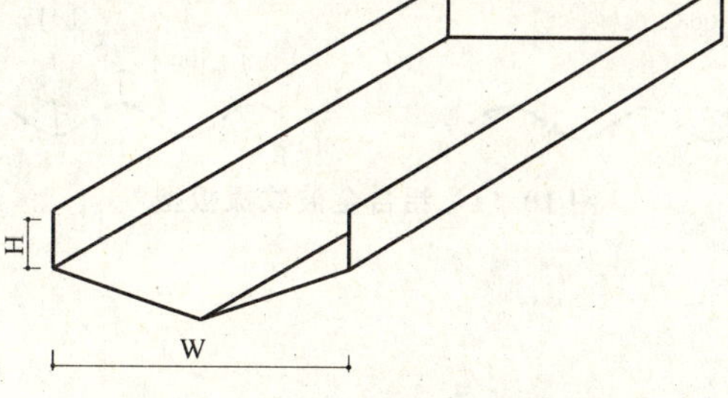

图10.8 铝合金V型系列天花装饰板

⑥ 挂片系列规格有:(75～220)mm×(1 000～6 000)mm,如图 10.9。

图 10.9　铝合金挂片系列天花装饰板

⑦ 格栅系列规格有:高度 40 mm、45 mm、50 mm、75 mm。四种系列,每种系列有 50 mm×50 mm、75 mm×75 mm、100 mm×100 mm、110 mm×110 mm、125 mm×125 mm、150 mm×150 mm、175 mm×175 mm、200 mm×200 mm,如图 10.10。

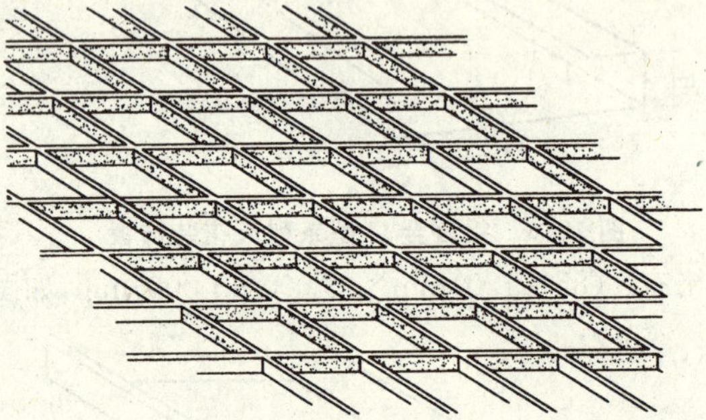

图 10.10　铝合金格栅系列天花装饰板

4) 铝合金波纹板及铝合金压型板

铝合金波纹板及铝合金压型板是用铝合金板加工而制成的一种轻型装饰板材,其横切面图形是一种波纹形状,如图 10.11、10.12 所示。这种板具有重量轻、强度高、阳光反射力强,能防火、防潮、耐腐蚀,在大气中可使用 20 年不需更换,适于做工程的围护结构,也可用作墙面和屋面。

图 10.11　铝合金波纹板板型

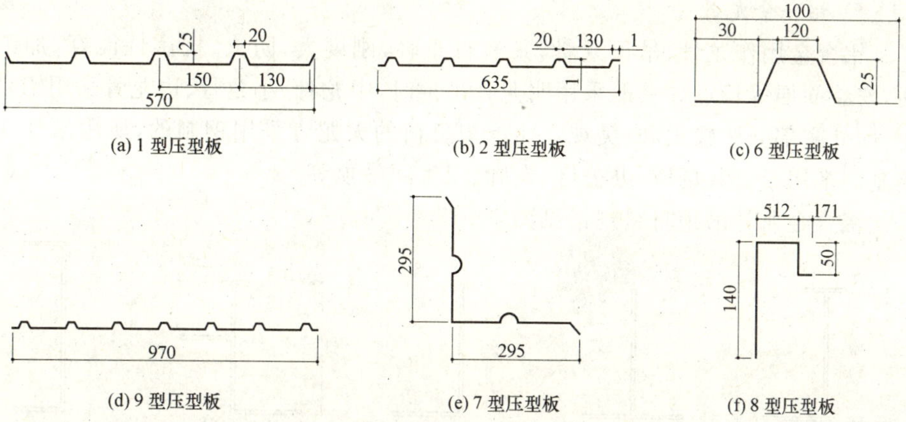

图 10.12　铝合金压型板板型

波纹板的合金牌号、状态和规格应符合表 10.1 的规定。压型板的合金牌号、状态和规格应符合表 10.2 的规定。

表 10.1　铝合金波纹板的牌号、状态和规格

合金牌号	状态	波型带号	规　格（mm）				
			厚	长	宽	波高	波距
L1～L6	Y	波 20～106	0.6～1.0	2 000～10 000	1 115	20	106
LF21		波 33～131	0.6～1.0	2 000～10 000	1 008	33	131

表 10.2　压型板的合金牌号、状态和规格

合金牌号	状　态	板　型	规　格（mm）			
			厚	长	宽	波高
L1～L6，LF21	方式	1	0.5～1.0	≤2 500	570	25
		2		≤2 500	635	
		3		2 000～6 000	870	
		4			935	
		5			1 170	
		6		≤2 500	100	
		7			295	295
		8			140	80
		9			970	25

5）铝合金龙骨

铝合金用作龙骨、吊顶龙骨，具有自重轻，刚度大，防火、抗震性能好，加工方便，安装简便等特点。一般采用明龙骨吊顶时，中龙骨、小龙骨、边龙骨采用铝合金龙骨，外露部分比较柔和、美观。而承担负荷的大龙骨采用钢制的，所用吊件均为钢制。常用于公共场所、办公区、走廊、卫生间吊顶等。

铝合金龙骨吊顶材料规格见图 10.13。

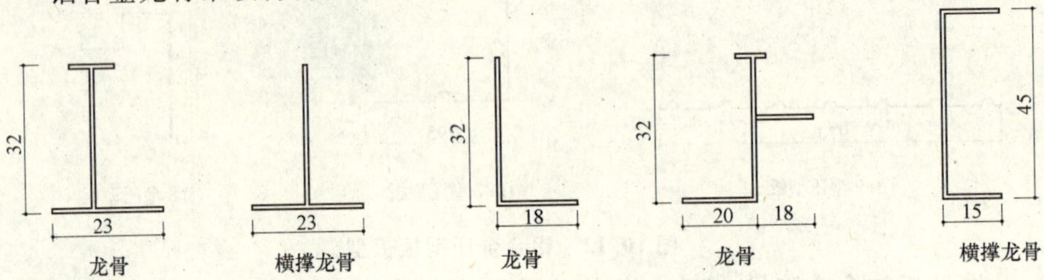

图 10.13　铝合金龙骨吊顶材料规格

10.4　铁艺制品

铁艺最经典的定义是铁与火的艺术，是现代工艺与艺术的结合。铁艺的材料主要是铁，但由于装饰的需要和出于加工的考虑，有时也把合金钢的、铜质的、铝质的材料制成的金属装饰制品统称为“铁艺”。

铁艺的加工通常采用的工艺手段是：铸造、锻造和焊接，有时也借助机床加工。

10.4.1　铁艺的分类

铁艺作品从大的类型分有园林建筑铁艺、家居装饰铁艺、工艺美术铁艺。按铁艺材料及加工方法分，铁艺有三大类，即扁铁铁艺、铸铁铁艺、锻铁铁艺。

1）扁铁铁艺

以扁铁为主要材料，冷弯曲为主要工艺，手工操作或用手动机具操作，端头修饰很少。

2）铸铁铁艺

以铸铁为主要材料，铸造为主要工艺，花型多样，装饰性强。

3）锻铁铁艺

以低碳钢型材为主要原材料，以表面轧花、机械弯曲、模锻为主要工艺，以手工锻造辅助加工。

铁艺制品见图 10.14。

铸铁围栏　　扁铁招牌　　锻铁护窗

图 10.14 铁艺制品

10.4.2 铁艺制品的特点

(1) 实用性和装饰性：造型优美，视觉效果好，具有装饰艺术美。

(2) 安全性和通透性：足够的强度，能满足基本功能的要求。

(3) 突出展示性：精工制作，体现工艺艺术美。

(4) 持久性和环保性：具有良好的强度，抗风化、抗老化、抗虫害。

10.4.3 铁艺常用金属材料

1) 有色金属材料

铁艺常用的有色金属材料有铜和铝。当然，工匠们在有些珍品铁艺中也使用金和银等贵重金属。

2) 黑色金属材料

(1) 铁

铁的成分比较复杂，含碳量较高，一般铁的含碳量为 2.1%～6.7%。

(2) 钢

钢的含碳量低，硬度大。钢的种类很多，根据化学成分不同分为碳素钢和合金钢。

① 碳素钢

含碳量小于 0.25% 的钢叫低碳钢，塑性和可焊性最好；含碳量为 0.25%～0.6% 的钢叫中碳钢，塑性和可焊性较差；含碳量大于 0.6% 的钢叫高碳钢，塑性和可焊性很差。

② 合金钢

在钢中(除杂质之外)专门加入某些元素,使其具有一定的特殊性能,这种钢叫合金钢,由于其成本高铁艺中使用较少。

10.4.4 铁艺的色彩

铁艺作为工艺美术装饰艺术品,可以是五颜六色的。但一般情况下,铁艺的色彩是相对单一的,这与铁艺的材料有关,更与铁艺的应用有关。

铁艺的色彩要素源于其材料本身,铁、铜、铝、金等,由此而来的本身色彩是黑色、银白色、红色、绿色和黄色,应该说这是铁艺的基本色。

铁艺的色彩既要体现铁艺的特质,又要与环境相协调。因此,铁艺的色彩设计既要有功能性,又要有空间性。如果说图案造就了铁艺的生命,那么色彩赋予了铁艺的情感。图案与色彩的组合构成了铁艺的风格。

色彩的运用最终目的是传递感情。人们对色彩的感受,赋予色彩特定的情结,这种感受通过视觉、触觉、听觉、情绪来表现。

10.4.5 铁艺表面处理

铁艺表面处理是指为了防止铁艺表面的锈蚀,消除和掩盖铁艺在制作过程中出现的不影响强度的表面缺陷,而对铁艺表面进行涂装、电镀、防锈、抗腐蚀以及装饰性的工艺处理。金属表面处理方法有许多种,但就铁艺来讲,常用的是涂装和电镀。

10.4.6 铁艺制品的使用与保养

铁艺制作过程是将含碳量很低的生铁烧熔,倾注在透明的硅酸盐溶液中,两者混合形成椭圆状金属球,再经高温剔除多余的熔渣,之后轧成条形熟铁环,铁艺制品还需经过除油污、除杂质、除锈和防锈处理后才能成为家庭装饰用品,所以选择时应以其表面是否光洁、防锈效果优劣为参考标准。

铁艺制品小到烛台挂饰,大到旋转楼梯,都能起到其他装饰材料所不能替代的装饰效果,在局部选材时可作为一种不错的选择。比如,装饰一扇用铁艺嵌饰的玻璃门,再配以居室的铁艺制品会烘托出整个居室不同凡响的效果。木制板材暖气罩易翘曲、开裂,使用结实耐用的铁艺暖气罩不但散热效果好,还能起到较好的装饰效果。

虽然铁艺制品非常坚硬,但在安装、使用过程中也应避免磕碰。这是因为一旦破坏了表面的防锈漆,铁艺制品很容易生锈,所以在使用中发现漆皮脱落要及时用特制的“修补漆”修补,以免生锈。铁艺制品属性为生铁锻造,因此尽可能不在潮湿环境中使用,并注意防水防潮,如发现表面褪色,出现斑点,应及时修补上漆以免影响其制品的整体美观。

目前市场上出售的铁艺制品在制作工艺上分为两类：一类是用锻造工艺，即以手工打制生产的铁艺制品，这种制品材质比较纯正，含碳量较低，其制品也较细腻，花样丰富，是家居装饰的首选；另一类是铸铁铁艺制品，这类制品外观较为粗糙，线条直白粗犷，整体制品笨重，这类制品价格不高，却更易生锈。

10.5 轻钢龙骨

轻钢龙骨分为吊顶龙骨和墙体龙骨两大类。吊顶龙骨由承载龙骨（主龙骨），覆面龙骨（辅龙骨）及各种配件组成。分为 D38、D50 和 D60 三个系列。D38 用于吊点间距 900～1 200 mm 以上吊顶，D50 用于吊点间距 900～1 200 mm 以上吊顶，D60 用于吊点间距 1 500 mm 以上加重吊顶，U50、L160 为覆面龙骨，它与承载龙骨配合使用。

墙体龙骨由横龙骨、竖龙骨及横撑龙骨和各种配件组成，有 Q50、Q75、Q100 和 Q150 四个系列。

10.5.1 轻钢龙骨的特点及用途

轻钢龙骨（吊顶龙骨）是采用冷轧（镀锌）卷板，优质冷轧带钢作原料，经过滚轧，剪切、成型、镀锌制成的一种金属骨架。它具有重量轻、强度高、防火、防震等优点，与各种装饰板材相符合，具有良好性能及装饰效果。

轻钢龙骨（隔墙龙骨）是以冷轧（镀锌）钢板（带）作原料，采用冷压工艺生产，经轧辊轧制成型的一种金属骨架，能由墙体龙骨不同的施工安装方式满足隔墙的稳定、耐火、隔声、抗震、防火及保温等有关建筑技术要求，可用于内墙隔、活动墙、管线墙、保温墙、天井墙等。

10.5.2 轻钢龙骨的规格及安装

1）轻钢龙骨的规格（见图 10.15）及轻钢龙骨主件（见图 10.16）

类　别	吊　顶　龙　骨				
代号名称	简　图	长度(m)	代号名称	简　图	长度(m)
D38 主龙骨	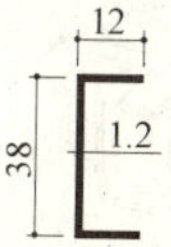	3	U50 龙骨	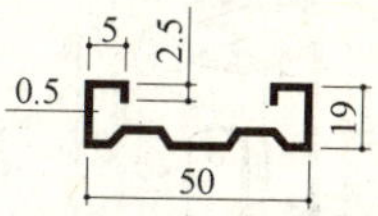	3

续表

类别	吊顶龙骨				
代号名称	简图	长度(m)	代号名称	简图	长度(m)
D50 主龙骨	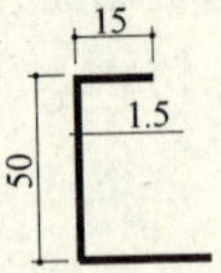	3	U60 龙骨	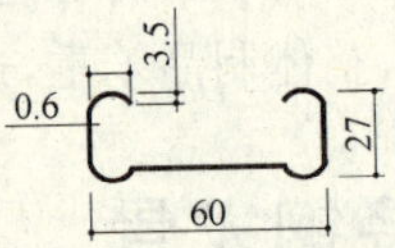	3
D60 主龙骨	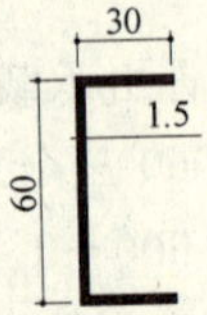	3			

类别	墙体龙骨		
代号名称	简图	断面尺寸	长度(m)
横龙骨 (沿地沿顶) Q50 Q75 Q100 Q150 C50 C75 C100 C150		50×40×0.6 77×40×0.6 102×40×0.7 20×1.2×1.2	3
加强龙骨 Q50 Q75 Q100 Q150 C50 C75 C100 C150		50×40×1.5 75×40×1.5 100×40×1.5 20×12×1.2	≤3.5 ≤6 ≤6 3
竖向龙骨 Q50 Q75 Q100 Q150 C50 C75 C100 C150	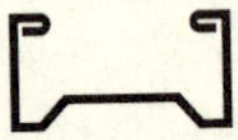	50×50×0.6 75×50×0.6 100×50×0.7 20×12×1.2	≤3.5 ≤6 ≤6 3

图 10.15 轻钢龙骨规格

代号名称	简图	厚度(mm)	备注	代号名称	简图	厚度(mm)	备注
D38 主龙骨吊件	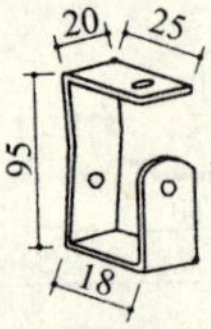	3	D38 系列	U50 主龙骨挂件	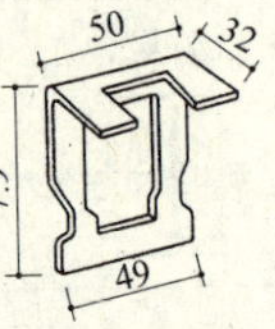	0.6	D60 系列 D50 系列 D38 系列

续表

代号名称	简图	厚度(mm)	备注	代号名称	简图	厚度(mm)	备注
D50 D60 主龙骨吊件	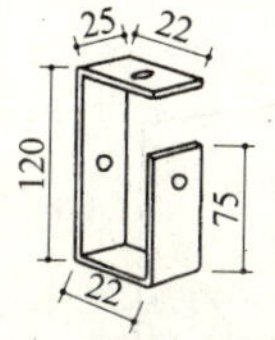	3	D50 系列 D60 系列	U50 龙骨支托	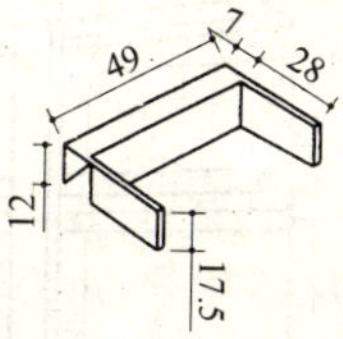	0.5	通用
D60 主龙骨吊件	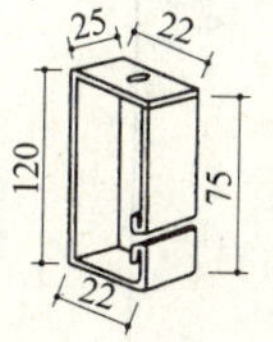	2	D60 系列	U50 龙骨连接件	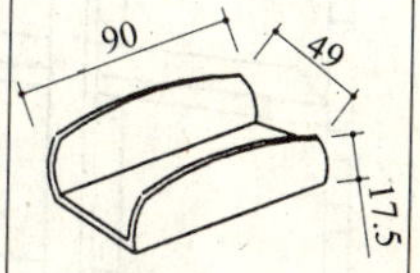	0.5	通用
D60 D50 D38 龙骨连接件	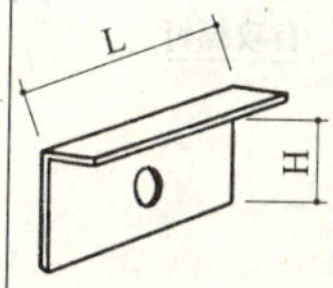	1.2	L＝100 H＝60 L＝100 H＝50 L＝100 H＝39	D60 D50 D38 龙骨连接件	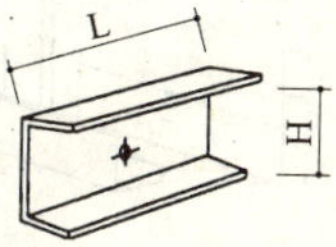	1.2	L＝100 H＝56 L＝100 H＝47 L＝100 H＝35.6

图 10.16　轻钢龙骨主件

2）轻钢龙骨石膏板吊顶构造示意图(见图 10.17)

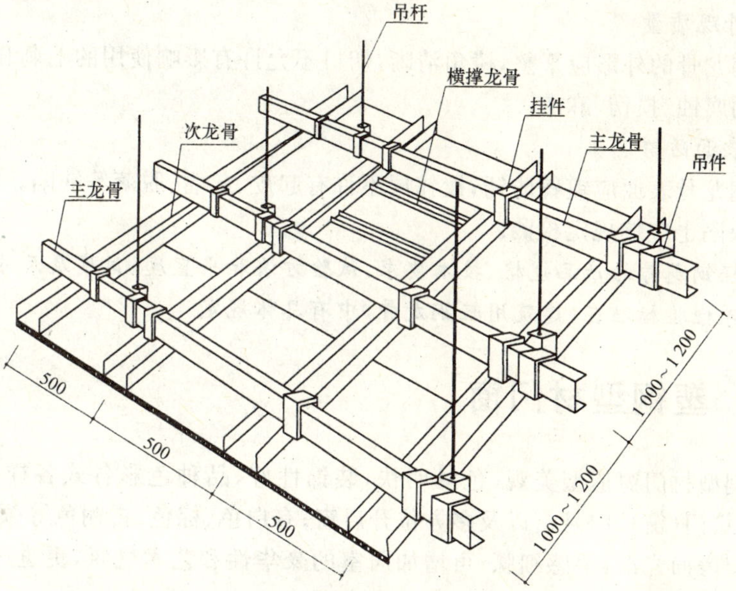

图 10.17　轻钢龙骨石膏板吊顶构造示意图

3）轻钢龙骨石膏板隔墙构造示意图（见图 10.18）

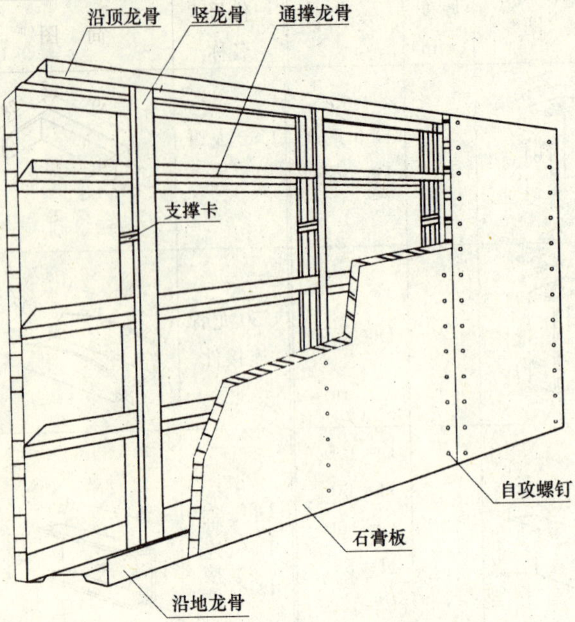

图 10.18　轻钢龙骨石膏板隔墙构造示意图

10.5.3　轻钢龙骨的选择

1）外观质量

轻钢龙骨的外形应平整，棱角清晰，切口不允许有影响使用的毛刺和变形。无较严重的腐蚀、损伤、麻点。

2）表面防锈

轻钢龙骨表面应镀锌防锈，镀锌层不许有起皮、起瘤、脱落等缺陷。对于腐蚀、麻点等缺陷也应按规定检测。

3）轻钢龙骨的产品规格、技术要求、试验方法和平直度、角度及尺寸允许偏差等检验标准在《建筑用轻钢龙骨》中有具体规定

10.6　塑钢型材门窗

塑钢型材门窗造型美观，色泽明快，装饰性好，品种色彩各式各样，有平开门（窗）、推拉门（窗）、中悬窗以及多方位开启窗；有白色、棕色、古铜色等颜色。同时，塑钢门窗表面光滑，手感细腻，可增加居室的豪华性和艺术气氛，更进一步的满足人们日益增长的装饰需求。

塑钢型材门窗是传统的换代产品，被称为“第四代门窗”，其主要性能特点

如下：

1）保温节能性

塑钢型材为多腔式结构，具有良好的隔热性能。传热系数低，仅为铝材的1/1 250，钢材的1/357。故采用塑钢门窗比用铝合金门窗可节省采暖或制冷的能耗，它的能耗是钢材的1/4.5，铝材的1/8，其经济效益和社会效益都是巨大的，符合国家扶持的环保节能产品的政策。

2）良好的气密性

塑钢门窗安装时所有缝隙处均装有橡胶密封条和毛条，其气密性远远高于铝合金门窗。

3）良好的水密性

塑钢窗型材为多腔式结构，均有独立的排水腔，能有效排除积水。

4）优良的抗风压性能

在独立的塑钢型材腔内，可添加1.2～3 mm厚的钢衬，可根据当地的风压值、建筑物的高度、洞口大小、窗型设计来选择加强钢衬的厚度及型材系列，以保证门窗抗风压强度。

5）良好的隔音性

塑钢门窗型材的多腔结构，保证其具有良好的隔音性，如采用双层中空玻璃结构，其隔声效果更理想，特别适用于闹市区噪音干扰严重的场所，如医院、学校、宾馆、写字楼等。

6）耐腐蚀性优良

塑钢门窗型材具有独特配方，具有良好的耐腐蚀性，再考虑选择防腐五金件或不锈钢材料，其使用寿命很长的。

7）良好的耐候性

塑钢门窗型材采用独特的配方，提高了其耐寒性、耐老化性能，可长期使用于温差较大的环境中（－50～70℃），严寒、烈日暴晒、潮湿都不会使其出现变质、老化、脆化等现象。

8）良好的防火性

塑钢门窗不易燃、不助燃，能自熄，安全可靠。

9）优良的绝缘性

塑钢门窗使用的塑钢型材为优良的电绝缘材料，不导电、安全系数高。

10）成品尺寸精度高，不变形，表面色彩多样美观

塑钢门窗型材材质均匀，表面光洁，无需进行表面特殊处理，表面颜色一般为白色，也可以根据顾客需要，采用其他颜色。型材易加工、易切割，加工精度高。

11）保养防护容易

塑钢门窗不受侵蚀，又不会变黄褪色，不受灰、水泥及粘合剂影响，脏污时，可

用任何清洗剂,清洗后洁白如初。

12) 良好的防盗性

塑钢门窗的玻璃压条均朝室内,玻璃破损易于更换。塑钢型材强度高、韧性大,不易破坏,有良好的防盗性。

复习思考题

1. 金属材料的主要性能有哪些?
2. 不锈钢有什么特点,通常用在何处?
3. 铝合金装饰板有哪几种,它们在建筑装饰中用在哪些部位?
4. 铁艺制品有哪几类?怎样使用与保养铁艺制品?
5. 轻钢龙骨的特点及用途是什么?
6. 塑钢型材门窗的性能和特点是什么?

实训练习题

绘制轻钢龙骨石膏板吊顶构造示意图。

11　常用胶粘剂

胶粘剂在建筑装修施工中是不可少的配套材料。胶粘剂又称粘合剂、粘结剂及粘着剂，凡有良好的黏合性能，可把两种材料连接在一起的物质都可称作胶粘剂。它包括天然物、合成树脂和无机物中具有黏合性能的许多物质。

11.1　胶粘剂的组成

胶粘剂通常是由多组分物质配制组成的。由于它们的性能和用途不同，其组成成分也不相同。

胶粘剂一般是由粘料、固化剂、稀释剂(含有机溶剂)、填料(填充剂)、偶联剂(增粘剂)和防老剂等多种成分组成。根据要求与用途还可以包括阻燃剂、促进剂、发泡剂、消泡剂、着色剂和防腐剂等成分。

1) 粘料

粘料又称基料，是胶粘剂成膜物质的主要组分，它使胶粘剂具有粘附特性，决定了胶粘剂的主要性能、用途和使用工艺，是每种胶粘剂中不可少的组成成分。

粘料常选用热固性树脂、热塑性树脂、橡胶类、天然高分子化合物、合成高分子化合物等。

2) 固化剂

固化剂是胶粘剂中最主要的配合材料，促使粘结物质进行化学反应，加快胶粘剂固化。不同种类的固化剂及用量多少，对胶粘剂的使用寿命、胶结硬化时的温度、压力、时间等工艺条件及胶结后的机械强度均影响很大。

根据不同的粘料选用不同类型的固化剂，如环氧树脂粘料一般选用胺类固化剂。

3) 稀释剂(含有机溶剂)

稀释剂(含有机溶剂)是用来溶解粘料，调节胶粘剂的粘度、稀释胶粘剂、改进施工工艺和性能以便于施工的一类物质。

有机溶剂也可作为胶粘剂的稀释剂而使用，如：丙酮、乙酸乙酯、二甲苯等。在建筑装饰胶粘剂中，有相当部分的胶种为溶剂型胶，如装修用氯丁胶、塑料胶、部分密封胶和聚氨酯胶等。

4) 填料(填充剂)

填料是建筑胶粘剂中必不可少的组成部分，用来增加胶粘剂稠度、降低热膨胀系数、减小收缩性，提高胶粘层的抗冲击韧性和机械强度。

填料一般选用滑石粉、石棉粉、铝粉、石英粉等。

5）其他附加剂

为满足某些特殊要求而需要加入的一些成分，如增塑剂、防霉剂、防腐剂、稳定剂等附加剂，以改善胶粘剂的性能。

11.2 胶粘剂的分类

胶粘剂的品种繁多。目前，对胶粘剂的分类方法也很多，为方便选用，一般可从以下几方面来分类：

1）按组成成分分类

胶粘剂的组成成分可分为有机胶粘剂和无机胶粘剂两大类（见表 11.1）。

表 11.1　胶粘剂按组成成分分类

有机类	合成类	树脂型	热塑性	聚醋酸乙烯酯、聚氯乙烯-醋酸乙烯酯、聚丙酸酯、聚苯乙烯聚酰胺、醇酸树脂、纤维素、氰基丙烯酸酯、聚氨酯
			热固性	酚醛树脂、间苯二酚甲醛、脲醛、环氧树脂、不饱和聚酯、聚异氰酸酯、聚丙烯酸双酯、有机硅、聚酰亚胺、聚苯丙咪唑
		橡胶型		再生橡胶、丁苯橡胶、丁基橡胶、氯丁橡胶、氰基橡胶、聚硫橡胶、有机硅橡胶、聚氨酯橡胶
		混合型		酚醛-缩醛、酚醛-氯丁橡胶、酚醛-氰基橡胶、环氧酚醛、环氧聚酰胺、环氧聚硫橡胶、环氧氰基橡胶、环氧尼龙
	天然类	淀粉系		淀粉、糊精、阿拉伯树胶、海藻酸钠
		蛋白系		植物蛋白、酪朊、血蛋白、骨胶、鱼胶
		天然树脂		木质素、单宁、松香、虫胶、生漆
		沥青系		沥青酯、沥青质
无机类	硅酸盐类			水玻璃、硅酸盐水泥
	磷酸盐类			磷酸-氧化铜
	硫酸盐类			石膏
	金属氧化物凝胶			锡、铝
	玻璃陶瓷胶粘剂及其他低熔点物			

2）按固化形式分类

按固化形式不同，胶粘剂可分为溶剂挥发型、化学反应型和热熔型三大类（见表 11.2）。

表 11.2 胶粘剂按固化形式分类

固化形式	固化方法	胶粘剂品种
溶剂型	是一种纯物理可逆过程引起的固化。一种全溶剂蒸发型，溶剂从黏合端面挥发或者被粘物自身吸收而消失，形成黏合膜而发挥粘合力	1. 塑性树脂：聚醋酸乙烯酯、聚氯乙烯-醋酸乙烯、聚丙烯酸酯、聚苯乙烯、纤维素、饱和聚酯 2. 热固性树脂：酚醛、脲醛、环氧聚异氰酸酯 3. 橡胶：橡胶、再生橡胶、丁苯橡胶、氯丁橡胶、氰基橡胶
反应型	由不可逆的化学变化引起的固化。这种变化是在主体化合物中加入催化剂，通过加热进行的。按照配制方法及固化条件可分为：单组分、双组分甚至三组分的室温固化型、加热固化型等多种形式	1. 热塑性树脂：氰基丙烯酸酯、聚氨酯 2. 橡胶：聚硫橡胶、有机硅橡胶 3. 混合型：环氧酚醛、环氧聚酰胺、环氧聚硫橡胶 4. 热固性树脂：酚醛、脲醛、环氧树脂、不饱和聚酯、聚异氰酸酯、有机硅、聚酰亚胺、聚苯丙咪唑
热熔型	是不含水或溶剂的热塑性高聚物形成的固态胶粘剂。使用时通过加热熔融黏合，冷却后固化产生强度，发挥粘合力	1. 热塑性树脂：醋酸乙烯、醇酸树脂、聚苯乙烯、纤维素 2. 橡胶：丁基橡胶 3. 天然物：松香、虫胶 4. 其他：石蜡、聚乙烯、聚丙烯

3）按固化后的强度特性分类

按固化后的强度特性，分为结构胶、次结构胶和非结构胶三大类（见表 11.3）。

表 11.3 胶粘剂固化后的强度特性分类

类　型	特　点	胶粘剂品种
结构型	分一般结构型和耐热结构型。用于结构件受力部件，应具有较高的强度，良好的耐热、耐油、耐水性能	1. 热固性树脂：酚醛、不饱和聚酯、聚酰亚胺 2. 混合型：酚醛-氰基橡胶、酚醛-氯丁橡胶、环氧酚醛
次结构型	具有结构型和非结构型之间特性，能耐一定程度的负荷	1. 热塑性树脂：聚酰胺、聚氨酯、饱和聚酯 2. 热固性树脂：酚醛、蜜胺、脲醛、环氧、有机硅 3. 橡胶：聚硫橡胶、硅橡胶、聚氨酯橡胶
非结构型	不能承受较大荷载，随温度上升黏合层粘合力急速下降，在低温时，抗剪切力升高，刚度增高	1. 热塑性树脂：聚醋酸乙烯、聚丙烯酸酯、聚丙乙烯、醇酸树脂 2. 橡胶：再生橡胶、丁苯橡胶、氯丁橡胶、氰基橡胶，丁基橡胶 3. 天然物：淀粉、松香、虫胶、沥青

4）按胶粘剂的外观状态分类

根据胶粘剂的外观状态，还可把胶粘剂分为溶液型、乳液型、膏糊型、粉末型、薄膜型和固体型等种类(见表 11.4)。

表 11.4　胶粘剂的外观形态分类

形　态	特　点	胶粘剂品种
溶液型	大部分胶粘剂属这一类型。主要成分是树脂或橡胶，在适当的有机溶剂或水中溶解成为黏稠的溶液。如干燥快，初期粘合力就大。如果是化学反应型，是不含溶剂的，在加入固化剂前，也是液态的	热固性树脂：酚醛树脂、蜜胺树脂、脲醛、环氧、聚丙烯酸双酯 热塑性树脂：聚酯乙烯、聚丙烯酸酯、纤维素、氰基丙烯酸酯、饱和聚酯 橡胶：丁苯橡胶、氯丁橡胶、氰基橡胶
乳液型或乳胶型	是水分散型，树脂在水中分散称为乳液，橡胶的分散物为乳胶。乳状的分散物与均相的溶液有区别的	热塑性树脂：聚醋酸乙烯、聚丙烯酸酯、环氧橡胶、再生橡胶、丁苯橡胶、氯丁橡胶、氰基橡胶、硅橡胶
膏糊型	高度不挥发的，具有间隙充填性的，高黏稠的胶粘剂。主要用于密封。腻子、填隙、封印材料都属这一类型	热固性树脂：环氧、不饱和聚酯、有机硅 热塑性树脂：醋酸乙烯酯、醛酸乙烯-氯乙烯、丙烯酸酯、聚氨酯橡胶，再生胶、丁苯胶、氯丁胶、氰基胶、硅橡胶
粉末型	主要属于水溶性胶粘剂。使用前先加溶剂(主要是水)调成糊状或液状	热塑性树脂：聚醋酸乙烯酯、聚丙烯酸酯 天然物：淀粉、酪朊、虫胶
膜状型	以纸、布、玻璃纤维等为基材，涂敷或吸附胶粘剂后干燥成薄膜状使用，或者直接以胶粘剂与基材形成薄膜材料，有高的耐热性和黏合强度，主要用于结构件	混合型：酚醛-聚乙烯醇缩醛、环氧聚酰胺，环氧尼龙 热固性树脂：聚苯丙咪唑、聚酰亚胺
固体型	主要是热熔型胶粘剂，按照用途和使用的机械种类而有不同的形态	参见表 11.3

11.3　胶粘剂的性能

胶粘剂在建筑装饰工程中广泛使用，在选用胶粘剂时，应根据使用对象和使用要求，充分考虑它的各项技术性能，主要性能包括以下几点：

11.3.1　工艺性

胶粘剂的工艺性系指有关胶粘剂的粘结操作方面的性能，如胶粘剂的调制、涂胶、晾置、固化条件等。工艺性是对胶粘剂粘结操作难易程度的总评价。

11.3.2　粘结强度

粘结强度是检测胶粘剂粘结性能的主要指标，是指两种材料在胶粘剂的粘结作用下，经过一定条件变化后能达到使用要求的强度而不分离脱落的性能。胶粘剂的品种不同，粘结的对象不同，其粘结强度的表现各不相同，一般而言，结构型胶粘剂的粘结强度最高，次结构型胶粘剂其次，非结构型胶粘剂则最低。

11.3.3　稳定性

粘结试件在指定介质中于一定温度下浸渍一段时间后的强度变化称为胶粘剂的稳定性，可用实测强度或强度保持率来表示。

11.3.4　耐久性

胶粘剂所形成的粘结层会随着时间的推移逐渐老化，直至失去粘结强度，胶粘剂的这种性能称为耐久性。

11.3.5　耐温性

耐温性是指胶粘剂在规定温度范围内的性能变化情况，包括耐热性、耐寒性及耐高低温交变性等。

11.3.6　耐候性

用胶粘剂粘结的构件暴露在室外时，粘结层抵抗雨水、阳光、风雪及温湿等自然气候的性能称为耐候性。耐候性也是粘结件在自然条件的长期而复杂的作用下，粘结层耐老化性能的一种表现。

11.3.7　耐化学性

大多数合成树脂胶粘剂及某些天然树脂型胶粘剂，在化学介质的影响下会发生溶解、膨胀、老化或腐蚀等不同的变化，胶粘剂在一定程度上抵抗化学介质作用的性能称为胶粘剂的耐化学性。

11.3.8　其他性能

胶粘剂的性能还包括胶粘剂的颜色、刺激性气味、毒性的大小、贮藏稳定性及价格等多方面的性能，在选用时也应一并考虑。

11.4 胶粘剂的选择

成功的粘结决定于合理选择胶粘剂、严格的表面处理、正确的接头设计及配合适宜的粘结工艺与方法，同时还应注意粘结剂的施工、贮存的稳定性。

1）了解胶结材料的品种和特性

建筑装饰中的需胶结的材料有金属、橡胶、塑料、陶瓷、玻璃、木料等。有同种材料之间胶结，也有不同种类材料之间的胶结。被粘结的材料种类、粘着性能是决定选胶的主要因素，在选用胶粘剂时要分别考虑，以取得理想的效果。

2）了解胶结材料使用要求

弄清使用条件，胶结头受力、温度、湿度、接触介质等不同选用不同的胶。如耐水性好的胶有环氧树脂胶、聚氨酯胶，耐油性好的胶有环氧树脂胶、酚醛-丁腈胶。

3）明确使用目的

单纯粘结、粘结和填充、粘结和密封、粘结和涂覆两用。不同的使用目的选用不同的胶。如粘结和填充两用，在一般情况下可使用环氧树脂胶，填充时粘度要高些，可加入适量的填料。

4）考虑经济成本

在满足粘结强度和使用要求的前提下，要选用成本低、操作方便、工艺简单、常温固化、通用性强和毒性小的胶粘剂，特别是一些用胶量大或粘结材料价值低廉的场合应尽量选用成本低廉、工艺简单的胶。

5）注意胶粘剂的毒性

胶粘剂一般都有一定的毒性，应尽可能采用毒性低、污染少或无污染的环保型胶粘剂。对所采用的胶粘剂的苯、游离甲醛、游离甲苯、二异氰酯、总挥发性有机化合物等的含量应符合有关的环境污染控制标准。

11.5 常用胶粘剂

11.5.1 壁纸、墙布胶粘剂

1）聚乙烯醇胶粘剂

(1) 聚乙烯醇胶粘剂的特点

聚乙烯醇是由聚醋酸乙烯酯经皂化而成的热塑性高分子化合物，外观呈白色或微黄色絮状粉末，具有无毒、气味芬芳、使用方便的特点。

(2) 聚乙烯醇胶粘剂的用途

可作为纸张(壁纸)、纸绳、纸盒、织物及各种粉刷灰浆中的胶粘剂。

2）聚醋酸乙烯乳胶粘剂(白乳胶)

(1) 聚醋酸乙烯乳胶粘剂的特点

聚醋酸乙烯乳胶粘剂呈白色乳状，无臭，常温固化，配制使用方便。耐候性强，耐霉菌性良好，不含溶剂，不燃，初始黏结力强，固化后若壁纸和墙布被撕坏，胶层完好。

(2) 聚醋酸乙烯乳胶粘剂的用途

用于壁纸的胶粘剂、水泥增强剂、防水涂料的粘结、木材的胶粘剂等。

(3) 聚醋酸乙烯乳胶粘剂的性能

① 外观：乳白色黏稠状液体。

② 固含量：45%～52%。

③ 颗粒直径：0.5～5 pan。

④ 粘度(25℃)：4 000～10 000 mPa·s。

⑤ pH 值：4～6。

⑥ 粘结强度：壁纸和墙布被撕坏，胶层完好。

⑦ 稳定性：1 h 无分层现象。

3）SG8104 壁纸胶粘剂

(1) SG8104 壁纸胶粘剂的特点

SG8104 壁纸胶粘剂为无臭、无毒的白色胶液，具有涂刷方便、用量省、黏结力强等优点，耐水、耐潮性好，水中浸泡一周不开胶，初始黏结力强，用于顶棚粘贴，壁纸不下坠；对温度、湿度变化引起的胀缩适应性能好，不开胶。

(2) SG8104 壁纸胶粘剂的用途

适用在水泥砂浆、混凝土、水泥石棉板、石膏板、胶合板等墙面粘贴纸基塑料壁纸。

(3) SG8104 壁纸胶粘剂的性能

① 粘结强度：大于 0.4～1 MPa。

② 耐水耐潮性好，浸泡 1 周不开胶。初始黏结力强，用于顶棚粘贴，壁纸不下坠，对温度、湿度变化引起的胀缩适应性能好，不开胶。

4）DJ8504 粉末壁纸胶粉

(1) DJ8504 粉末壁纸胶粉的用途

DJ8504 粉末壁纸胶粉适用于纸基塑料壁纸的粘贴。

(2) DJ8504 粉末壁纸胶粉的性能

① 黏结力：粘贴初始壁纸不剥落，边角不翘起；若干燥后将壁纸剥落，胶结面不剥离。

② 干燥速度：粘贴后 10 min 内可取下，一天后基本干燥。

③ 耐潮性：在室温、湿度 85%下 3 个月不翘边、不脱落、不鼓泡。

5) DJ8505 粉末壁纸胶粉

(1) DJ8505 粉末壁纸胶粉的用途

适用于纸基塑料壁纸的粘贴。

(2) DJ8505 粉末壁纸胶粉的性能

① 初始黏结力：优于 8504 干胶。

② 干燥时间：刮腻子砂浆面 3 h 基本干，油漆及桐油面为 2 天。

③ 除能用于水泥、抹灰、石膏板、木板等墙面，还可用于油漆及刷底油等墙面。

11.5.2 竹、木材胶粘剂

1) 脲醛树脂胶粘剂

脲醛树脂胶粘剂是竹木类胶粘剂中使用较多的一种。由于它具有无色、耐光性好、毒性小，价格低廉等优点，因此广泛用于胶合板、人造板、竹材、木材及其他木质材料的粘结和生产。

2) 531、563、5001、脲醛树脂胶粘剂的特点及性能

531、563、5001、脲醛树脂胶粘剂具有耐腐蚀、耐溶剂、耐热、耐光照、价廉、胶层无色、可室内固化等特点。但耐水和耐老化性能差，固化时气味刺激性大。

3) 531、563、5001、脲醛树脂胶粘剂的用途

531、563、5001、脲醛树脂胶粘剂适应于胶结木材、竹材、胶合板、织物制品。

11.5.3 塑料地板胶粘剂

塑料地板用于室内地面的铺装，除具有清洁、美观的优点外，还有一定弹性、耐磨性和保暖性，在公共建筑和居家住宅中广为应用。因此粘结塑料地板的胶粘剂是必不可少的。较常用的有以下几种：

1) 醋酸乙烯类胶粘剂

(1) 水性 10 号塑料地板胶

① 水性 10 号塑料地板胶的特点

水性 10 号塑料地板胶以聚醋酸乙烯乳液为基体材料配制而成，具有胶结强度高、无毒、无味、快干、耐老化、耐油的特性，此外，价格较经济，存放稳定，施工安全简便。

② 水性 10 号塑料地板胶的用途

水性 10 号塑料地板胶主要用于聚氯乙烯地板、木制地板与水泥地面的粘结。

③ 水性 10 号塑料地板胶的性能

a) 钙塑板—水泥之间抗剪强度不低于 1 MPa。

b) 钙塑板—水泥板的粘结，在 40℃、相对湿度大于 95％条件下 100 h、抗剪强度不降低。

c) 黏度：不少于 25 Pa・s。

d）贮存温度：不低于−3℃。

（2）PAA胶粘剂

① PAA胶粘剂的特点

PAA胶粘剂以醋酸乙烯接枝共聚物为基料配制而成，具有粘结强度高，施工简便，干燥快、价格低、耐热、耐寒的特点。

② PAA胶粘剂的用途

PAA胶粘剂适用于水泥地面、菱苦土地面、木板地面粘贴塑料地板。

③ PAA胶粘剂的性能

a）水泥石棉板—塑料之间剥离强度：1天0.5 MPa、7天0.7 MPa、10天1.0 MPa。

b）耐热性：60℃。

c）耐寒性：−15℃。

（3）601建筑装饰胶

① 601建筑装饰胶的特点

601建筑装饰胶属溶剂型胶，具有快干、施工方便、即粘即用等特点。价格便宜，且在柔软性上与塑料地板相匹配，故会增强塑料地板粘贴后的弹性和保暖性。

② 601建筑装饰胶的用途

601建筑装饰胶能粘贴木材、瓷砖、石材、塑料等许多类型的建筑材料，尤其适合塑料地板等软质材地板的粘贴。

③ 601建筑装饰胶的性能

a）外观：白色黏稠状胶液。

b）粘度（25℃）：60～80 Pa・s。

c）固含量：（60±2）%。

d）相对密度（20℃）：1.10～1.20。

e）对各种建材的粘结强度（剪切强度）：

木材—木材：7.8 MPa。

水泥—木材：4.6 MPa。

水泥—PVC地板革：PVC被撕坏，胶层不变。

f）固化速度：1 h基本固化，24 h已完全固化。

2）合成橡胶类胶粘剂

（1）8123聚氯乙烯塑料地板胶粘剂

① 8123聚氯乙烯塑料地板胶粘剂的特点

8123聚氯乙烯塑料地板胶粘剂具有无毒、无味、不燃、施工方便、初始粘结强度高、防水性能好等特点。外观灰白色；均质糊状。

② 8123聚氯乙烯塑料地板胶粘剂的用途

8123聚氯乙烯塑料地板胶粘剂适用于半硬质、硬质、软质、聚氯乙烯塑料地板与水泥地面的粘贴，也适用于硬木拼花地板与水泥地面的粘贴。

③ 8123 聚氯乙烯塑料地板胶粘剂的性能

a）外观：灰白色，均质糊状。

b）粘度：26 000～80 000 Pa·s。

c）固含量：(48±2)％。

d）pH 值：8～9。

e）抗拉强度：≥0.5 MPa。

f）贮存期：半年。

(2) CX401 胶粘剂

① CX401 胶粘剂的特点

CX401 胶粘剂是以氯丁橡胶—酚醛树脂型常温硫化粘剂，系采用氯丁橡胶、叔丁酚甲醛树脂及适量橡胶配合剂、溶剂等配制而成。具有使用简便，固化速度快等特点。

② CX401 胶粘剂的用途

CX401 胶粘剂适用于金属、橡胶、玻璃、木材、水泥制品、塑料和陶瓷等的黏合，常用于水泥墙面、地面黏合橡胶、塑料制品、塑料地面和软木板等。

③ CX401 胶粘剂的性能

a）外观：淡黄色胶液。

b）干剩余：28％～33％。

c）粘合力强(橡胶与铝合金)。

d）抗剥离强度：24 h 不小于 20 N/cm，48 h 不小于 25 N/cm。

e）抗扯离强度：24 h 不小于 1.1 MPa，48 h 不小于 1.3 MPa。

3）聚氨酯类胶粘剂

聚氨酯胶粘剂对多种建材有很好的粘结强度，因而也常用于塑料地板的粘结。

(1) 405 胶粘剂

① 405 胶粘剂的特点

405 胶粘剂具有黏结力强、耐油、耐弱酸、耐溶剂、耐低温等特点，但耐热和耐水性较差，固化较慢。

② 405 胶粘剂的用途

405 胶粘剂对纸张、木材、玻璃、金属、塑料等材料具有良好的黏结力，因涂胶晾置时间长且价格稍高，不常用于大面积铺贴。

③ 405 胶粘剂的性能

a）钢—钢粘结剪切强度：4.6 MPa。

b）铝—铝粘结剪切强度：4.7 MPa。

c）塑料—水泥粘结剪切强度：1.2 MPa。

d) 施工时调胶比例:405－1∶405－2 为 100∶50。

e) 室温下晾置:30～40 min 后再行黏合。

f) 室温固化:48 h 后可投入使用。

4) 环氧树脂类胶粘剂

环氧树脂胶粘剂虽然一般用于粘结硬质材料,但因地板的基材均为硬质材料,而塑料地板大多为极性材料制成(如 PVC 地板),环氧树脂对它们亦有很好的黏结力,所以该类胶也常用于塑料地板的粘贴。

(1) XY－407 胶粘剂

① XY－407 胶粘剂的特点

它由环氧树脂固化剂及其他配料所组成,为双组分无溶剂的室温固化胶。它的粘结强度高,具有耐水、耐弱酸、耐碱、耐老化性能优等特点。

② XY－407 胶粘剂的用途

适用于塑料、陶瓷、玻璃、金属等材料的粘结,适用于经常受潮或地下水位较高的场所。室温即可固化。

③ XY－407 胶粘剂的性能

a) 固化条件:室温即可。

b) 钢—钢粘结剪切强度:24 MPa。

c) 将 A、B 组分按质量比混合后即可涂胶,因无溶剂无需晾置,贴合时要压实。室温固化三天可投入使用。

(2) HN－605 胶粘剂

① HN－605 胶粘剂的特点

HN－605 胶粘剂以环氧树脂为主体材料,用聚酰胺作固化剂,经一系列工艺加工而成,为双组分无溶剂型胶体,具有粘结强度高、耐酸碱、耐水及其他有机溶剂的特点。

② HN－605 胶粘剂的用途

适用于各种金属、塑料、橡胶和陶瓷等多种材料的粘结。室温即可固化。

(3) HN－605 胶粘剂的性能

① 固化条件:室温即可。

② 45 号钢粘结剪切强度:室温时大于等于 20 MPa、＋50℃时大于等于 15 MPa、－50℃时大于等于 15 MPa。

5) 其他塑料地板胶

(1) D－1 塑料地板胶合剂

① D－1 塑料地板胶合剂的特点

D－1 塑料地板胶合剂是以合成胶乳为主体的水溶性胶粘剂,具有初期黏度大,使用安全可靠,对水泥、木材等材料有很好的黏着力。

② D-1塑料地板胶合剂的用途

D-1塑料地板胶合剂适用于水泥地面和木板地面粘贴塑料地板。

③ D-1塑料地板胶合剂的性能

a）粘着强度：0.2～0.3 MPa。

b）耐水性：25℃168 h不脱落。

c）干燥时间：40～60 min。

（2）AF-02塑料地板胶粘剂

① AF—02塑料地板胶粘剂的特点

AF-02塑料地板胶粘剂是由胶粘剂、增稠剂、乳化剂、交联剂、稳定剂及水配制而成，具有初始粘结强度高，防水性能好、施工方便，无毒、不燃等特点。

② AF-02塑料地板胶粘剂的用途

AF-02塑料地板胶粘剂适用于PVC石棉填充塑料地板、塑料地毡卷材与水泥地面粘结。

③ AF-02塑料地板胶粘剂的性能

a）外观：粉色黏稠液。

b）粘结后抗拉强度：0.5～0.8 MPa。

c）浸水后粘结强度：0.2～0.3 MPa。

11.5.4　瓷砖、大理石胶粘剂

1）AH-03大理石胶粘剂

（1）AH-03大理石胶粘剂的特点

AH-03大理石胶粘剂由环氧树脂等多种高分子合成材料组成基材，配制成单组分膏状胶粘剂，具有粘结强度高、耐水、耐气候、使用方便等特点。

（2）AH-03大理石胶粘剂的用途

AH-03大理石胶粘剂适用于大理石、花岗石、马赛克、面砖、瓷砖等与水泥基层的粘结。

（3）AH-03大理石胶粘剂的性能

① 外观：白色或粉色膏状黏稠体。

② 粘结强度大于2 MPa，浸水强度1 MPa左右。

③ 耐久性：20个循环无脱落。

2）SG-8407胶粘剂

（1）SG-8407胶粘剂的特点

SG-8407胶粘剂能改善水泥砂浆的黏结力，并可提高水泥砂浆的防水性。

（2）SG-8407胶粘剂的用途

SG-8407胶粘剂适用于在水泥砂浆或混凝土上粘贴瓷砖、地砖、面砖和马赛

克等。

(3) SG－8407胶粘剂的性能

① 黏结力：自然空气中为1.3 MPa，30℃水中48 h为0.9 MPa，50℃湿热气中7天为1.32 MPa。

② 透水性：直径6.5 cm玻璃管，在水层高5 cm时，渗透37 mL/45 h。

3) TAM型通用瓷砖胶粘剂

(1) TAM型通用瓷砖胶粘剂的特点

TAM型通用瓷砖胶粘剂以水泥为基材，聚合物改性的粉末，使用时只需加水搅拌便获得黏稠的胶浆，具有耐水、耐久性良好，操作方便、价格低廉等特点。

(2) TAM型通用瓷砖胶粘剂的用途

TAM型通用瓷砖胶粘剂适用于在混凝土、砂浆墙面、地面和石膏板等表面粘贴瓷砖、马赛克、天然大理石、人造大理石等。

(3) TAM型通用瓷砖胶粘剂的性能

① 白色灰色粉末。

② 混合后寿命：大于4 h。

③ 操作时间：大于30 min。

(4) 矫正性，瓷砖固定5 min后，旋转90°，不影响强度。

(5) 剪切强度室温：28 d大于1 MPa。

(6) 抗拉强度：24 h大于0.036 MPa，室温14 d大于0.153 MPa。

4) TAS型高强度耐水瓷砖胶粘剂

(1) TAS型高强度耐水瓷砖胶粘剂的特点

TAS型高强度耐水瓷砖胶粘剂为双组分的高强度耐水瓷砖胶，具有耐水、耐候、耐各种化学物质侵蚀、强度高等特点。

(2) TAS型高强度耐水瓷砖胶粘剂的用途

TAS型高强度耐水瓷砖胶粘剂适用于在混凝土、钢铁、玻璃、木材等表面粘贴各种瓷砖、墙面砖、地面砖，用于厨房、浴室、厕所等处。

(3) TAS型高强度耐水瓷砖胶粘剂的性能

① 混合后寿命：大于4 h。

② 操作时间：大于3 h。

③ 剪切强度：室温28 d大于2 MPa。

5) TAG型瓷砖勾缝剂

(1) TAG型瓷砖勾缝剂的特点

TAG型瓷砖勾缝剂呈粉末状，具有各种颜色，是瓷砖胶粘剂的配套材料，并具有良好的耐水性，可用于游泳池中的瓷砖勾缝。

(2) TAG 型瓷砖勾缝剂的用途

TAG 型瓷砖勾缝剂适用于白色或有色瓷砖的勾缝。

(3) TAG 型瓷砖勾缝剂的性能

勾缝宽度在 3 mm 以下不开裂。

11.5.5 玻璃、有机玻璃胶粘剂

1) AE 室温固化透明丙烯酸酯胶粘剂

(1) AE 室温固化透明丙烯酸酯胶粘剂的特点

AE 室温固化透明丙烯酸酯胶粘剂是无色透明黏稠液体，具有黏结力强、操作简便等特点，能在室温下快速固化，一般 4～8 h 内即可固化完全，固化后其透光率和折射系数与有机玻璃基本相同。AB 两组份混合后室温下可使用一星期以上。

(2) AE 室温固化透明丙烯酸酯胶粘剂的用途

AE 室温固化透明丙烯酸酯胶粘剂分 AE－01 和 AE－02 两种型号，AE－01 适用于有机玻璃、ABS 塑料、丙烯酸酯类共聚物制品；AE－02 适用无机玻璃、有机玻璃以及玻璃钢粘结。

(3) AE 室温固化透明丙烯酸酯胶粘剂的性能

固化前外观为无色透明黏稠液体，折光系数(25℃)为 1.427。

① 粘度：可根据需要进行调节。

② 毒性：无。

③ 固化周期：4～8 h(室温下)。

④ 固化后折光系数：1.495 7。

⑤ 拉伸剪切强度：有机玻璃—有机玻璃大于 6.1 MPa。

⑥ 进光率：25℃、1 mm 时 91%。

⑦ 使用温度：同普通有机玻璃。

2) 聚乙烯醇缩丁醛胶粘剂

(1) 聚乙烯醇缩丁醛胶粘剂的特点

聚乙烯醇缩丁醛胶粘剂以聚乙烯醇在酸性催化剂存在下与醛反应生成，具有黏结力好，抗水、耐潮和耐腐蚀性良好等特点。

(2) 聚乙烯醇缩丁醛胶粘剂的用途

聚乙烯醇缩丁醛胶粘剂对玻璃的黏结力好，且透明度高，耐老化、耐冲击性好，适用于玻璃的粘结。

(3) 聚乙烯醇缩丁醛胶粘剂的性能

剥离强度：玻璃—玻璃在干燥器中放置 2 d 为 0.5～1.2 MPa；在干燥器中放置 15 d 为 0.54～1.4 MPa。

11.5.6 多用途建筑胶粘剂

1) 4115 建筑胶粘剂

(1) 4115 建筑胶粘剂的特点

4115 建筑胶粘剂是以溶液聚合的聚醋酸乙烯为基料配以无机填料制成，常温下固化单组分胶粘剂，固体含量高，收缩率低，具有早强、挥发快、黏结力强、防水抗冻、无污染、施工方便等特点。

(2) 4115 建筑胶粘剂的用途

4115 建筑胶粘剂可广泛用于会议室、商店、工厂、学校、民宅的各种装修天棚、壁板、地板、门窗、挂板等的粘贴。

(3) 4115 建筑胶粘剂的性能

① 外观：灰色膏状黏稠物。

② 固体含量：60％～70％。

③ 粘度：5～35 万 cP。

④ 压剪强度：木材—木材大于 8 MPa，木材—玻纤水泥板 4 MPa。

木材—水泥混凝土大于 3.8 MPa，纸面石膏板互贴大于 1.3 MPa。

⑤ 抗拉强度(7 d)：木材－木材大于 1 MPa，水泥刨花板互贴大于 2 MPa。

2) 6202 建筑胶粘剂

(1) 6202 建筑胶粘剂的特点

6202 建筑胶粘剂常温固化双组分无溶剂触变环氧型胶粘剂，具有黏结力强、固化收缩小、不流淌、黏合面广、使用简便、安全、易清洗等特点。

(2) 6202 建筑胶粘剂的用途

6202 建筑胶粘剂可用于建筑五金的固定、电器安装等。对不适合打钉的水泥墙面，用该胶粘剂更为合适。

(3) 6202 建筑胶粘剂的性能

① 与水泥砂浆粘结：7 d 4.25 MPa。

② 新老混凝土粘结：30 d 2.7 MPa。

③ 人工老化强度：老化后抗拉强度 6.3 MPa。

(4) 与材料黏结力：木材——11.5 MPa；铁——11.6 MPa；聚氯乙烯——2.4 MPa。

3) SG791 建筑轻板胶粘剂

(1) SG791 建筑轻板胶粘剂的特点

SG791 建筑轻板胶粘剂是以聚醋酸乙烯酯和建筑石膏调制而成，具有价格低、使用方便、粘结强度高等特点。

(2) SG791 建筑轻板胶粘剂的用途

SG791 建筑轻板胶粘剂适用于各种无机轻型墙板、天花板等的粘结与嵌缝。

如纸面石膏板、菱苦土板、炭化石灰板、矿棉吸声板、石膏装饰板等的自身粘结以及墙体粘结天然大理石、花岗石、瓷砖等。

(3) SG791 建筑轻板胶粘剂的性能

① 粘度:17.8 P。

② 凝结时间:调制石膏初凝 30 s,终凝 40 s,调制水泥初凝 8 h,终凝 10 h。

③ 黏结力:石膏—石膏 1.4 MPa。

④ 抗拉:混凝土—混凝土1.7 MPa。

⑤ 抗剪:石膏—石膏 3.4 MPa,混凝土—混凝土 2 MPa,石膏—混凝土 2.6 MPa,加气—加气 1.5 MPa。

4) 914 室温快速固化环氧胶粘剂

(1) 914 室温快速固化环氧胶粘剂的特点

914 室温快速固化环氧胶粘剂由新型环氧树脂和新型胺类固化组合而成,分为 AB 两组份。具有粘结强度高、耐热、耐水、耐油、耐冷热冲击性能好,固化速度快、使用简便等特点。

(2) 914 室温快速固化环氧胶粘剂的用途

914 室温快速固化环氧胶粘剂用于金属、陶瓷、玻璃、木材、胶木等材料的粘结,可用于 60℃条件下使用的金属或某些非金属部件小面积快速粘结修复。

(3) 914 室温快速固化环氧胶粘剂的性能

① 固化速度快:25℃下 3 h。

② 抗剪强度:合金铝 22～25 MPa,不锈钢 27～30 MPa。

③ 抗拉强度:普通钢 55～60 MPa。

④ 耐热性能:60℃。

⑤ 抗剪:铝合金 8～10 MPa。

⑥ 耐水耐油性:泡在水中或汽油中,一个月粘结强度不变。

⑦ 耐冷热冲击性:60～60℃。

复习思考题

1. 胶粘剂怎样分类?

2. 用于壁纸、墙布有哪些胶粘剂?

3. 用于塑料地板有哪些胶粘剂?

4. 用于瓷砖、大理石、花岗石有哪些胶粘剂?

12 装饰五金配件

随着建筑装饰材料和室内配套产品不断地提高和完善，装饰五金配件已进入一个既追求功能完善，又要考虑美观舒适的新阶段。装饰五金配件的种类较多，按其使用的对象不同分有：门窗五金配件、卫生洁具五金配件、家具五金配件、灯具五金配件及装饰固定用五金配件等。本章主要介绍门窗五金配件和装饰固定五金配件。

12.1 门窗五金配件

门窗五金配件的种类繁多，其结构形式、使用性能各异，目前已形成了较为完善的系列化产品。门窗五金配件按其使用功能不同分为：门锁类、门用执手及拉手、门用定位器、自动闭门器、门窗用合页等。

12.1.1 门锁类

锁是指适用于建筑物中各种门上的锁具。按门锁的结构形式可分为：外装门锁、插芯门锁、球形门锁。

1）外装门锁

是指锁体安装在门梃表面上。外装门锁有外装单舌门锁、外装双舌门锁、外装多舌门锁和移门锁。

外装单舌门锁又有：单舌单保险、单舌双保险和单舌三保险。

外装双舌门锁有：双舌三保险和双舌双头三保险（见图 12.1）。

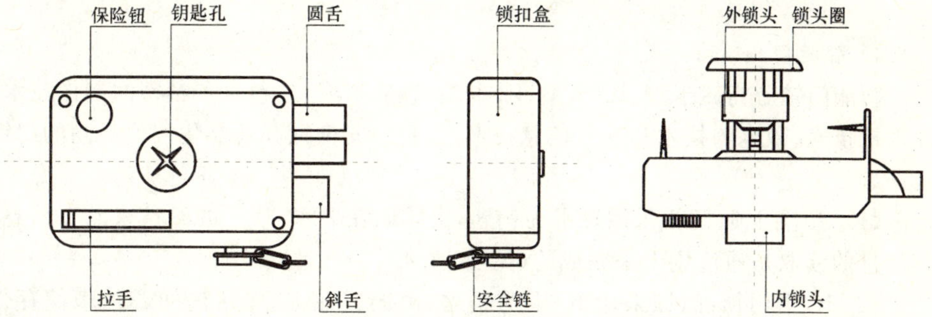

图 12.1　外装门锁

2）插芯门锁

是指锁体插嵌安装在门梃中，附件组装在门上。插芯门锁分为弹子插芯门锁和叶片插芯门锁两类（见图 12.2）。

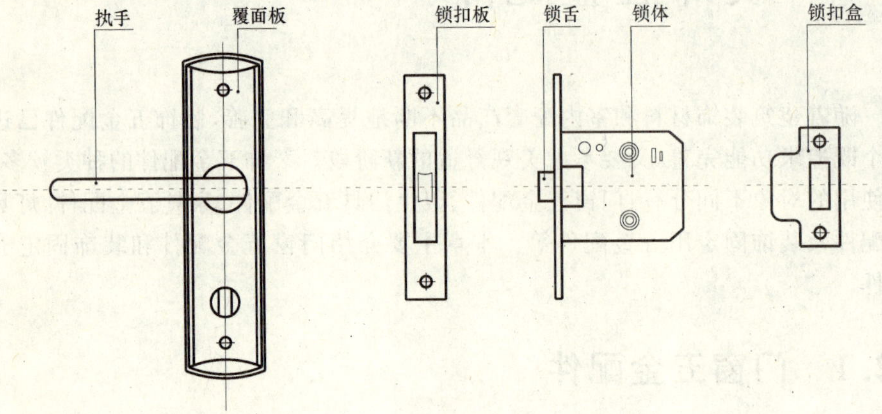

图 12.2 插芯门锁

3）球形门锁

锁体插嵌安装在门梃中，附件组装在球形执手内。球形门锁的组成见图12.3。

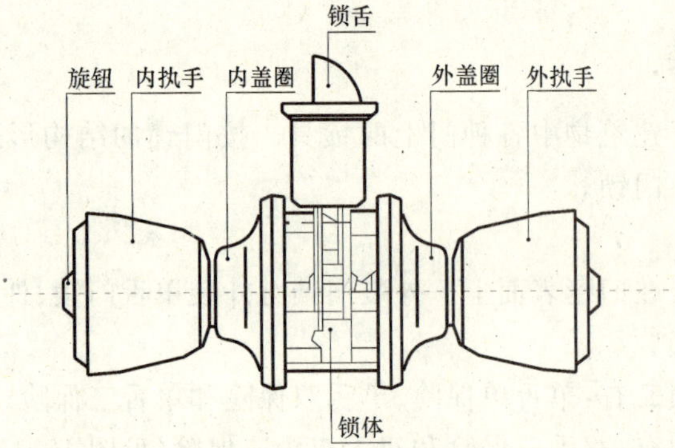

图 12.3 球形门锁

4）智能门锁

智能门锁分为磁卡型、IC 卡型、IB 卡型、感应卡型，它包含了精密的制作技术、计算机技术、微电脑技术和现代信息技术，是目前安全性和智能化程度最高的门锁之一。

（1）磁卡门锁：门锁采用磁卡为钥匙，由印刷在 PVC 片上的磁条来储存信息，其信息的读取是通过刷卡来完成的（见图 12.4）。

（2）IC 卡门锁：门锁采用 IC 卡为钥匙，由镶嵌在 PVC 片内的芯片来储存信息，其信息的读取是通过多个触点来完成的。

（3）IB 卡门锁：门锁采用 IB 卡为钥匙，IB 卡由不锈钢外壳内部集成电路芯片构成,采用单线协议完成读写操作。

(4) IP(感应)卡门锁:门锁采用 IP 卡为钥匙,由镶嵌在 PVC 片内的硅片来储存信息,通过射频感应的方式来读取信息(见图 12.5)。

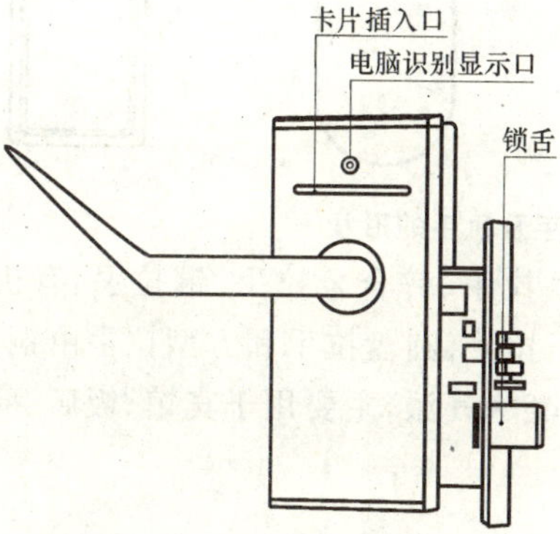

图 12.4 磁卡门锁

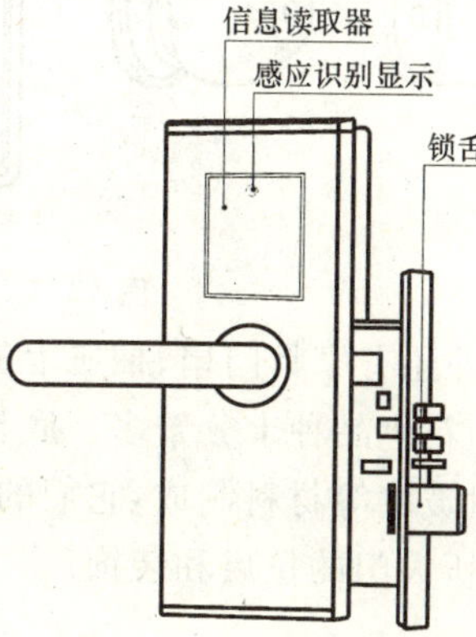

图 12.5 IP 感应卡门锁

5) 电子密码锁

电子密码锁是现代最新的门锁之一,使用密码开门,具有优越的安全性,所有资料不会因断电而丢失,具有声光提示功能,适合企事业单位、办公大楼和居民住宅(见图 12.6)。

除此以外,还有适合铝合金门窗和玻璃橱窗使用的锁具。玻璃橱窗锁是采用弹子结构,凸轮采用钢材,齿轮采用压筋并加深齿根,使之不易拨开或打滑。它使用方便,无钻孔或其他附件,适用于商店、展览馆、家庭等处玻璃展柜和书橱的橱门固定。

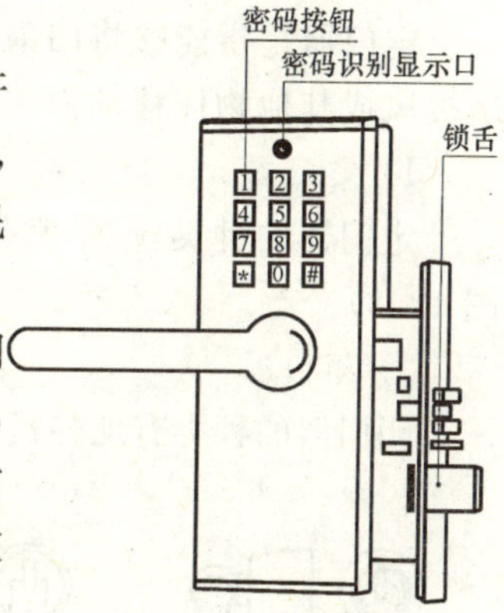

图 12.6 电子密码门锁

铝合金门锁的品种有摆动式锁舌、伸出式锁舌等,在锁的内外均可用钥匙开启,使用灵活方便,造型美观。适用于宾馆、饭店、商场等处的铝合金地弹簧门、转门和推拉门上。有些铝合金门窗上的锁具也可不用钥匙开启,如月牙锁等。

12.1.2 门拉手及门执手

门拉手及执手是用以关闭或开启门扇的一类五金配件,它有门锁拉手及门扇拉手之分。

门锁拉手及执手是指与建筑门锁相配套使用的、与锁具连成一个整体的五金配件,具体形状见图 12.7。

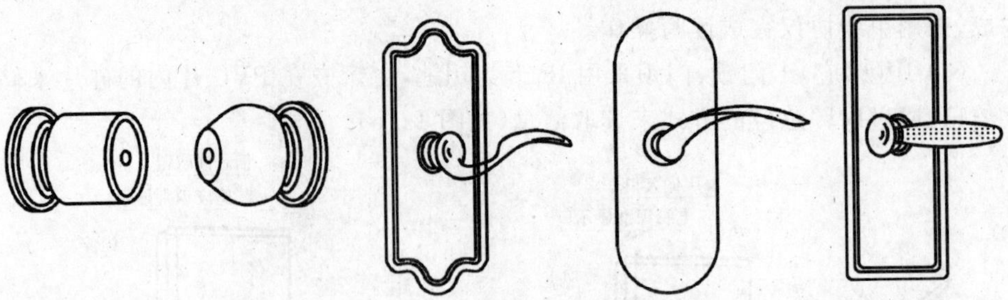

图 12.7　各种门锁拉手及执手的形状

另外还有家具门扇、抽屉上的拉手，有铁拉手、锌合金拉手、铜拉手、有机玻璃拉手等，花色品种十分繁多。底板拉手、管子拉手、圆盘拉手和方型拉手由铜、不锈钢、有机玻璃等材料制成，它们的造型优美、豪华气派，主要用于宾馆、饭店、商场等公共场所大门的拉启和装饰。

12.1.3　定门器和闭门器

定门器是指能够将门扇固定在开启后的某一位置处的五金配件，它能防止门扇被风或其他物体移动而关上；闭门器是指能将门扇自动关闭的一类五金配件。

1）定门器

定门器的种类较多，常见的有普通定门器、橡皮门碰头、门轧头和脚踏门器（见图 12.8）。

2）闭门器

闭门器的种类有地弹簧、门顶弹簧、门夹、门底弹簧和鼠尾弹簧等（见图 12.9）。

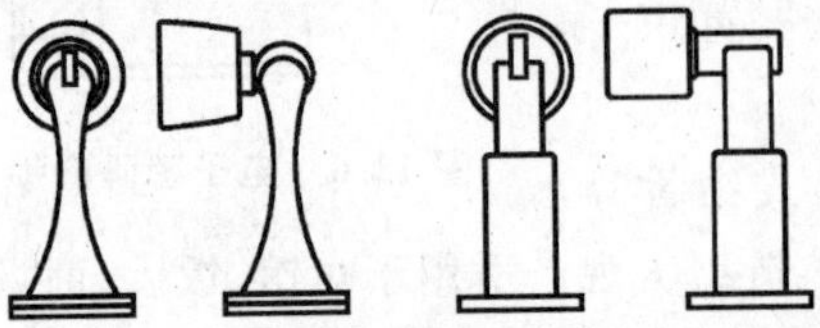

图 12.8　定门器

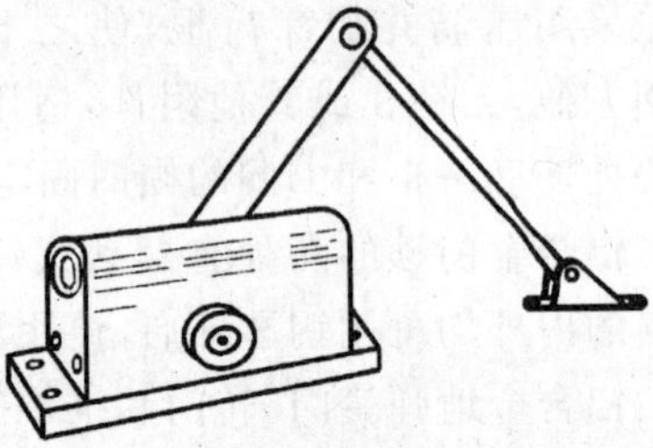

图 12.9　门顶弹簧闭门器

12.1.4　合页及插销

1）合页

合页又称铰链，它是门扇或窗扇关闭和开启的转动枢纽。合页的种类有普通型、轻型、T 型、抽芯型、双袖型、方型合页，还有弹簧合页、轴承合页、无声合页、斜面脱卸合页、冷库门合页、扇形合页、翻窗合页和多功能合页等（图 12.10）。

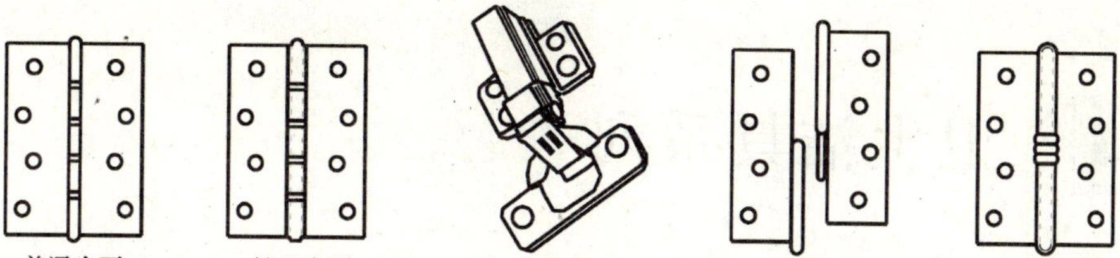

普通合页　抽心合页　弹簧合页　双袖合页　轴承合页

图 12.10　各种合页

2）插销

插销是固定门窗扇的一种五金配件。它有封闭型钢插销、管型钢插销、普通型钢插销、蝴蝶型钢插销、翻窗插销、暗插销和防暴插销等(图 12.11)。

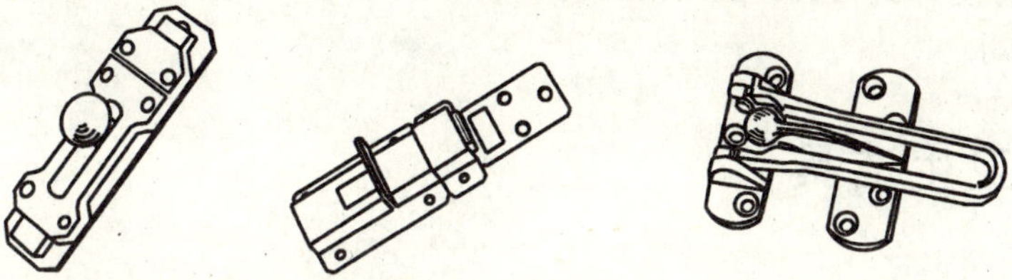

图 12.11　各种插销

12.2　不锈钢水槽

选不锈钢水槽时，材质厚度要适中，过薄会影响水槽使用寿命和强度，另外还要看不锈钢表面的平整度，如凹凸不平说明质量差。通常情况下，清洗容积较大的水槽实用性好，深度以 18 cm 较好，这样可以防止水花外溅。水槽表面处理以亚光为美观实用，水槽焊接处要仔细观察，焊缝必须平整均匀，无锈斑。此外，造型要美观，设计要合理，以有溢水口为好(见图 12.12)。

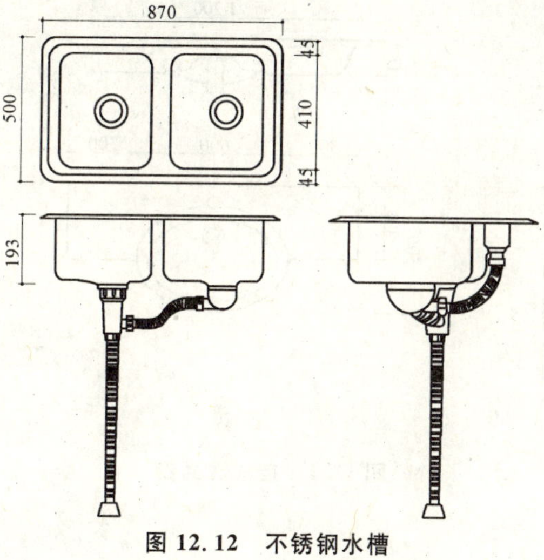

图 12.12　不锈钢水槽

13 卫生洁具系列

卫生洁具是现代建筑装饰中室内配套不可缺少的重要组成部分。卫生洁具正进入既要功能完善、美观舒适，又要考虑节能、节水的新阶段卫生洁具的材质也由过去的传统的陶瓷、铸铁、搪瓷发展到玻璃钢、人造大理石（玛瑙）、塑料、玻璃、不锈钢、压克力等复合新材料。卫生洁具的五金配件不仅造型美观、功能完善，而且节能、消音、节水。

13.1 卫生洁具

13.1.1 洗面器

洗面器形式较多，可归纳为挂式、立柱式、台式三种。

(1) 挂式洗面器是指一般常见的墙面边靠墙悬挂安装的（见图 13.1）。

(2) 立柱式洗面器是指下部为立柱支承安装的（见图 13.2）。

(3) 台式洗面器是指盆镶嵌于大理石台板上或附设化妆台的台面上（见图 13.3）。

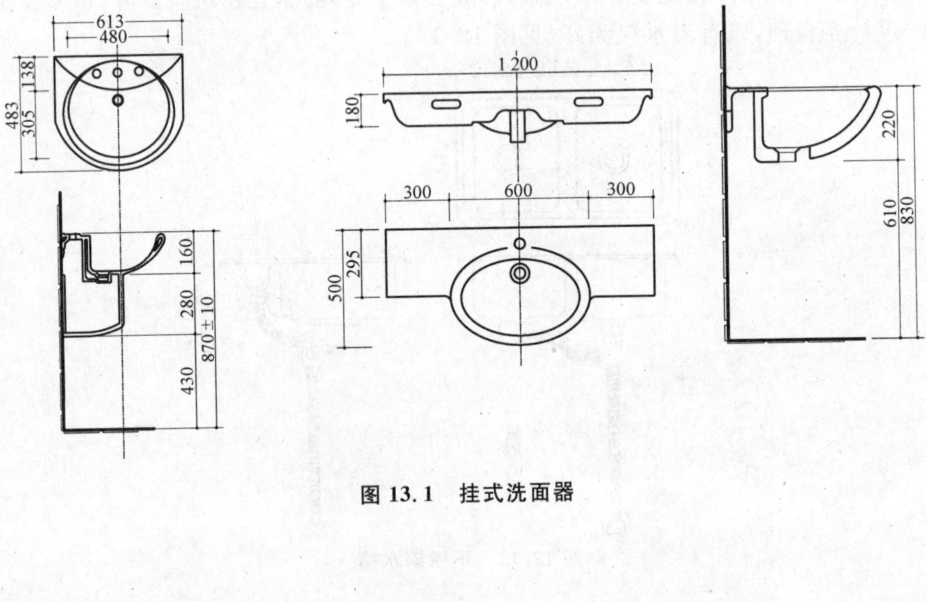

图 13.1　挂式洗面器

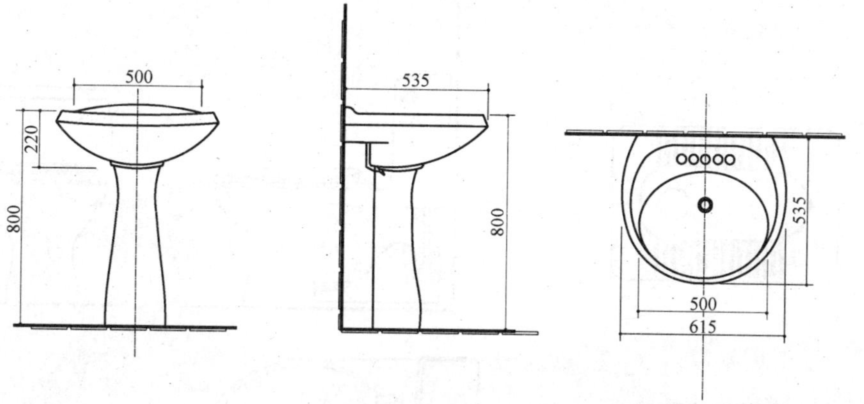

图 13.2 立柱式洗面器

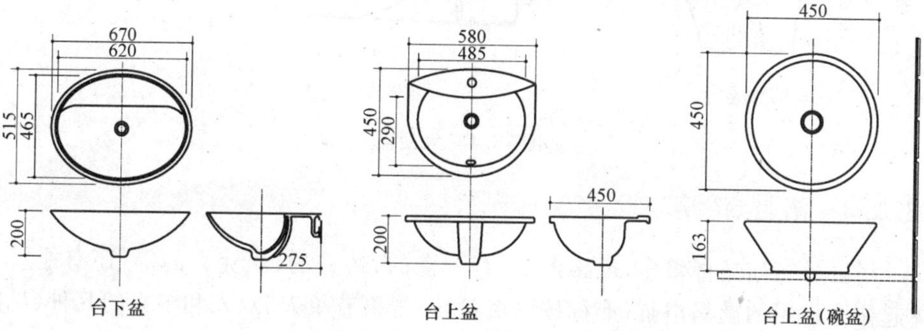

图 13.3 台式洗面器

13.1.2 大便器

按洗刷排污方式可分为冲落式和虹吸式两大类。为提高排污能力和节水消音,虹吸式又有喷射虹吸式和漩涡虹吸式两种新型坐便器。

冲落式大便器冲洗时噪音大,水花四溅,污物不易冲净而产生臭气,卫生条件差,优点是构造简单、价格便宜,一般用于要求不很高的场所。

虹吸式大便器排污能力强,存水面积较大,噪音较小,卫生条件也有较大改善。

喷射虹吸式大便器存水面积大,噪音很小,冲洗效率高,卫生条件较好。

漩涡虹吸式大便器排污能力特别强,噪音特别小,冲洗特别干净,为目前高档新颖产品,一般均为连体式。但由于构造及附件加工制作难度较大,价格较贵,目前还有多种节水消音大便器和有两种不同冲洗水量的大便器等。

大便器的种类有:连体式蹲便器、连体式坐便器、分体式坐便器、挂墙式坐便器(见图 13.4)。

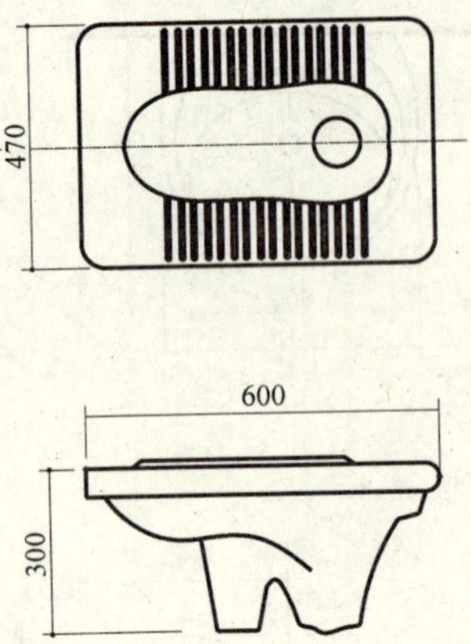

连体式蹲便器

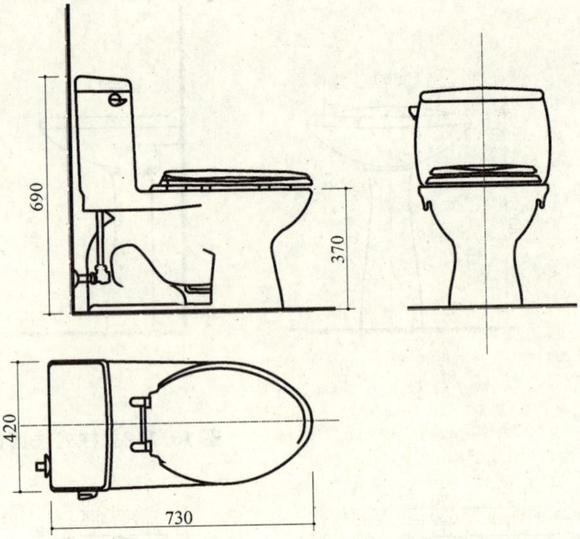

连体式坐便器

图 13.4　大便器

13.1.3　浴缸、浴房

浴缸、浴房，品种繁多，规格多样，有陶瓷的、铸铁的、压克力的等，还有能对人体起按摩作用的漩涡浴缸（亦称按摩浴盆）。规格有单人、双人和多人的几种（见图 13.5、13.6、13.7）。

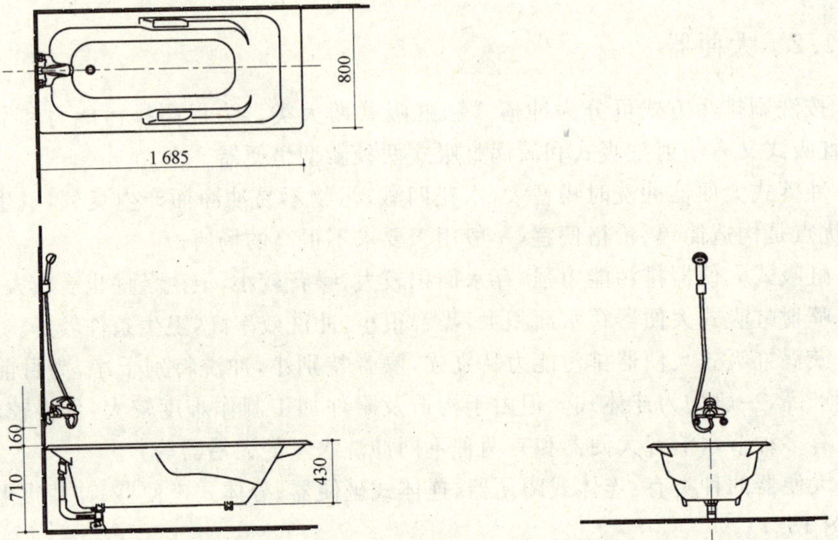

图 13.5　普通浴缸

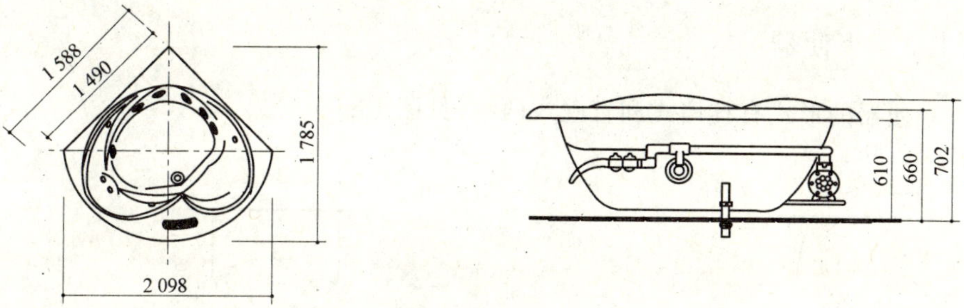

图 13.6　按摩浴缸

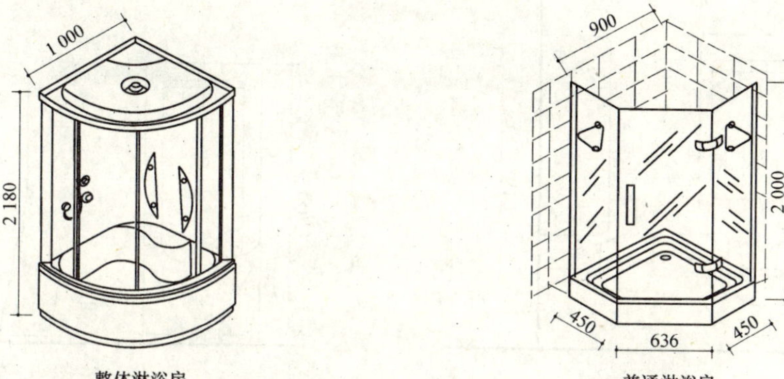

图 13.7　浴房

13.1.4　净身盆

基本形式和规格变化较小，在节水、消音、控制调水温上有所改进(见图 13.8)。

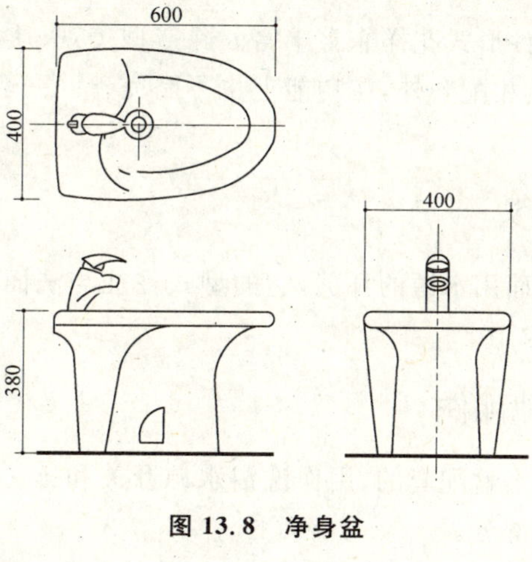

图 13.8　净身盆

13.1.5 小便器

小便器的形式有挂墙式和直立式两种(见图 13.9)。

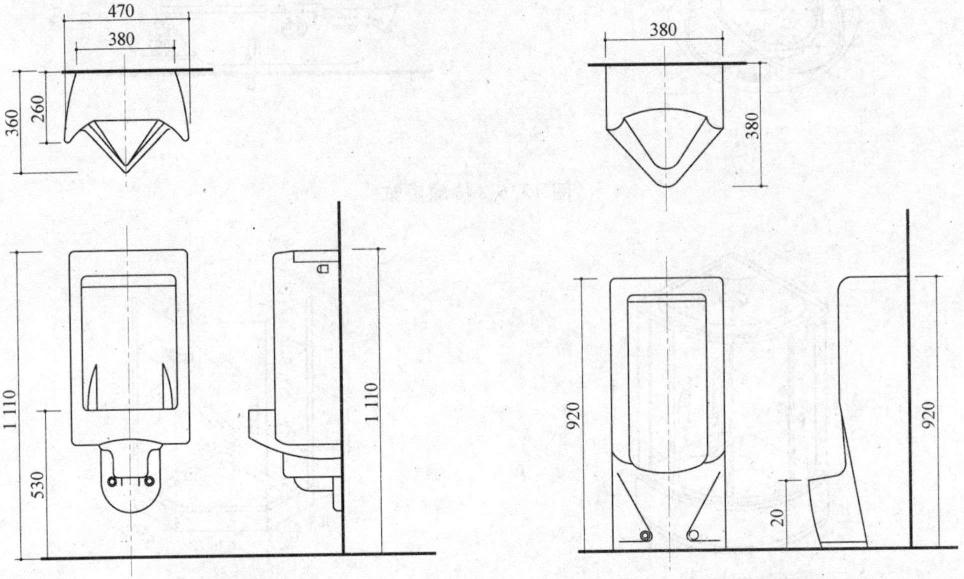

挂墙式小便器　　直立式小便器

图 13.9 小便器

13.2 五金配件

卫生洁具五金配件形式花样非常丰富。除造型美观、质感强、装饰性好、使用方便、色彩与卫生洁具相配套外,在功能上也不断完善。一般都考虑了节水、消音等措施。

13.2.1 洗面器龙头

洗面器水嘴是洗面用水源的开关,它的型式往往与洗面盆的型式相配套。常用洗面器龙头见图 13.10。

13.2.2 淋浴、盆池配件

浴盆配件是指与浴盆配套的、用作洗浴水源开关和排污水的五金配件。它分浴盆龙头和排水阀两部分。

淋浴器配件是指卫生间或浴室淋浴水源开关的总称。一般由阀体、密封件、冷热水水龙头(混合水嘴)、手柄(或开关)、进出水管、喷头等组成(见图 13.11)。

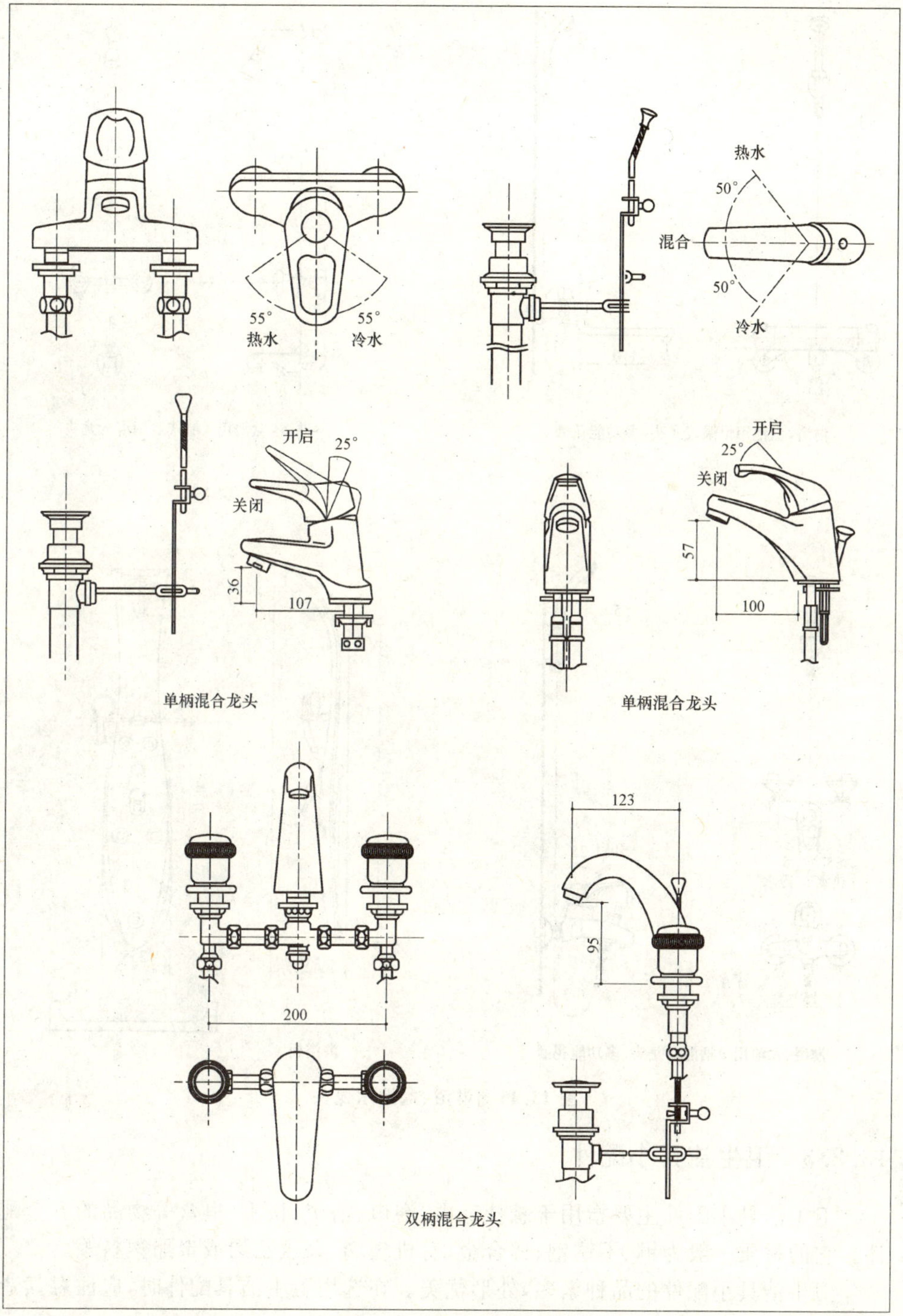
55°
热水
55°
冷水
热水
50°
混合
50°
冷水
开启
25°
关闭
36
107
单柄混合龙头
开启
25°
关闭
57
100
单柄混合龙头
123
95
200
双柄混合龙头

图 13.10　洗面器龙头

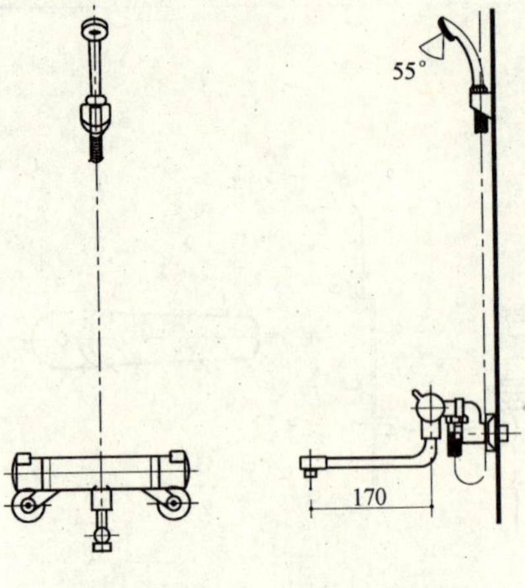

淋浴、盆池用恒温式龙头、多功能花洒

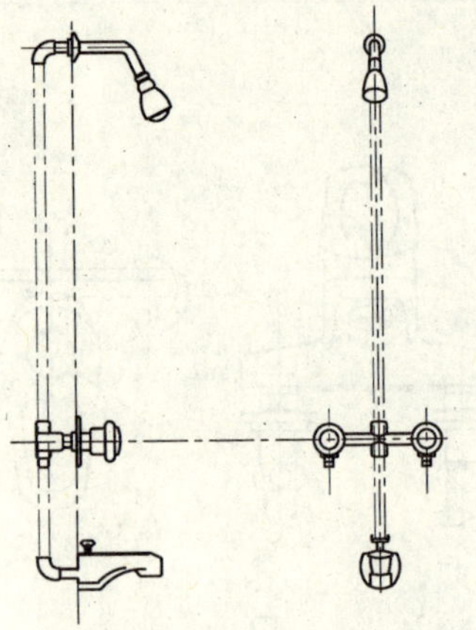

淋浴、盆池用入墙式双柄混合龙头

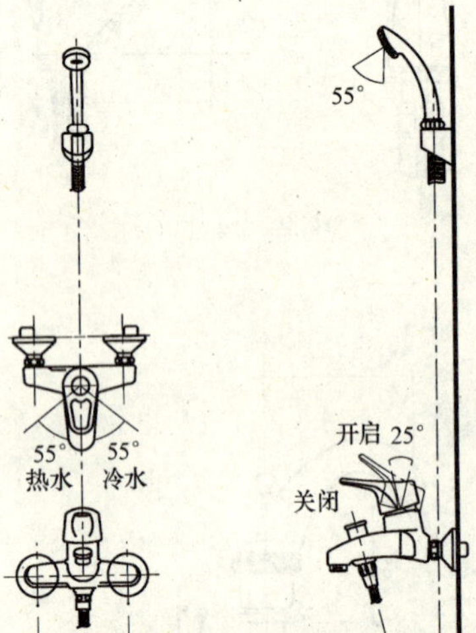

淋浴、盆池用单柄混合龙头、多功能花洒

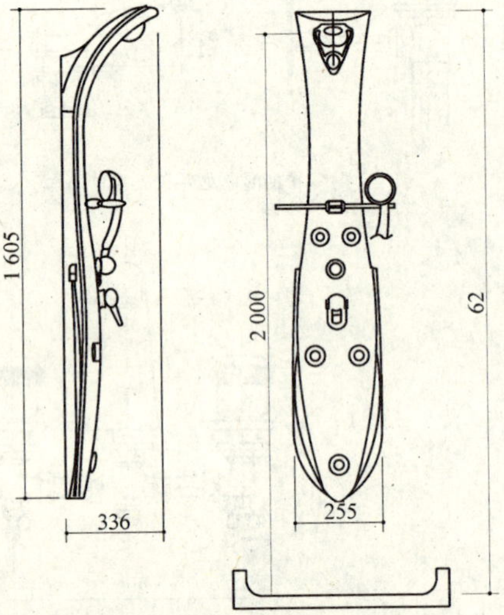

淋浴板

图 13.11　淋浴、盆池水龙头

13.2.3　卫生洁具小配件

卫生洁具小配件主要指用于悬挂毛巾、浴巾、浴帘、扶手、皂盒等物品的五金配件。它的材质一般为铜、不锈钢、锌合金、有机玻璃、聚氯乙烯或聚酯塑料等。

卫生洁具小配件的品种繁多，外形优美。在选用卫生洁具配件时，应注意其造型、色彩等与卫生洁具相配套。

复习思考题

1. 门锁有哪些类型?
2. 智能门锁有哪些品种?它们的特点是什么?
3. 洗面器有几种形式?
4. 大便器排污方式有几种类型?它们的特点是什么?
5. 大便器的种类有哪些?

实习课题

参观装饰材料市场,了解装饰五金配件、卫生洁具系列品种、特点和规格。

实训练习题

卫生间平面布局设计(附卫生间平面图)。

实训练习题

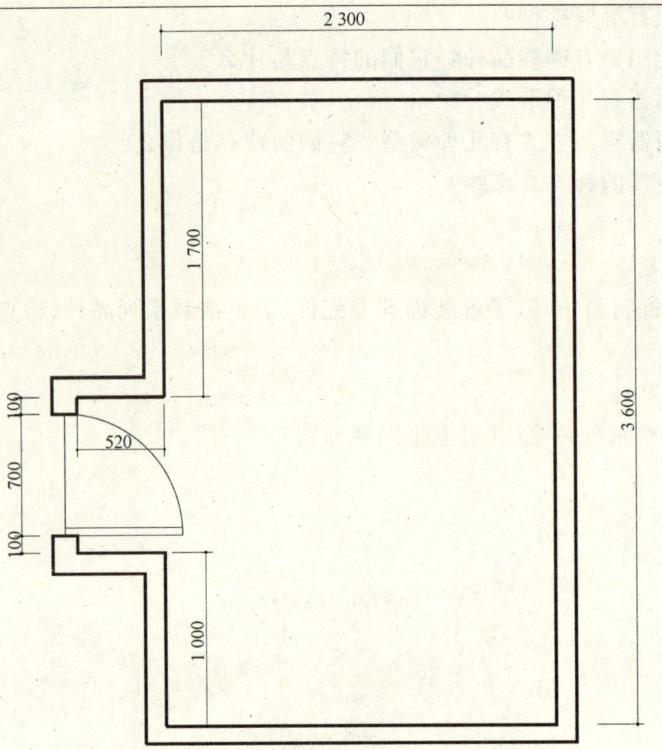

卫生间平面图

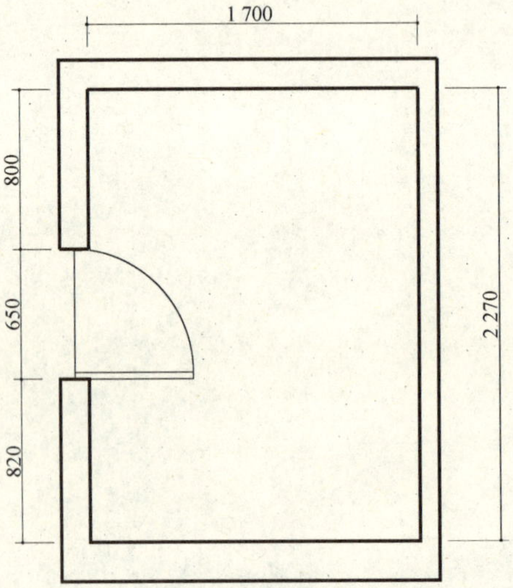

卫生间平面图

实 例

实例 1

西餐厅

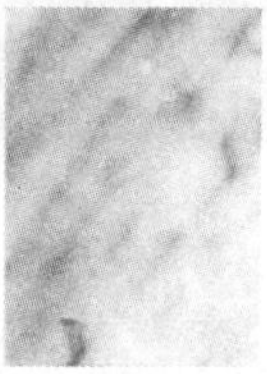

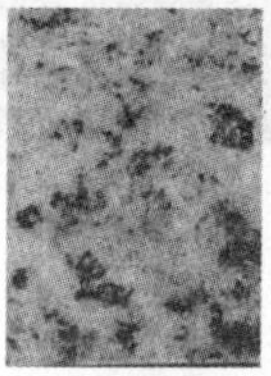

设计风格具有鲜明的现代感和异国特色。天然石材与稳重的木质色系在温柔舒适的色光环境中显示出欧式风格，以简洁的造型、流畅的空间、淡雅的色彩，在浮雕装饰及绿意植物的点缀下，为饮食空间带来了几许浪漫高雅的情调。

实例 1

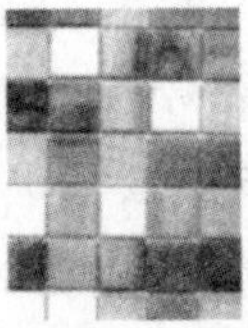

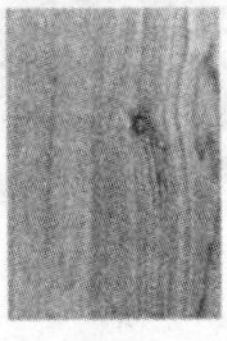

实例 1

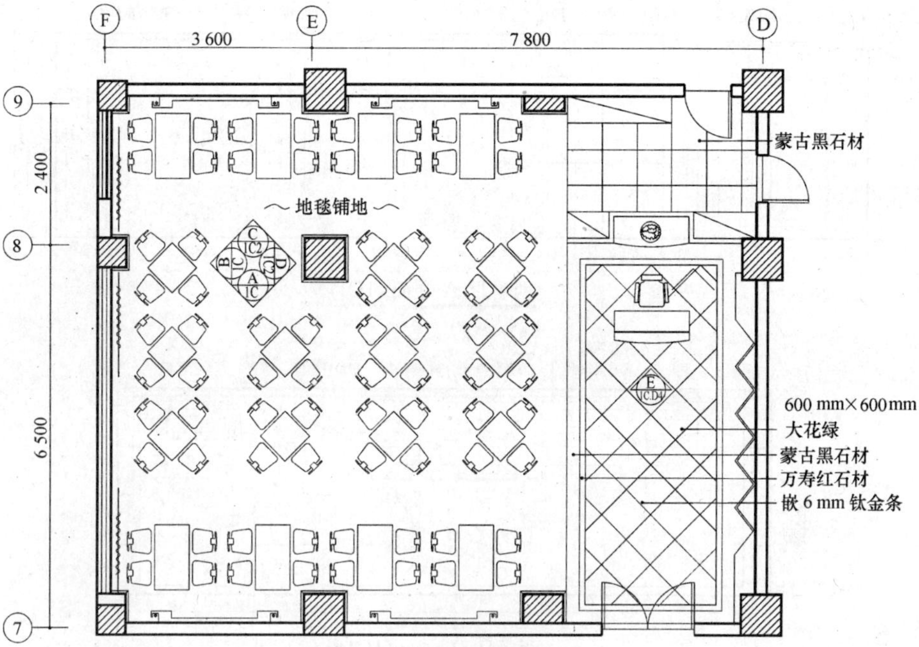

西餐厅平面布置图

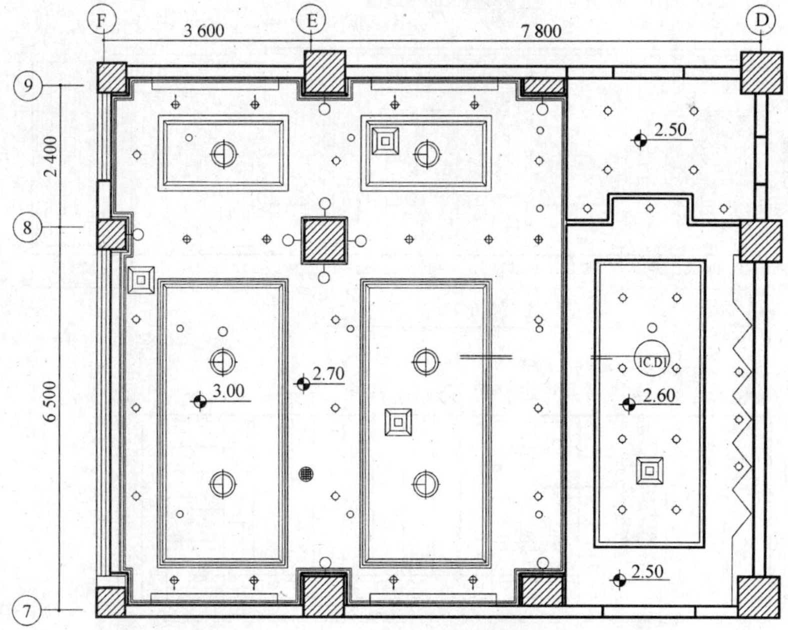

西餐厅天花布置图

实例 1

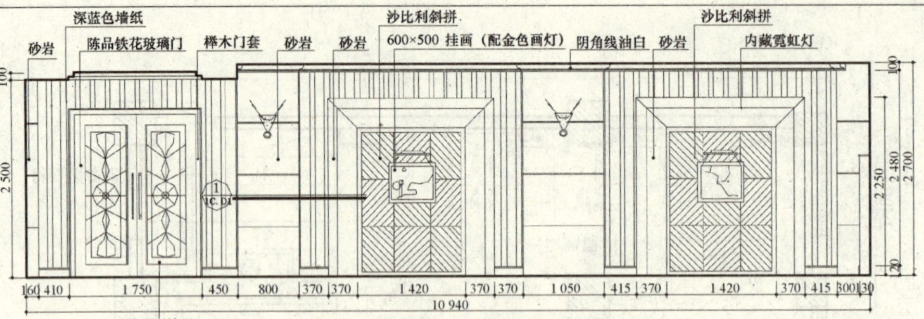

西餐厅 A 立面 (1C1)

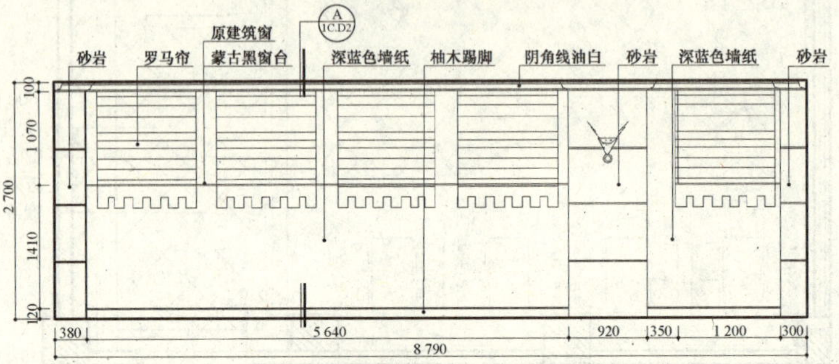

西餐厅 B 立面 (1C1)

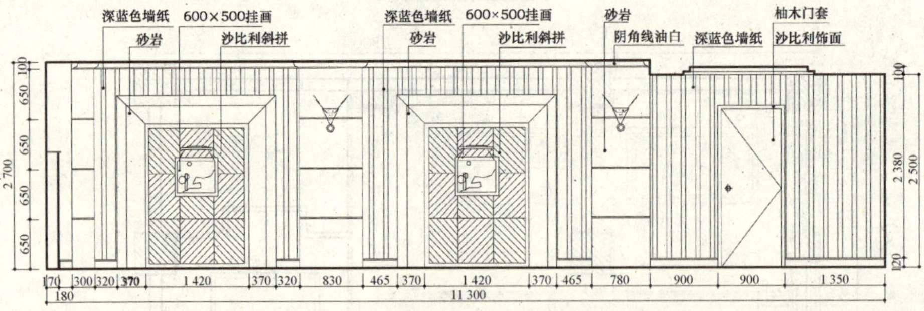

西餐厅 C 立面 (1C2)

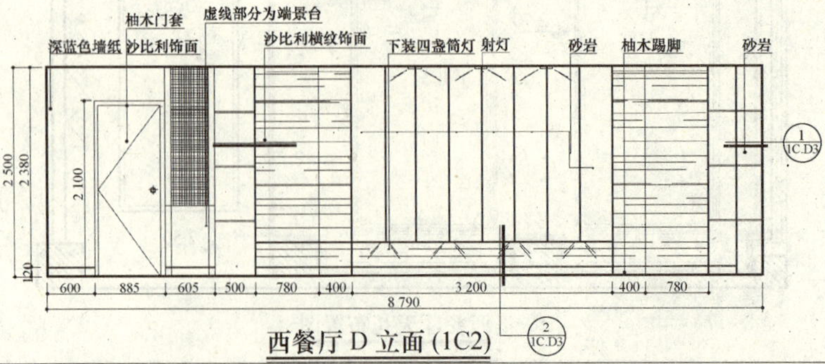

西餐厅 D 立面 (1C2)

实例 1

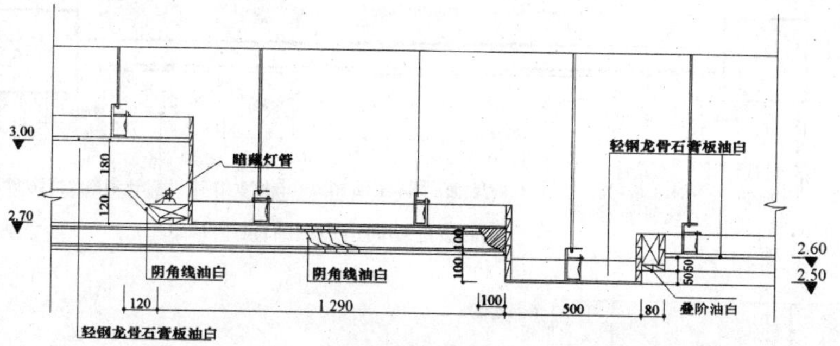

②西餐厅天花造型剖面详图 (1C.D1)

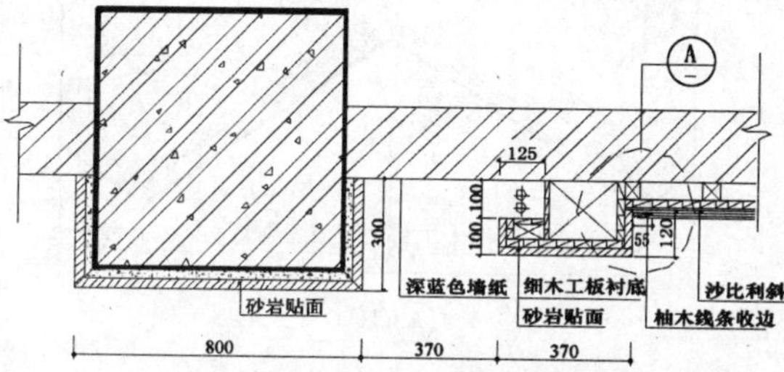

① 西餐厅天花造型剖面详图 (1C.D1)

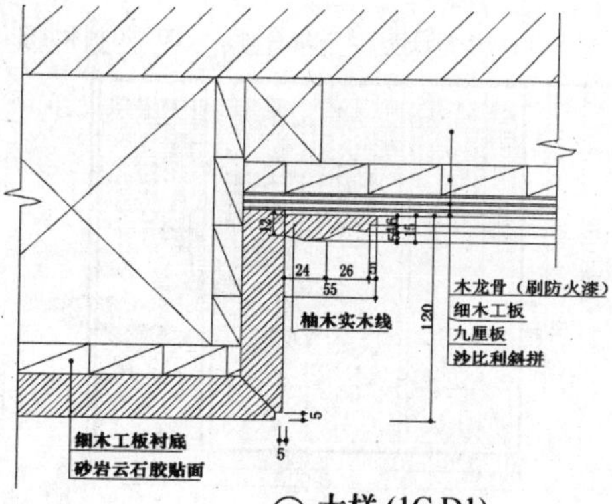

Ⓐ 大样 (1C.D1)

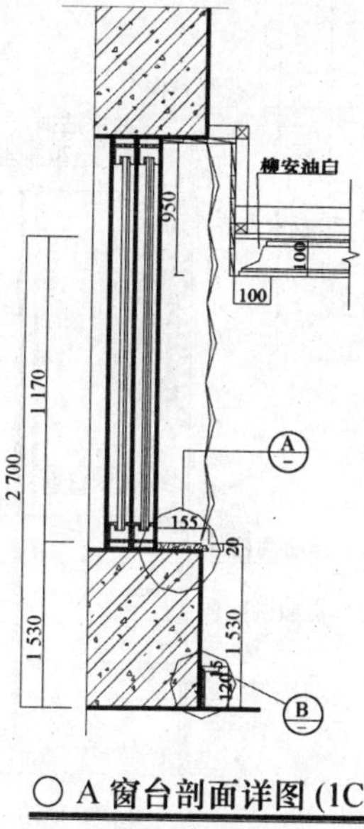

○ A 窗台剖面详图 (1C.D2)

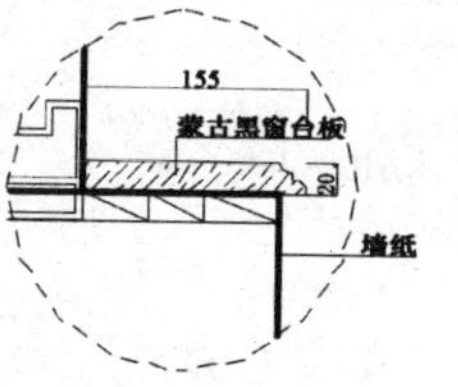

Ⓐ 大样图 (1C.D2)

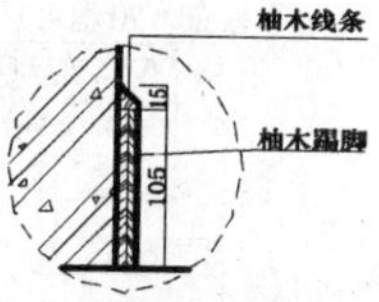

Ⓑ 大样图 (1C.D2)

实例 1

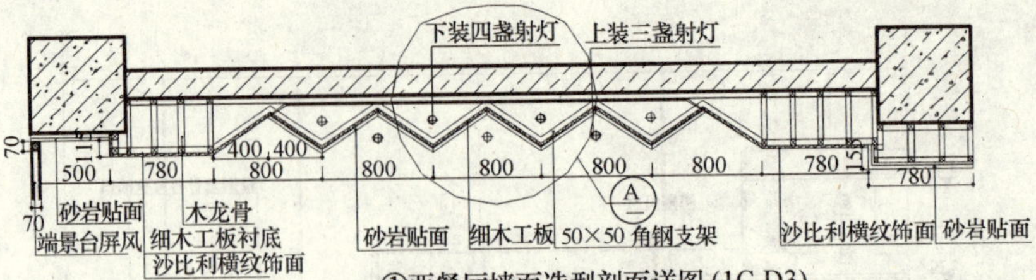

①西餐厅墙面造型剖面详图 (1C.D3)

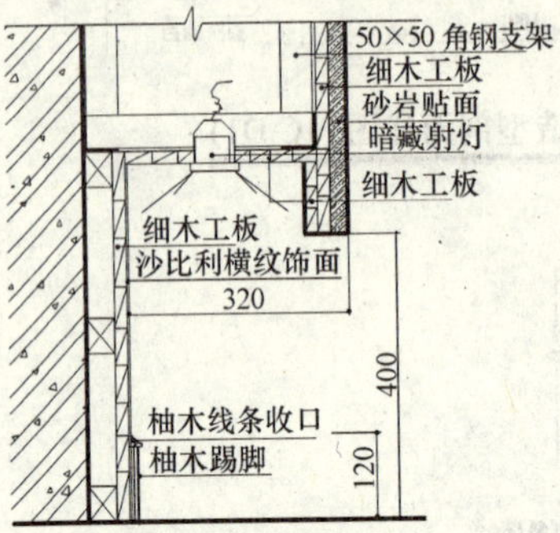

②西餐厅墙面造型剖面详图 (1C.D3)

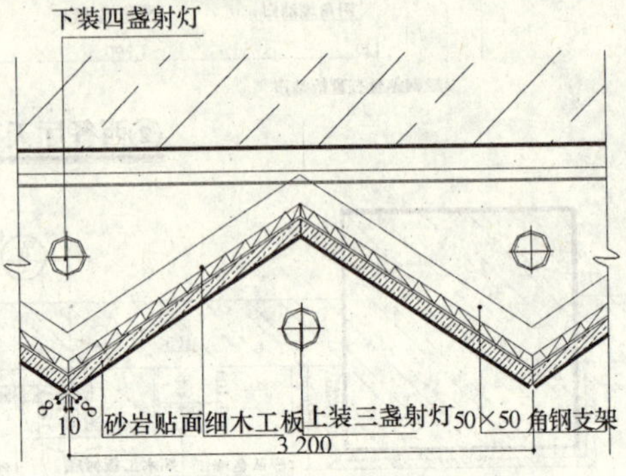

Ⓐ(1C.D3)

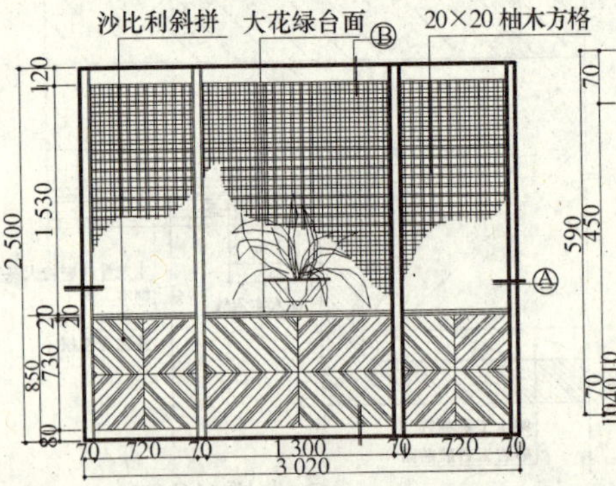

西餐厅 E 立面端景台 (1C.D4)

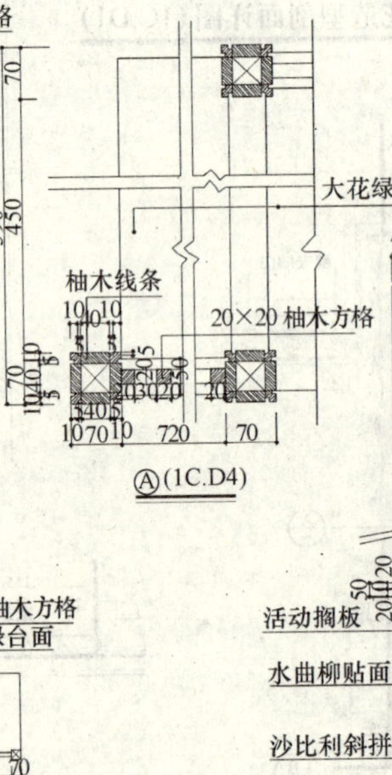

Ⓐ(1C.D4)

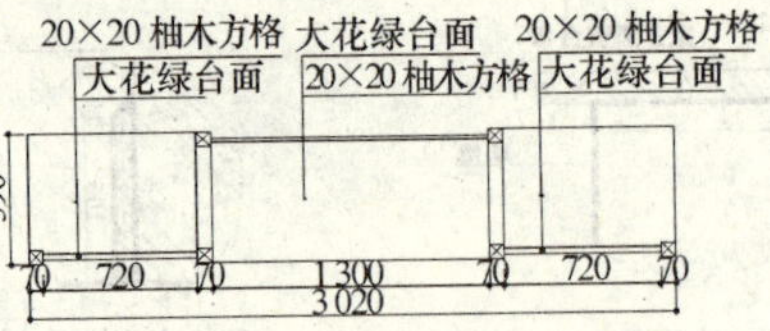

西餐厅端景台平面 (1C.D4)

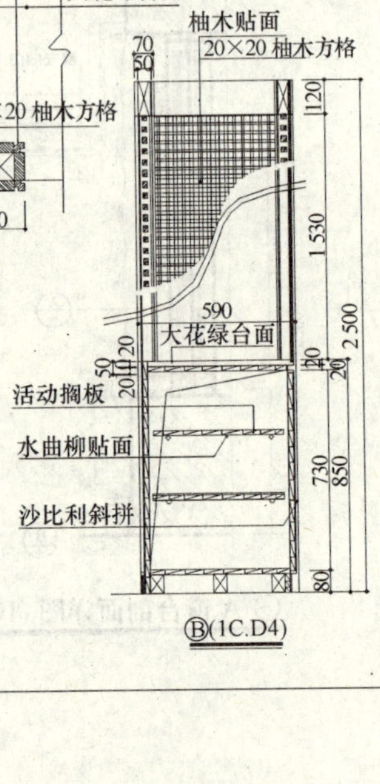

Ⓑ(1C.D4)

实例 1

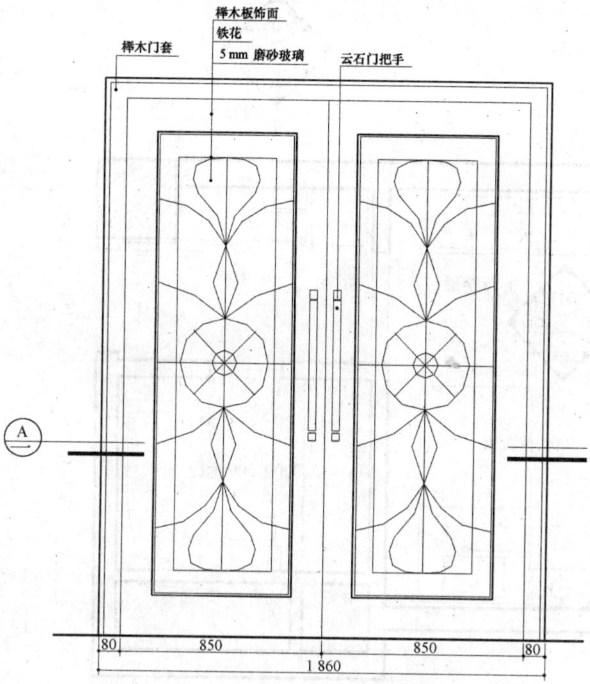

西餐厅门立面 (1C.D5)

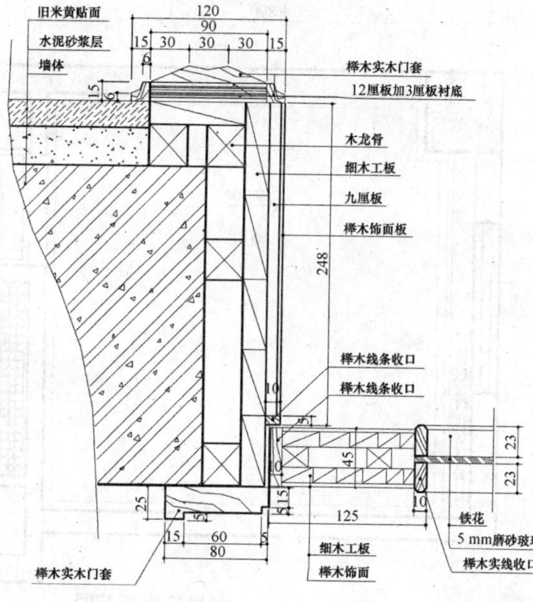

A 剖面 (1C.D5)

标准客房

实例 2

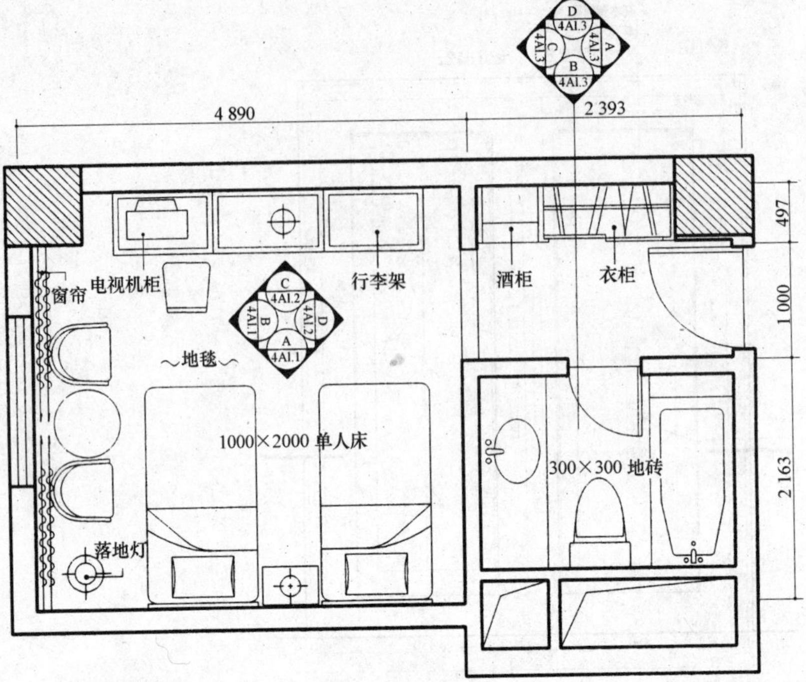

标准客房平面图

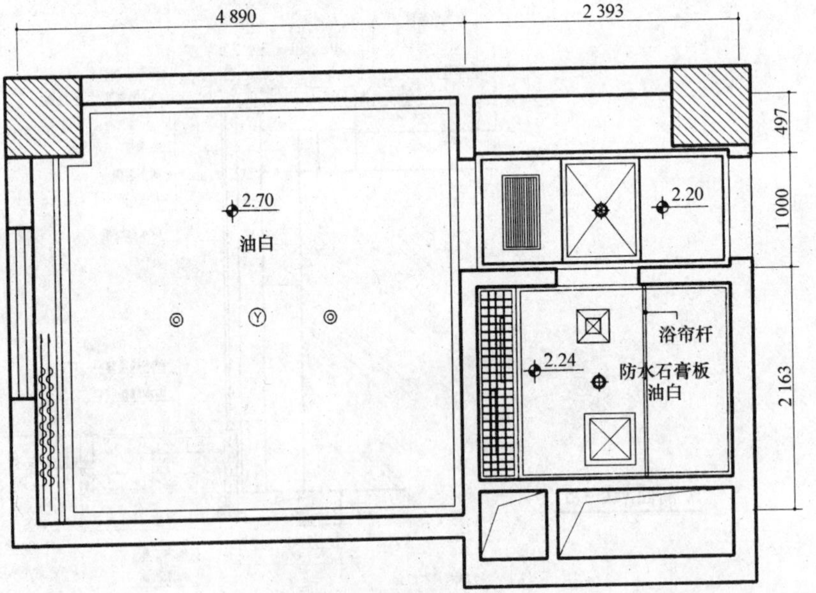

标准客房天花图

实例 2

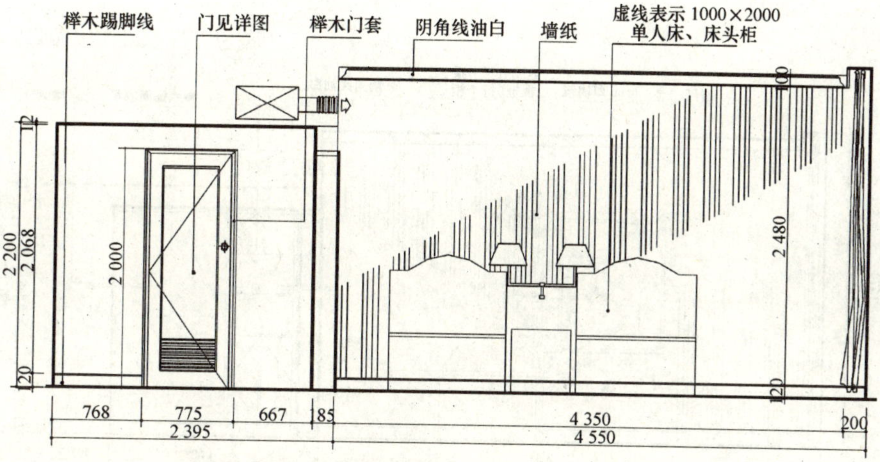

标准客房 A 立面图 (4A1.1)

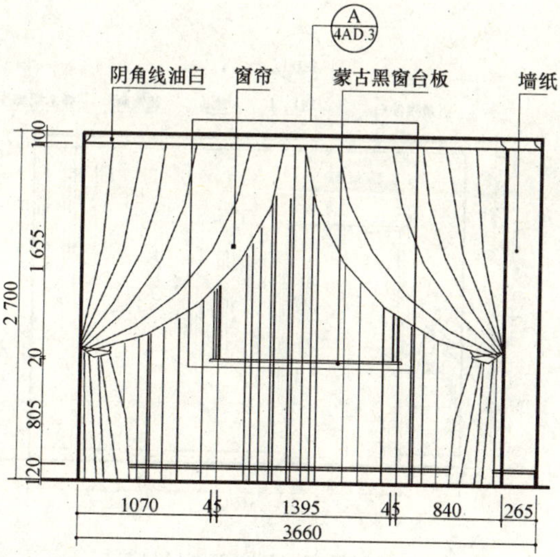

标准客房 B 立面图 (4A1.1)

实例 2

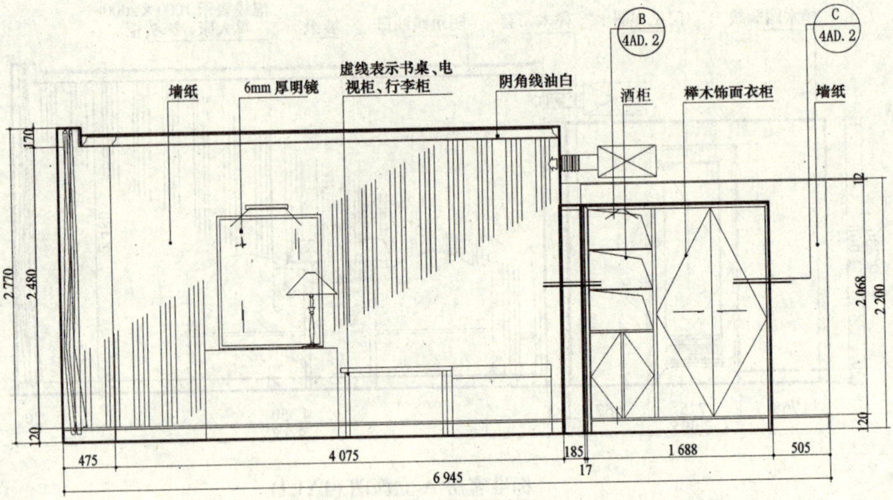

标准客房C立面图(4Al.2)

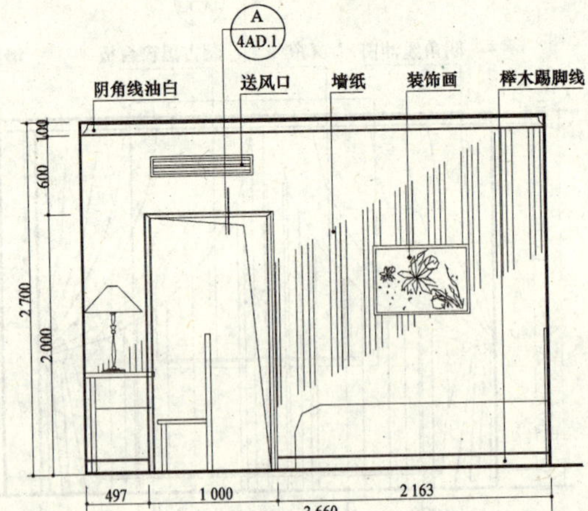

标准客房D立面图(4Al.2)

实例 2

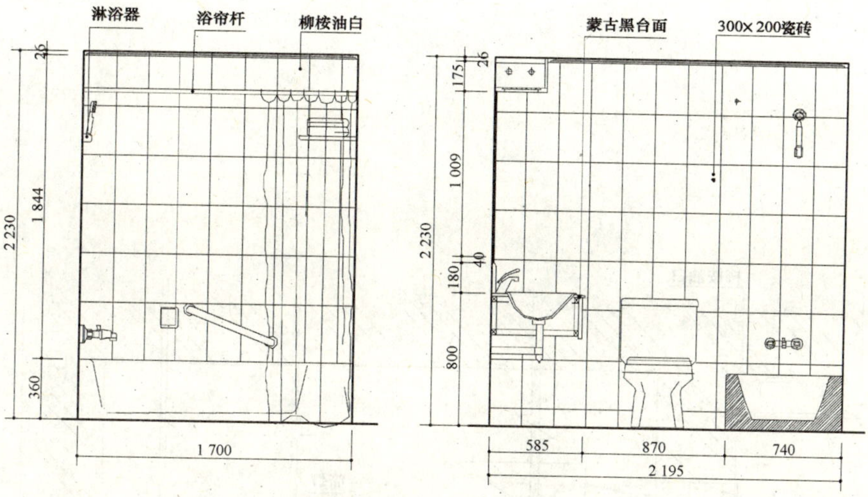

标准客房卫生间 A、B 立面 (4A1.3)

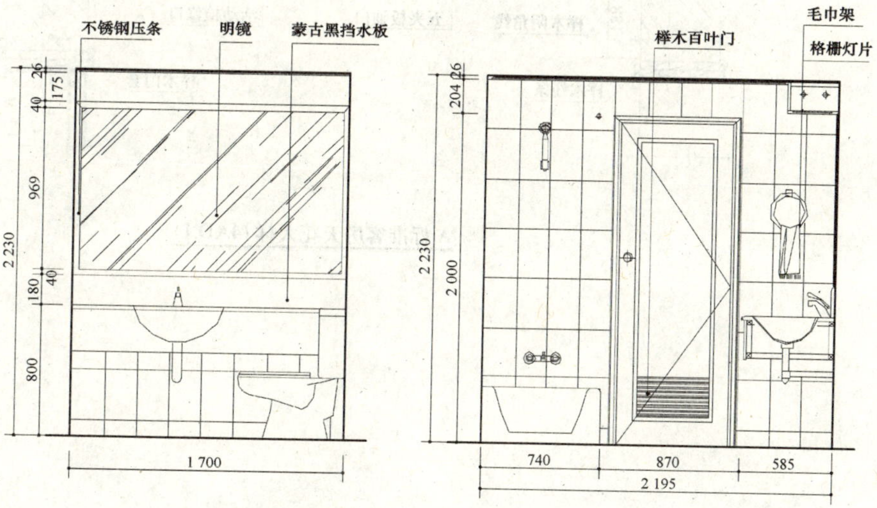

标准客房卫生间 C、D 立面 (4A1.3)

实例 2

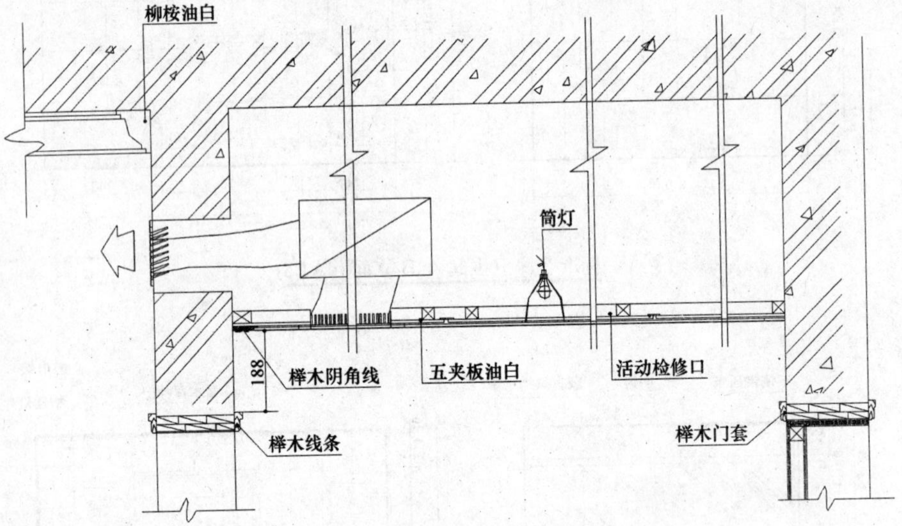

A 标准客房天花大样 (4AD.1)

实例 2

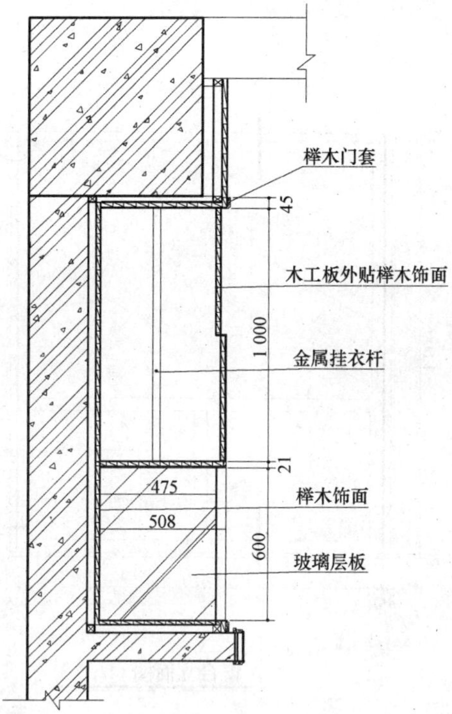

C 酒柜剖面图 (4AD.2)

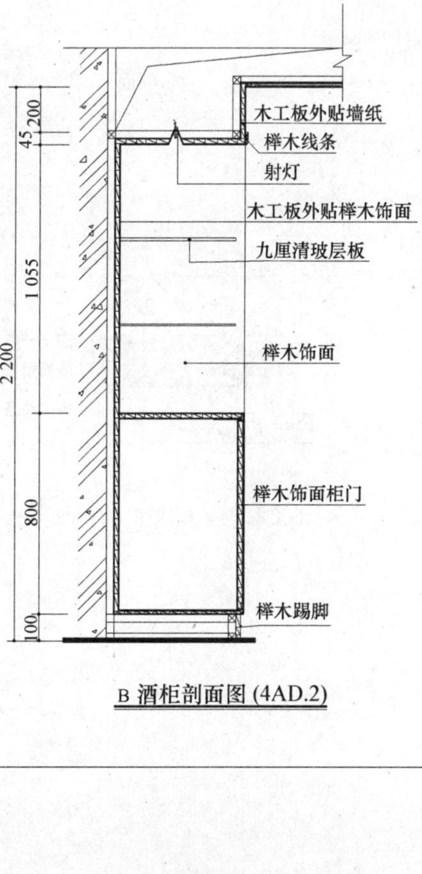

B 酒柜剖面图 (4AD.2)

实例 2

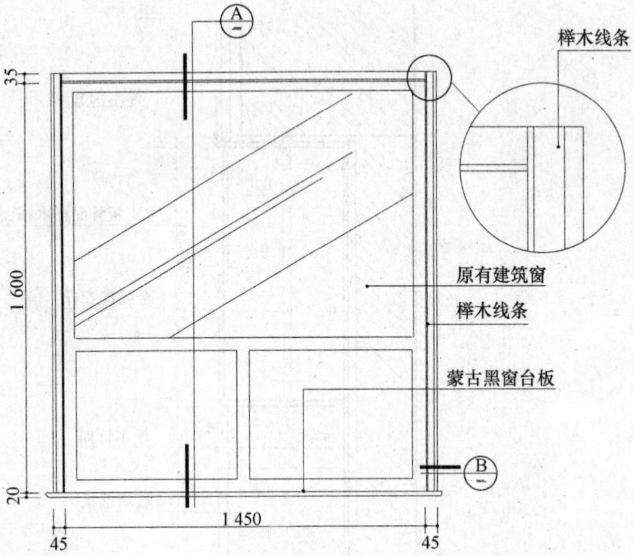

A 窗台立面图 (4AD.3)

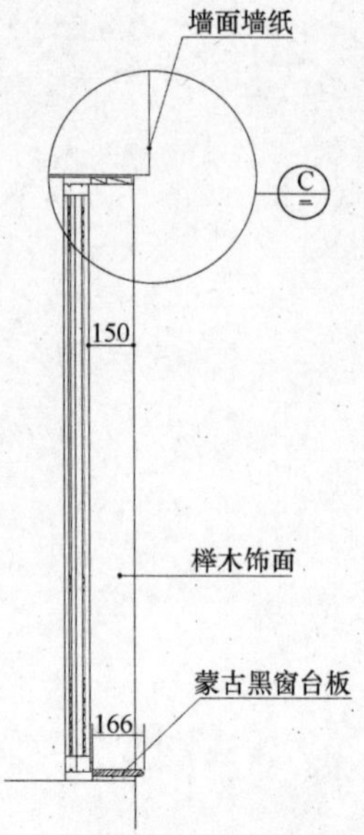

Ⓐ 剖面

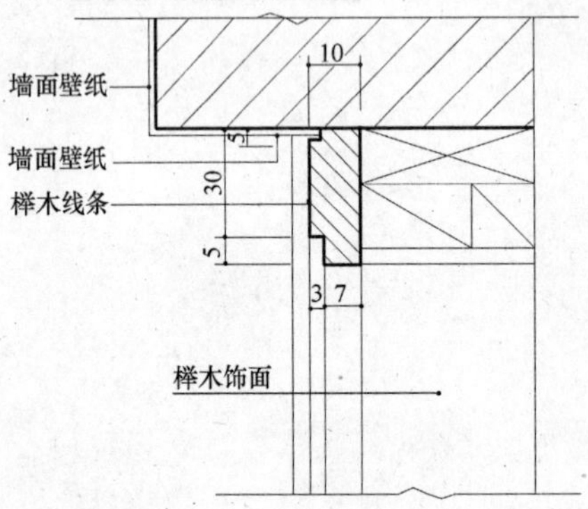

Ⓒ 详图

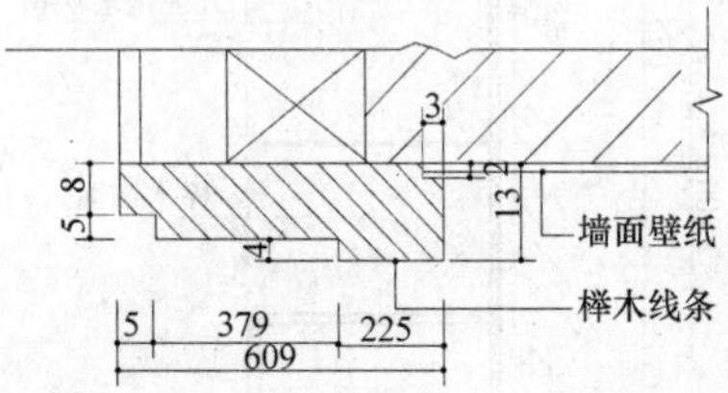

Ⓑ详图

实例 2

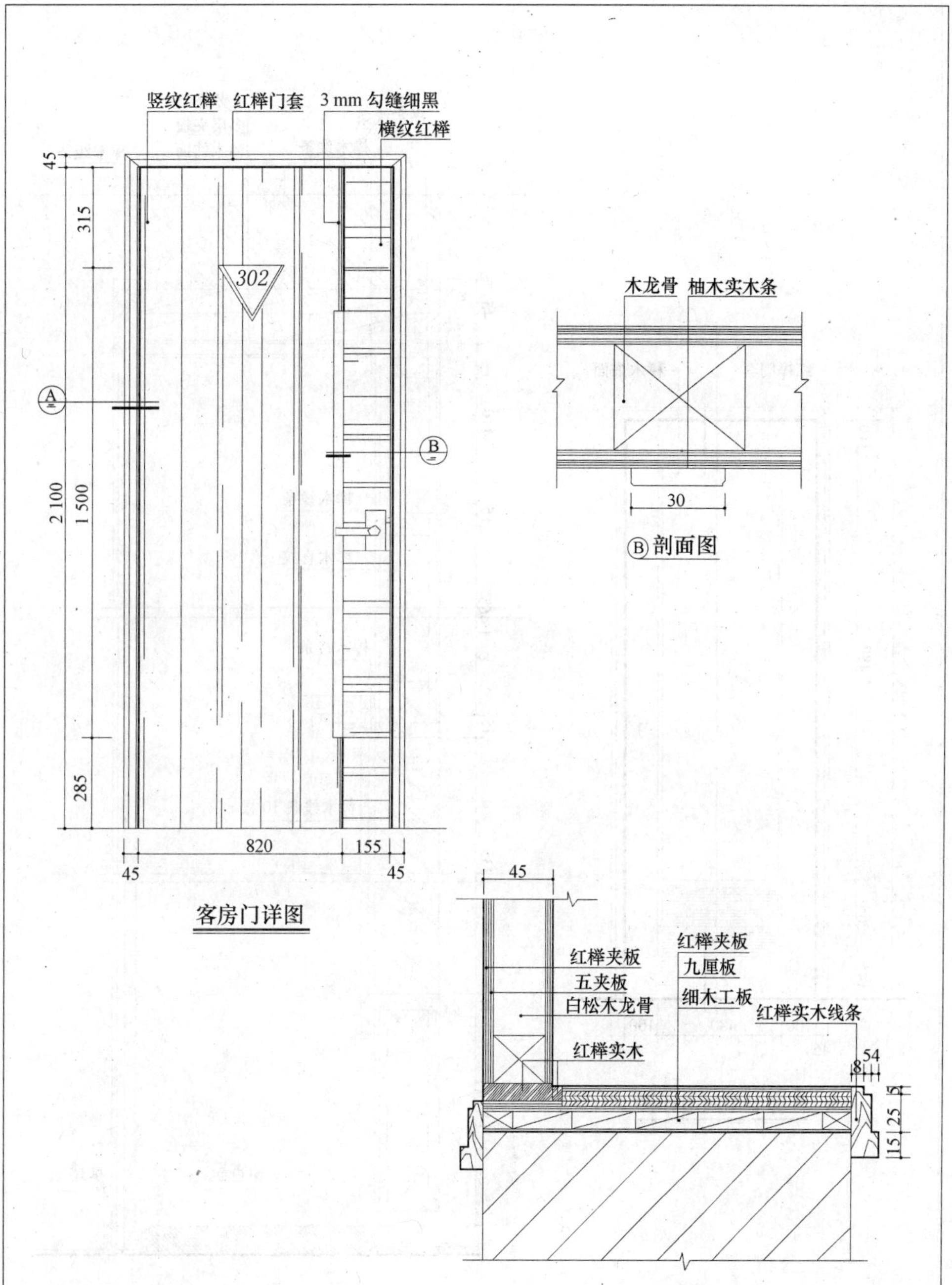
竖纹红榉
红榉门套
3 mm 勾缝细黑
横纹红榉
45
315
302
2 100
1 500
285
820
155
45
45
客房门详图
木龙骨
柚木实木条
30
Ⓑ剖面图
45
红榉夹板
五夹板
白松木龙骨
红榉实木
红榉夹板
九厘板
细木工板
红榉实木线条
8
54
5
25
15
Ⓐ剖面图

实例 2

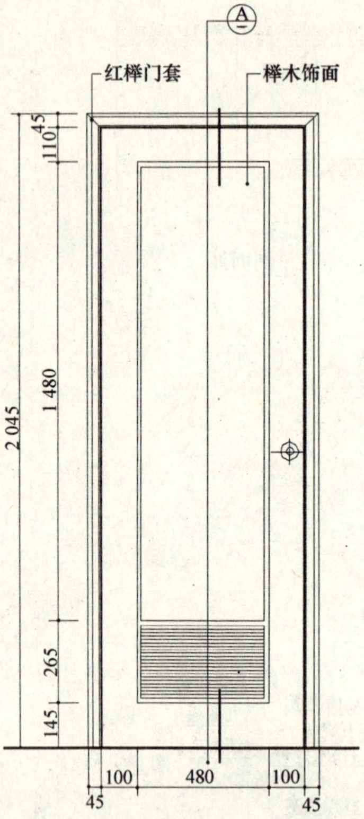

客房卫生间门详图

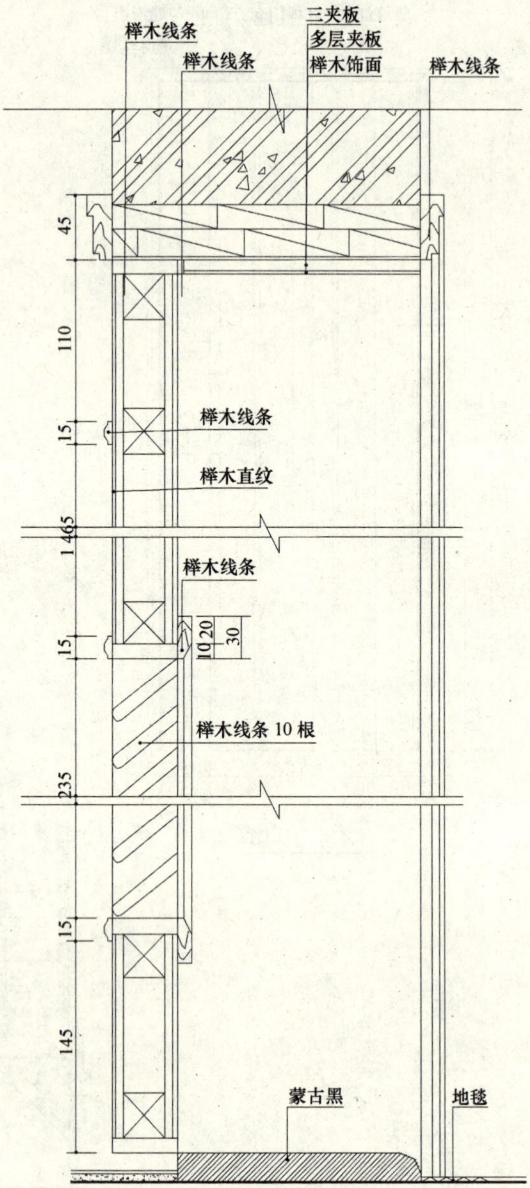

Ⓐ剖面图

会议室

实例 3

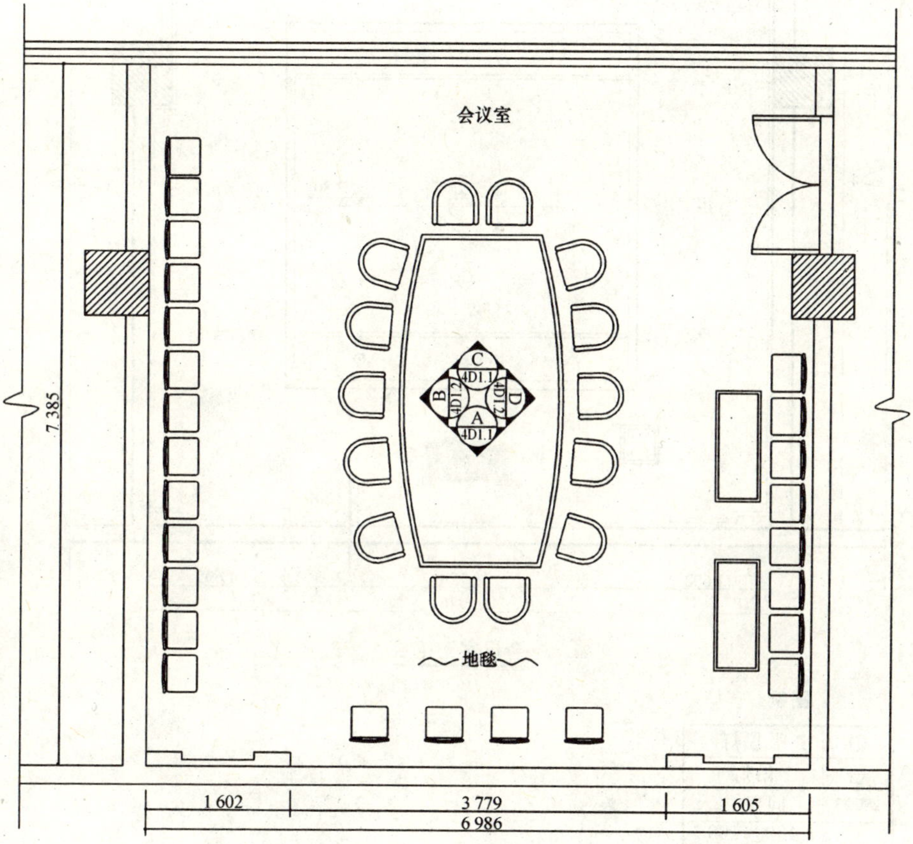

会议室平面图

实例 3

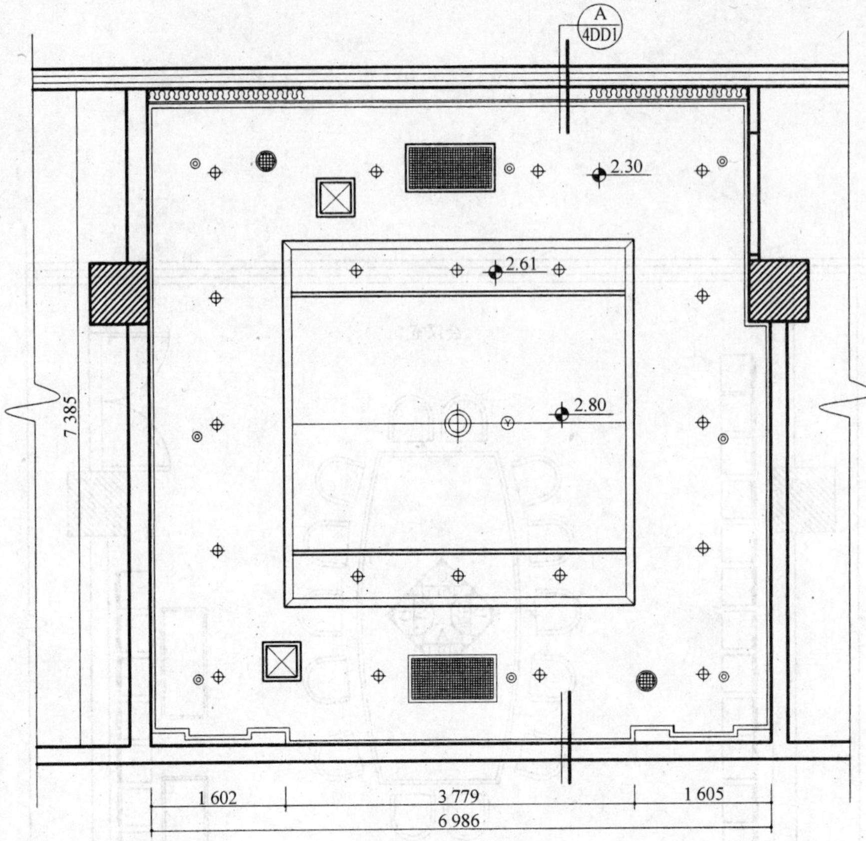

会议室天花图

图例

	吸顶灯
	吊灯
	回风口
	400×400 铝制送风口
	侧送风
	日光灯盒
	灯丝管
	日光灯格栅
	日光灯格栅
	筒灯
	射灯
	壁灯
	排风扇

实例 3

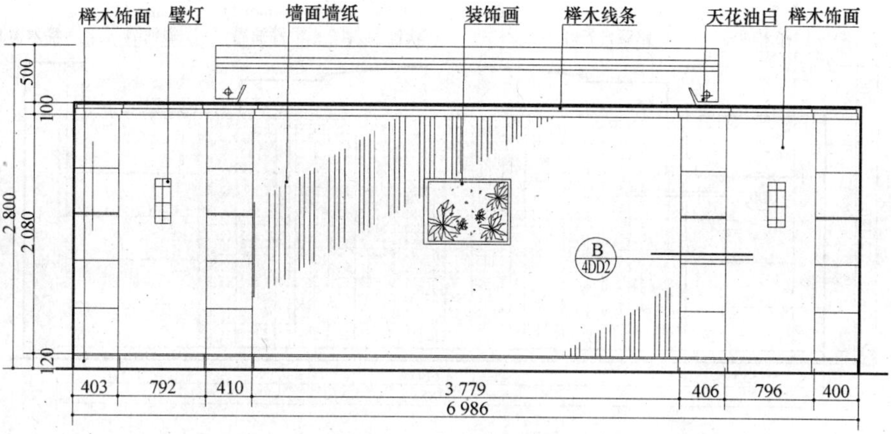

会议室 A 立面图 (4D1.1)

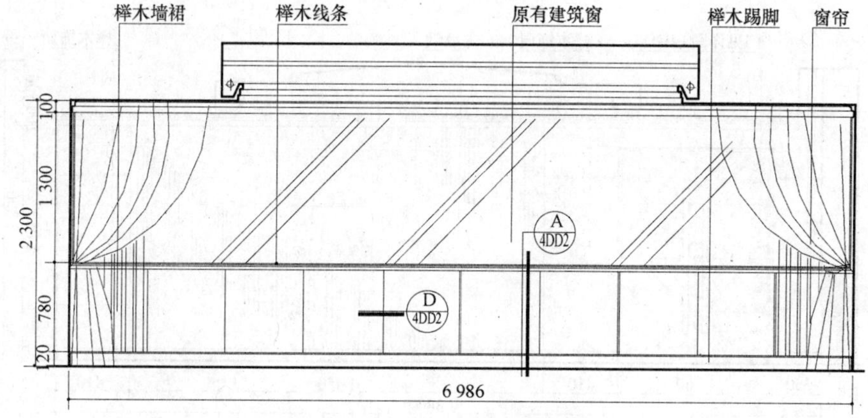

会议室 C 立面图 (4D1.1)

实例 3

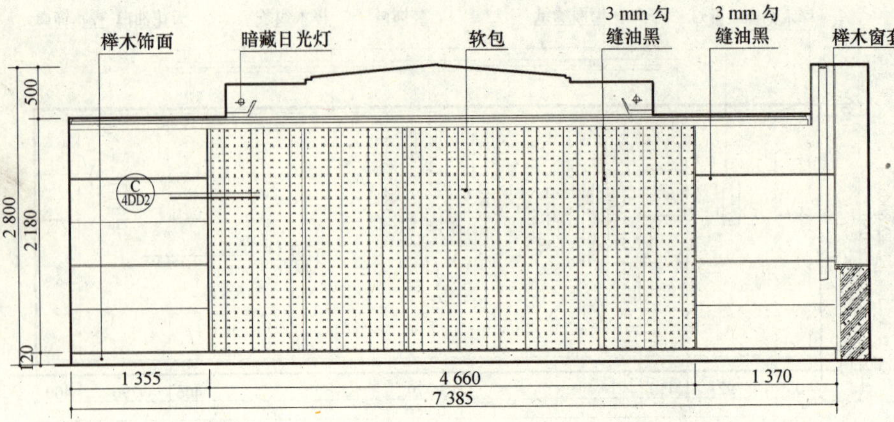

会议室 B 立面图 (4D1.2)

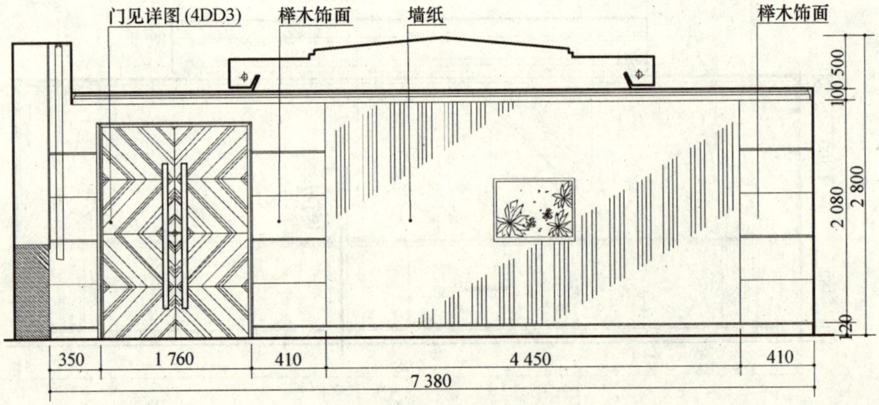

会议室 D 立面图 (4D1.2)

实例3

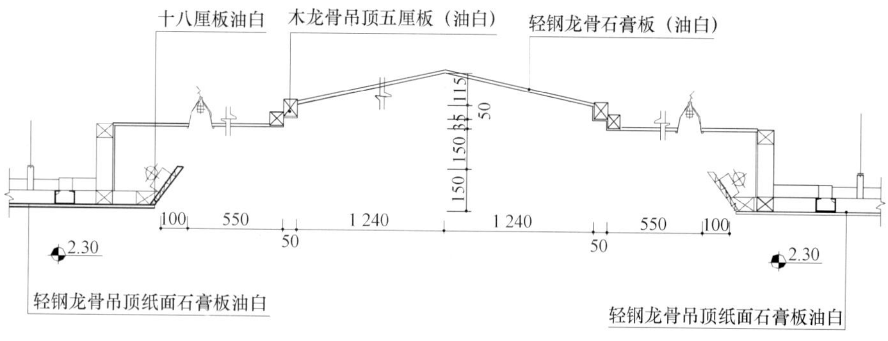
十八厘板油白
木龙骨吊顶五厘板（油白）
轻钢龙骨石膏板（油白）
115
50
35
150
150
150
100
550
1 240
1 240
550
100
50
50
2.30
2.30
轻钢龙骨吊顶纸面石膏板油白
轻钢龙骨吊顶纸面石膏板油白

实例 3

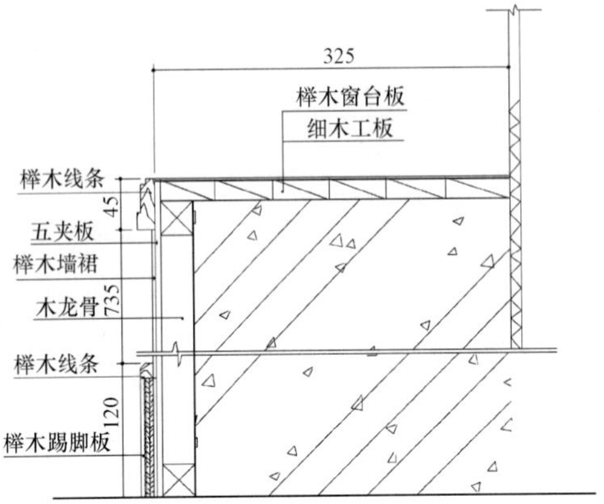

Ⓐ窗台剖面 (4DD2)

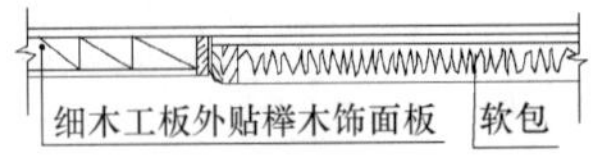

Ⓒ剖面图 (4DD2)

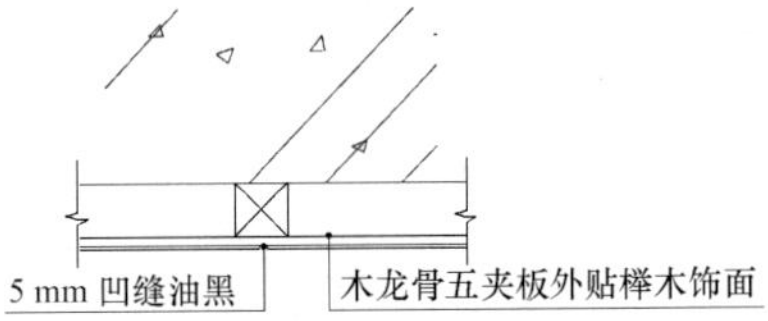

Ⓓ剖面图 (4DD2)

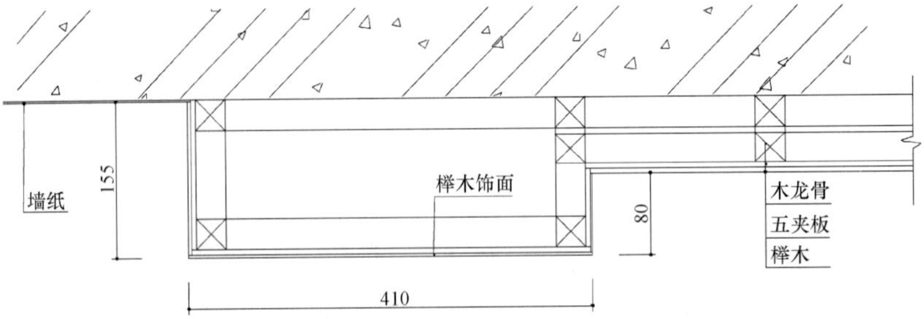

Ⓑ剖面图 (4DD2)

实例 3

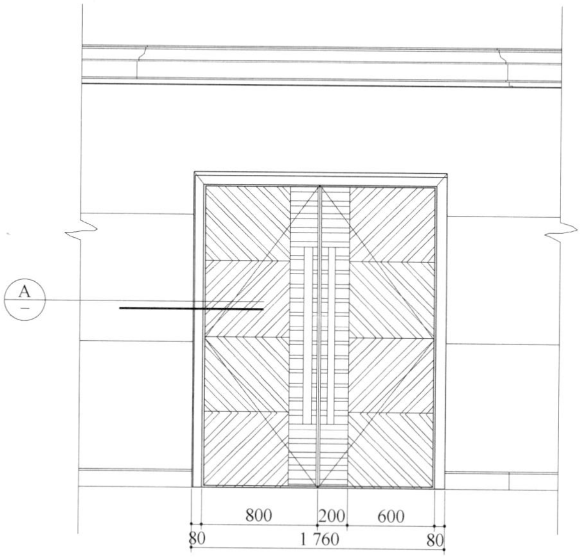

会议室大门大样图 (4DD3)

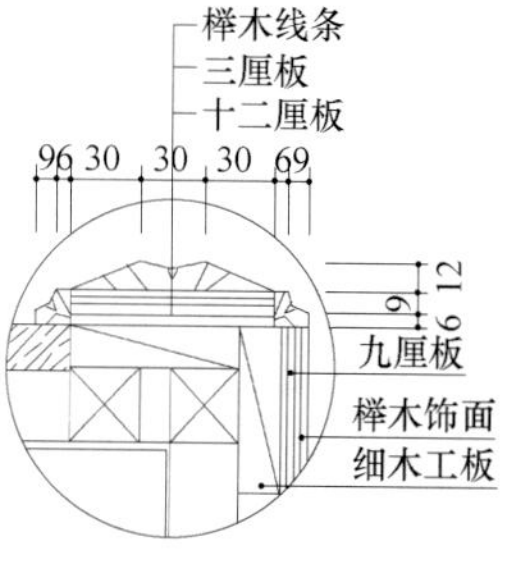

B 大样图

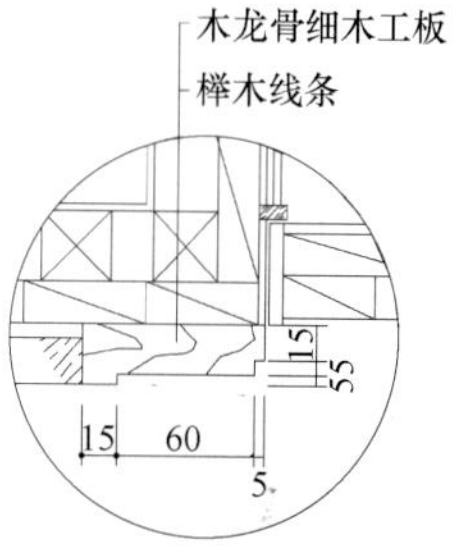

C 大样图

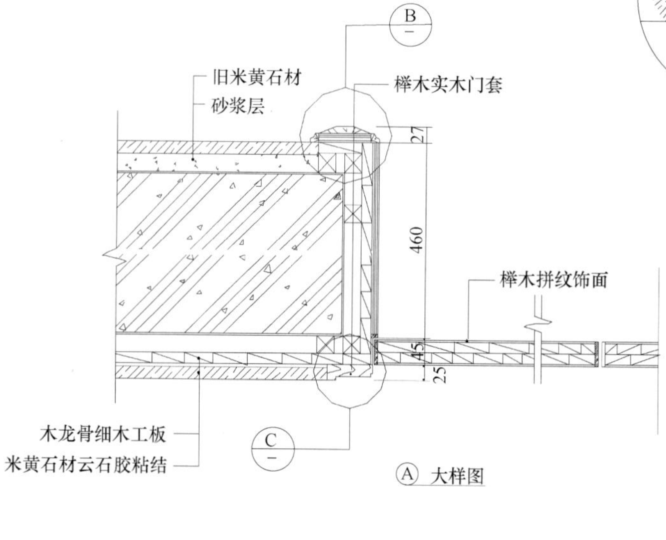

A 大样图

图　录

常用装饰材料图录　（大理石类）

爵士白

雪花白

大花白

旧米黄

银线米黄

西班牙米黄

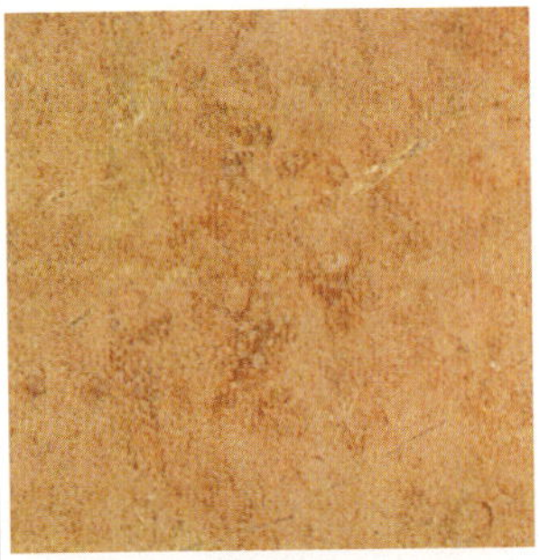
西施红

挪威红

香槟红

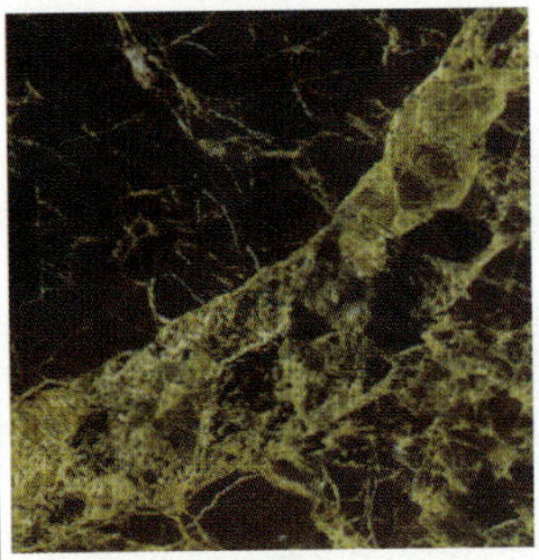
啡网纹

大花绿

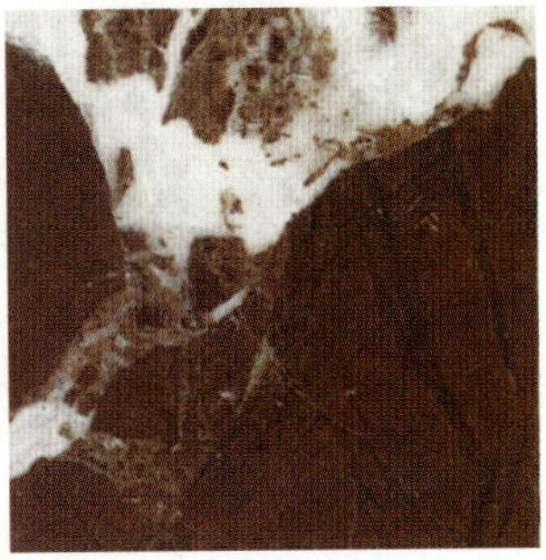
紫罗红

图　录

常用装饰材料图录 （花岗石类）

天山白麻

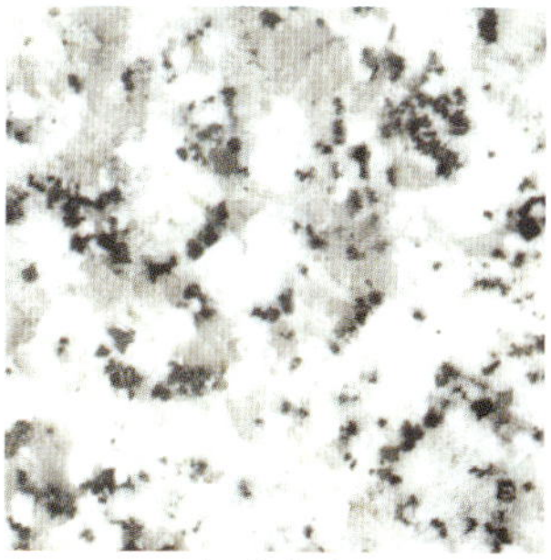
白珠白麻

巴西红

金麻石

红钻麻

金钻麻

蓝麻石

幻彩红

幻彩绿

印度红

蒙古黑

黑金沙

图　录

常用装饰材料图录（木质饰面板材类）

泰柚木

枫木

红榉木

花梨木

美柚木

白影木

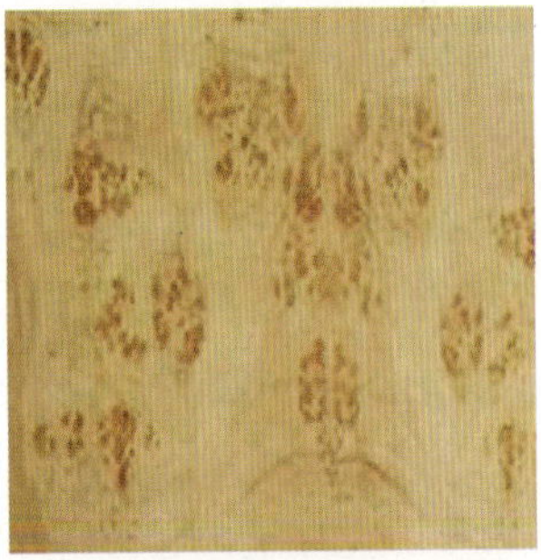
白杨树榴

沙比利木

红影木

花樟木

黑胡桃木

紫檀木

图 录

装饰材料应用效果图录

图 录

装饰材料应用效果图录

图　录

装饰材料应用效果图录

图 录

装饰材料应用效果图录

图　录

装饰材料应用效果图录

图　录

装饰材料应用效果图录

图　录

装饰材料应用效果图录

图　录

主要参考文献

1 刘昌明主编.建筑装饰材料.沈阳:辽宁科学技术出版社,1996
2 蓝治平主编.建筑装饰材料.北京:高等教育出版社,2002
3 何平主编.装饰材料.南京:东南大学出版社,2004
4 赵斌主编.建筑装饰材料.天津:天津科学技术出版社,1997
5 张绮曼,郑曙旸主编.室内设计资料集.北京:中国建筑工业出版社,1991
6 朱志杰主编.建筑高级装饰施工与报价.北京:中国建筑工业出版社,1992
7 房志勇,林川编著.建筑装饰——原理、材料、工艺.北京:中国建筑工业出版社,1992
8 最新建筑高级装饰实用全书编委会.最新建筑高级装饰实用全书.北京:中国建材工业出版社,1998